# 我国海淡水增养殖鱼主要种类

## 一、 淡水池塘养殖的种类

草鱼
（ *Ctenopharyngodom idellus* ）

青鱼
（ *Mylopharyngodom piceus* ）

鲢
（ *Hypophthalmichthys molitrex* ）

鳙
（ *Aristichthys nobilis* ）

鲤
（ *Cyprinus carpis* ）

鲫
（ *Carassius auratus* ）

长春鳊
（*Parabramis pekinensis*）

三角鲂
（*Megalobrama terminalis*）

团头鲂
（*M.amblycephala Yih*）

鲮
（*Cirrhinus molitorella*）

嘴翘红鲌
（*Erythroculter ilishaeformis*）

大口鲶
（*C. soldatovi*）

黄颡鱼
（*Pseudobagrus fulvudraco*）

长吻鮠（鮠科）
（*Leiocassis longirostris*）

史氏鲟
（*Acipenser schrenkii*）

大眼鳜
（*S.kneri*）

斑鳢
（*Channa maculata*）

乌鳢
（*Ophacephalus argus*）

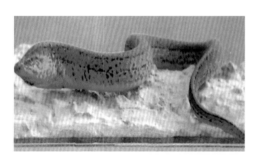

黄鳝
（*Momopterus albus*）

建鲤
（*Cyprinus carpio* var .Jian）

泥鳅
（*Misgurnus anguillicaudatus*）

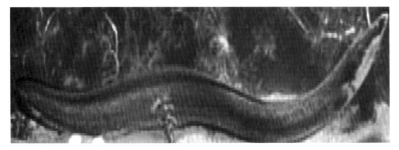

鳗鲡
（*Anguilla japomica*）

暗纹东方鲀
（*Fugu obscurus*）

# 二、淡水大水面增养殖种类

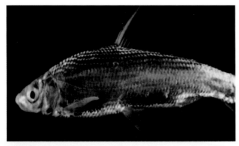

银鲴
（*Xenocypris argentea*）

黄尾鲴
（*X. davidi*）

细鳞斜颌鲴
（*Plagiognathops microlepis*）

圆吻鲴
（*Distoechodom tumirostris*）

中华倒刺鲃
【*Barbodes（Spinibarbus）sinensis*】

齐口裂腹鱼
【*Schizothorax（Schizothorax）prenanti*】

重口裂腹鱼
【*Schizothorax（Racoma）davidi*】

岩原鲤
（*Procypris rabaudi*）

池沼公鱼
（*Hypomesus olidus*）

香鱼
（*Piecoglossus altivelis*）

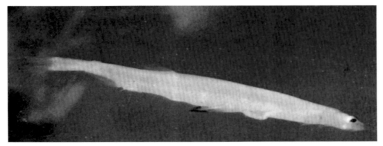

太湖新银鱼
（*Neosalanx tangkahkeii*）

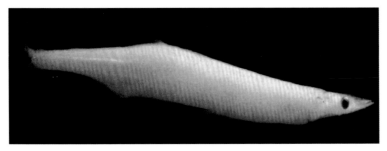

大银鱼
（*Protosalanx hyalocranius*）

圆口铜鱼
（*Coreius guichenoti*）

蒙古红鲌
（*Erythroculter momgolicus*）

红鳍鲌
（*Culter erythropterus*）

青梢红鲌
（*E. dabryi*）

# 三、海水养殖经济鱼类

赤点石斑鱼（鮨科、石斑鱼属）
*Epinephelus akaara (Temminck et Schlegel)* 俗称红斑

青石斑（石斑鱼属）
*Epinephelus awoara（Temminck et Schneider）*俗称土斑

云纹石斑鱼（石斑鱼属）
*Epinephelus moara (Temminck et Schlegel)* 俗称油斑

点带石斑鱼（石斑鱼属）
*Epinephelus malabaricus (Bloch et Schneider)* 俗称青斑

六带石斑鱼（石斑鱼属）
*Epinephelus sexfasiatus* 俗称土斑斑

鞍带石斑鱼（石斑鱼属）
*Epinephelus lanceolatus* 俗称龙胆石斑

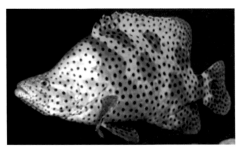

驼背鲈（石斑鱼亚科、驼背鲈属）
*Cromileptes al tivelis* 俗称老鼠斑

花鲈（鮨科、花鲈属）
*Lateolabrax japonicus (Cuvier et Valenciennes)* 俗称鲈鱼

卵形鲳鲹（鲹科、鲳鲹属）
*Trahinotus ovatus（Linnaeus）*
俗称金鲳

高体鰤（鲹科、鰤属）
*Seriola dumerili (Risso)* 俗称鲱鱼

黄姑鱼（石首鱼科、黄姑鱼属）
*Nibea albiflora（Richardson）*
俗称春子仔

浅色黄姑鱼（石首鱼科、黄姑鱼属）
*Nibea chui Trewavas* 俗称金丝䱛

鮸状黄姑鱼（石首鱼科、黄姑鱼属）
*Nibea miichthioides  Chu,Lo et Wu*
俗称鮸鲈

大黄鱼（石首鱼科、黄鱼属）
*Pseudosciaena crocea (Richardson)*
俗称黄瓜鱼

鮸鱼（石首鱼科、鮸属）
*Miichthys miiuy （Basilewsky）* 俗称
黑鮸

眼斑拟石首鱼（石首鱼科、拟石首鱼属）
*Sciaenops ocellatus*
俗称红鼓、美国红鱼

斜带髭鲷（石鲈科、髭鲷属）
*Haplogenys nitens* 俗称黑包公鱼

横带髭鲷（髭鲷属）
*Haplogenys mucornatus* 俗称黑包
公鱼

花尾胡椒鲷（胡椒鲷属）
*Plectorhynchus cinctus* 俗称厚唇

胡椒鲷（胡椒鲷属）
*Plectorhynchus pictus* 俗称花加吉

三线矶鲈（石鲈科、矶鲈属）
*Parapristipoma trilineatum (Thunberg)*
俗称黑鮕仔

大斑石鲈（石鲈属）
*Pomadasys maculatus* 俗称石鲈仔

勒氏笛鲷（笛鲷科）
*Lutianus russelli (Bleeker)*
俗称双印仔

画眉笛鲷（笛鲷属）
*Lutianus vitta (Quoy etGaimard)*
俗称赤碧仔

红笛鲷（笛鲷属）
*Lutjanus erythopterus Bloch*
俗称红曹、台湾红鱼

千年笛鲷
*Lutianus sebae*
*(Cuvier et Valenciennes)* 俗称三刀

紫红笛鲷
*Lutianus argentimaculatus (Forskal)*
俗称红鱼仔

星斑裸颊鲷（裸颊鲷科、裸颊鲷属）
*Lethrinus nebulosus (Forskai)*
俗称龙尖

红鳍裸颊鲷（裸颊鲷属）
*Lethrinus haematopterus Temminck et Schiegel* 俗称龙尖

真鲷（鲷科、真鲷属）
*Pagrosomus major (Temminck et Schlegel)* 俗称加力鱼

黑鲷（鲷科、鲷属）
*Sparus macrocephalus* 俗称黑翅

黄鳍鲷（鲷科、鲷属）
*Sparus latus Houttuyn* 俗称黄翅

平鲷（鲷科、平鲷属）
*Rhabdosargus sarba (Forskal)* 俗称胖头

大弹涂鱼（弹涂鱼科）
*Boleophthalmus pectinirostris*
俗称花条

黑裙（鲉科）*Sebastodez fuscescens*

褐菖鲉（鲉科、菖鲉属）
*Sebastiscus marmoratus* 俗称狮公仔

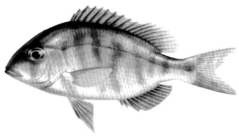

灰裸顶鲷（线尾鲷科）
*Gymnocranius griseus* 俗称龙针

红鳍东方鲀（鲀科、东方鲀属）
*Fugu rubripes* 俗称鬼仔鱼

双斑东方鲀（鲀科、东方鲀属）
*Fugu bimaculatus Richardson*
俗称鬼仔鱼

豹纹东方鲀
*Fugu pardalis Temminck et Schlegel*
俗称鬼仔鱼

黄鳍东方鲀
*Fugu zanghoptous Temminck et Schlegel* 俗称鬼仔鱼

菊黄东方鲀
*Fugu flavidus Li，Wang et Wang*
俗称鬼仔鱼

假睛东方鲀
*Fugu pseudommus Chu* 俗称鬼仔鱼

金钱鱼（金钱鱼科、金钱鱼属）
*Scatophagus argus Linnaeus*
俗称打铁婆

黄斑篮子鱼（篮子鱼属）
*Siganus oramin (Bloch et Schneider)*
俗称象耳

褐篮子鱼
*Siganus fuscescens (Houttuyn)*
俗称象耳、臭肚

军曹鱼（军曹鱼属）
*Rachycentron canadum* 俗称海鳢

牙鲆（鲆科、牙鲆属）
*Paralichthys oliva ceus Temminck et Schlegel* 俗称皇帝鱼

# 四、河口半咸水养殖鱼类

鲻
（*Mugil cephalus*） 俗称乌仔鱼

鲅
（*Liza haematocheila*）

遮目鱼
（*Chanos chanos*）

尖吻鲈
（*Lates calcarifer*） 俗称金目鲈

# 五、国外引进的淡水养殖鱼类

尼罗罗非鱼（鲈形目、丽鱼科、罗非鱼属）
*Tilapia nilotica*　俗称非洲鲫鱼

奥利亚罗非鱼（鲈形目、丽鱼科、罗非鱼属）
*T. aulrea*　俗称非洲鲫鱼

加州鲈鱼（鲈形目、棘臀鱼科、黑鲈属）
*Micropterus salmoides*

斑点叉尾鮰（鲇形目、鮰科）
*Ictalurus punctatus*
（亦称沟鲶，*Channelcatfish*）

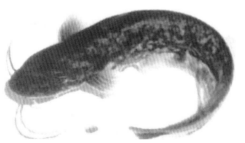

革胡子鲇（鲇形目、胡子鲇科、胡子鲇属）
*Clarias leather*　亦称埃及塘虱

短盖巨脂鲤（脂鲤目、脂鲤科、巨脂鲤属）
*Colossorna brachypomum*
俗称淡水白鲳

金鳟（鲑科、鲑属）
*Oncorhynchus mykiss*

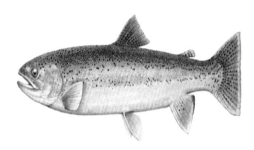

虹鳟（鲑科、鳟鱼属）
*Salmo gairdneri*

匙吻鲟
（*Polydon spathula*）

泰国笋壳鱼
（*Oxyeleotris marmoratus*）

俄罗斯鲟
（*A. gueldenstaedti*）

日本白鲫
（*Carassius curatus*）

高职高专"十一五"规划教材

★ 农林牧渔系列

# 鱼类增养殖技术

YULEI

ZENGYANGZHI JISHU

胡石柳　唐建勋　主编

化学工业出版社

·北京·

本书是高职高专"十一五"规划教材★农林牧渔系列之一。全书紧紧把握鱼类增养殖生产技术这一主题，把鱼类增养殖中常用的基础理论知识与生产技术有机地整合在一起，反映了当前我国海淡水鱼类增养殖技术的水平，兼顾海淡水鱼类特点，并在编排、内容及插图等方面进行了创新。全书主要内容包括海淡水鱼类增养殖技术基础、亲鱼人工繁殖、苗种培育、池塘增养殖、内陆水域增养殖、稻田养殖、网箱养殖和工厂化养殖技术等。为突出生产实践技术，在相关章节后设置了6个实践项目、26个案例和8个实习与实践。为解决教学中识别养殖鱼类种类不便的问题，本书特地编排了目前国内养殖的主要鱼类种类（含品种）彩色图片，可供学生自学。

本书理论知识简明扼要、图文并茂，并融入了新的技术成果，应用性和可操作性强。

本书可作为高职高专水产养殖专业的教材，也可供中等职业学校水产专业师生参考，还可作为水产技术推广人员和水产科研工作人员的参考书。

**图书在版编目（CIP）数据**

鱼类增养殖技术/胡石柳，唐建勋主编. —北京：化学工业出版社，2010.8（2024.2重印）
高职高专"十一五"规划教材★农林牧渔系列
ISBN 978-7-122-09272-4

Ⅰ. 鱼…　Ⅱ.①胡…②唐…　Ⅲ. 鱼类养殖-人工增殖-高等学校：技术学院-教材　Ⅳ. S961

中国版本图书馆 CIP 数据核字（2010）第 148501 号

责任编辑：梁静丽　李植峰　　　　　　文字编辑：何　芳
责任校对：宋　玮　　　　　　　　　　装帧设计：史利平

出版发行：化学工业出版社（北京市东城区青年湖南街 13 号　邮政编码 100011）
印　　装：北京科印技术咨询服务有限公司数码印刷分部
787mm×1092mm　1/16　印张 10¼　彩插 8　字数 241 千字　2024 年 2 月北京第 1 版第 8 次印刷

购书咨询：010-64518888　　　　　　售后服务：010-64518899
网　　址：http://www.cip.com.cn
凡购买本书，如有缺损质量问题，本社销售中心负责调换。

定　　价：35.00 元　　　　　　　　　　　　　　　　版权所有　违者必究

## "高职高专'十一五'规划教材★农林牧渔系列"
### 建设委员会成员名单

主 任 委 员　介晓磊

副主任委员　温景文　陈明达　林洪金　江世宏　荆　宇　张晓根
　　　　　　窦铁生　何华西　田应华　吴　健　马继权　张震云

委　　　员　（按姓名汉语拼音排列）

| | | | | | | | | |
|---|---|---|---|---|---|---|---|---|
| 边静玮 | 陈桂银 | 陈宏智 | 陈明达 | 陈　涛 | 邓灶福 | 窦铁生 | 甘勇辉 | 高　婕 | 耿明杰 |
| 官麟丰 | 谷风柱 | 郭桂义 | 郭永胜 | 郭振升 | 郭正富 | 何华西 | 胡繁荣 | 胡克伟 | 胡孔峰 |
| 胡天正 | 黄绿荷 | 江世宏 | 姜文联 | 姜小文 | 蒋艾青 | 介晓磊 | 金伊洙 | 荆　宇 | 李　纯 |
| 李光武 | 李效民 | 李彦军 | 梁学勇 | 梁运霞 | 林伯全 | 林洪金 | 刘俊栋 | 刘　莉 | 刘　蕊 |
| 刘淑春 | 刘万平 | 刘晓娜 | 刘新社 | 刘奕清 | 刘　政 | 卢　颖 | 马继权 | 倪海星 | 欧阳素贞 |
| 潘开宇 | 潘自舒 | 彭　宏 | 彭小燕 | 邱运亮 | 任　平 | 商世能 | 史延平 | 苏允平 | 陶正平 |
| 田应华 | 王存兴 | 王　宏 | 王秋梅 | 王水琦 | 王晓典 | 王秀娟 | 王燕丽 | 温景文 | 吴昌标 |
| 吴　健 | 吴郁魂 | 吴云辉 | 武模戈 | 肖卫苹 | 肖文左 | 解相林 | 谢利娟 | 谢拥军 | 徐苏凌 |
| 徐作仁 | 许开录 | 闫慎飞 | 颜世发 | 燕智文 | 杨玉珍 | 尹秀玲 | 于文越 | 张德炎 | 张海松 |
| 张晓根 | 张玉廷 | 张震云 | 张志轩 | 赵晨霞 | 赵　华 | 赵先明 | 赵勇军 | 郑继昌 | 周晓舟 |
| 朱学文 | | | | | | | | | |

## "高职高专'十一五'规划教材★农林牧渔系列"
### 编审委员会成员名单

主 任 委 员　蒋锦标

副主任委员　杨宝进　张慎举　黄　瑞　杨廷桂　胡虹文　刘　莉　张守润　宋连喜
　　　　　　薛瑞辰　王德芝　王学民　张桂臣

委　　　员　（按姓名汉语拼音排列）

| | | | | | | | | |
|---|---|---|---|---|---|---|---|---|
| 艾国良 | 白彩霞 | 白迎春 | 白永莉 | 白远国 | 柏玉平 | 毕玉霞 | 边传周 | 卜春华 | 曹　晶 |
| 曹宗波 | 陈传印 | 陈杭芳 | 陈金雄 | 陈　璟 | 陈盛彬 | 陈现臣 | 程　冉 | 褚秀玲 | 崔爱萍 |
| 丁玉玲 | 董义超 | 董曾施 | 段鹏慧 | 范洲衡 | 方希修 | 付美云 | 高　凯 | 高　梅 | 高志花 |
| 弓建国 | 顾成柏 | 顾洪娟 | 关小变 | 韩建强 | 韩　强 | 何海健 | 何英俊 | 胡凤新 | 胡虹文 |
| 胡　辉 | 胡石柳 | 黄　瑞 | 黄修奇 | 吉　梅 | 纪守学 | 纪　瑛 | 蒋锦标 | 鞠志新 | 李碧全 |
| 李　刚 | 李继连 | 李　军 | 李雷斌 | 李林春 | 梁本国 | 梁称福 | 梁俊荣 | 林　纬 | 林仲桂 |
| 刘革利 | 刘广文 | 刘丽云 | 刘贤忠 | 刘晓欣 | 刘振华 | 刘　莉 | 刘振湘 | 刘宗亮 | 柳遵新 |
| 龙冰雁 | 罗　玲 | 潘　琦 | 潘一展 | 邱深本 | 任国栋 | 阮国荣 | 申庆全 | 石冬梅 | 史兴山 |
| 史雅静 | 宋连喜 | 孙克威 | 孙雄华 | 孙志浩 | 唐建勋 | 唐晓玲 | 陶令霞 | 田　伟 | 田伟政 |
| 田文儒 | 汪玉琳 | 王爱华 | 王大来 | 王道国 | 王德芝 | 王　健 | 王立军 | 王孟宇 | 王双山 |
| 王铁岗 | 王文焕 | 王新军 | 王　星 | 王学民 | 王艳立 | 王云惠 | 王朝霞 | 王中华 | 吴俊琢 |
| 吴琼峰 | 吴占福 | 吴中军 | 肖尚修 | 熊运海 | 徐公义 | 徐占云 | 许美解 | 薛瑞辰 | 羊建平 |
| 杨宝进 | 杨平科 | 杨廷桂 | 杨卫韵 | 杨学敏 | 杨　志 | 杨治国 | 姚志刚 | 易　诚 | 易新军 |
| 于承鹤 | 于显威 | 袁亚芳 | 曾饶琼 | 曾元根 | 战忠玲 | 张春华 | 张桂臣 | 张怀珠 | 张　玲 |
| 张庆霞 | 张慎举 | 张守润 | 张响英 | 张　欣 | 张新明 | 张艳红 | 张祖荣 | 赵希彦 | 赵秀娟 |
| 郑翠芝 | 周显忠 | 朱雅安 | 卓开荣 | | | | | | |

# "高职高专'十一五'规划教材★农林牧渔系列"建设单位

（按汉语拼音排列）

安阳工学院
保定职业技术学院
北京城市学院
北京林业大学
北京农业职业学院
本钢工学院
滨州职业学院
长治学院
长治职业技术学院
常德职业技术学院
成都农业科技职业学院
成都市农林科学院园艺研
　究所
重庆三峡职业学院
重庆水利电力职业技术学院
重庆文理学院
德州职业技术学院
福建农业职业技术学院
抚顺师范高等专科学校
甘肃农业职业技术学院
广东科贸职业学院
广东农工商职业技术学院
广西百色市水产畜牧兽医局
广西大学
广西农业职业技术学院
广西职业技术学院
广州城市职业学院
海南大学应用科技学院
海南师范大学
海南职业技术学院
杭州万向职业技术学院
河北北方学院
河北工程大学
河北交通职业技术学院
河北科技师范学院
河北省现代农业高等职业技术
　学院
河南科技大学林业职业学院
河南农业大学
河南农业职业学院

河西学院
黑龙江农业工程职业学院
黑龙江农业经济职业学院
黑龙江农业职业技术学院
黑龙江生物科技职业学院
黑龙江畜牧兽医职业学院
呼和浩特职业学院
湖北生物科技职业学院
湖南怀化职业技术学院
湖南环境生物职业技术学院
湖南生物机电职业技术学院
吉林农业科技学院
集宁师范高等专科学校
济宁市高新技术开发区农业局
济宁市教育局
济宁职业技术学院
嘉兴职业技术学院
江苏联合职业技术学院
江苏农林职业技术学院
江苏畜牧兽医职业技术学院
江西生物科技职业学院
金华职业技术学院
晋中职业技术学院
荆楚理工学院
荆州职业技术学院
景德镇高等专科学校
丽水学院
丽水职业技术学院
辽东学院
辽宁科技学院
辽宁农业职业技术学院
辽宁医学院高等职业技术学院
辽宁职业学院
聊城大学
聊城职业技术学院
眉山职业技术学院
南充职业技术学院
盘锦职业技术学院
濮阳职业技术学院
青岛农业大学

青海畜牧兽医职业技术学院
曲靖职业技术学院
日照职业技术学院
三门峡职业技术学院
山东科技职业学院
山东理工职业学院
山东省贸易职工大学
山东省农业管理干部学院
山西林业职业技术学院
商洛学院
商丘师范学院
商丘职业技术学院
深圳职业技术学院
沈阳农业大学
苏州农业职业技术学院
温州科技职业学院
乌兰察布职业学院
厦门海洋职业技术学院
仙桃职业技术学院
咸宁学院
咸宁职业技术学院
信阳农业高等专科学校
延安职业技术学院
杨凌职业技术学院
宜宾职业技术学院
永州职业技术学院
玉溪农业职业技术学院
岳阳职业技术学院
云南农业职业技术学院
云南热带作物职业学院
云南省普洱农校
云南省曲靖农业学校
云南省思茅农业学校
张家口教育学院
漳州职业技术学院
郑州牧业工程高等专科学校
郑州师范高等专科学校
中国农业大学
周口职业技术学院

# 《鱼类增养殖技术》编写人员

**主　　编**　胡石柳　唐建勋

**编写人员**　（按姓名汉语拼音排列）
　　　　　　　陈小江　（江苏畜牧兽医职业技术学院）
　　　　　　　侯文久　（辽宁医学院动物科学技术学院）
　　　　　　　胡石柳　（厦门海洋职业技术学院）
　　　　　　　牛红华　（济宁职业技术学院）
　　　　　　　唐国盘　（郑州牧业工程高等专科学校）
　　　　　　　唐建勋　（金华职业技术学院）
　　　　　　　熊良伟　（江苏畜牧兽医职业技术学院）
　　　　　　　徐亚超　（盘锦职业技术学院）
　　　　　　　周本翔　（信阳农业高等专科学校）
　　　　　　　周海平　（广西职业技术学院）
　　　　　　　朱文德　（湖南生物机电职业技术学院）

# 序

当今，我国高等职业教育作为高等教育的一个类型，已经进入到以加强内涵建设、全面提高人才培养质量为主旋律的发展新阶段。各高职高专院校针对区域经济社会的发展与行业进步，积极开展新一轮的教育教学改革。以服务为宗旨，以就业为导向，在人才培养质量工程建设的各个侧面加大投入，不断改革、创新和实践。尤其是在课程体系与教学内容改革上，许多学校都非常关注利用校内、校外两种资源，积极推动校企合作与工学结合，如邀请行业企业参与制定培养方案，按职业要求设置课程体系；校企合作共同开发课程；根据工作过程设计课程内容和改革教学方式；教学过程突出实践性，加大生产性实训比例等，这些工作主动适应了新形势下高素质技能型人才培养的需要，是落实科学发展观，努力办人民满意的高等职业教育的主要举措。教材建设是课程建设的重要内容，也是教学改革的重要物化成果。教育部《关于全面提高高等职业教育教学质量的若干意见》（教高［2006］16号）指出"课程建设与改革是提高教学质量的核心，也是教学改革的重点和难点"，明确要求要"加强教材建设，重点建设好3000种左右国家规划教材，与行业企业共同开发紧密结合生产实际的实训教材，并确保优质教材进课堂。"目前，在农林牧渔类高职院校中，教材建设还存在一些问题，如行业变革较大与课程内容老化的矛盾、能力本位教育与学科型教材供应的矛盾、教学改革加快推进与教材建设严重滞后的矛盾、教材需求多样化与教材供应形式单一的矛盾等。随着经济发展、科技进步和行业对人才培养要求的不断提高，组织编写一批真正遵循职业教育规律和行业生产经营规律、适应职业岗位群的职业能力要求和高素质技能型人才培养的要求、具有创新性和普适性的教材将具有十分重要的意义。

化学工业出版社为中央级综合科技出版社，是国家规划教材的重要出版基地，为我国高等教育的发展做出了积极贡献，曾被新闻出版总署领导评价为"导向正确、管理规范、特色鲜明、效益良好的模范出版社"，2008年荣获首届中国出版政府奖——先进出版单位奖。近年来，化学工业出版社密切关注我国农林牧渔类职业教育的改革和发展，积极开拓教材的出版工作，2007年年底，在原"教育部高等学校高职高专农林牧渔类专业教学指导委员会"有关专家的指导下，化学工业出版社邀请了全国100余所开设农林牧渔类专业的高职高专院校的骨干教师，共同研讨高等职业教育新阶段教学改革中相关专业教材的建设工作，并邀请相关行业企业作为教材建设单位参与建设，共同开发教材。为做好系列教材的组织建设与指导服务工作，化学工业出版社聘请有关专家组建了"高职高专'十一五'规划教材★农林牧渔系列建设委员会"和"高职高专'十一五'规划教材★农林牧渔系列编审委员会"，拟在"十一五"期间组织相关院校的一线教师和相关企业的技术人员，在深入调研、整体规划的基础上，编写出版一套适应农林牧渔类相关专业教育的基础课、专业课及相关外延课程教材——"高职高专'十一五'规划教材★农林牧渔系列"。该套教材将涉及种植、园林园艺、畜牧、兽医、水产、宠物等专业，于2008～2010年陆续出版。

该套教材的建设贯彻了以职业岗位能力培养为中心，以素质教育、创新教育为基础的教育理念，理论知识"必需"、"够用"和"管用"，以常规技术为基础，关键技术为重点，先进技术为导向。此套教材汇集众多农林牧渔类高职高专院校教师的教学经验和教改成果，又得到了相关行业企业专家的指导和积极参与，相信它的出版不仅能较好地满足高职高专农林牧渔类专业的教学需求，而且对促进高职高专专业建设、课程建设与改革、提高教学质量也将起到积极的推动作用。希望有关教师和行业企业技术人员，积极关注并参与教材建设。毕竟，为高职高专农林牧渔类专业教育教学服务，共同开发、建设出一套优质教材是我们共同的责任和义务。

介晓磊

2008 年 10 月

前言

按照国家技能鉴定标准、中华人民共和国农业（水产）行业标准和水产养殖质量安全管理规定以及职业活动知识需求，在高职高专农林牧渔类"十一五"规划教材建设委员会和编写委员会专家的指导下，我们联合水产专业的一线教师精心设计和编写了这本《鱼类增养殖技术》。

本书是水产渔业类专业的核心教材，主要内容包括技术基础和技能操作两大部分。与以往的教材相比，本书更加注重应用性技术的介绍和新知识的充实，教材内容及其知识点更加符合水产企业岗位的需求。本书在亲鱼培育与养护、鱼类催产、鱼类育苗、海水池塘高产稳产、健康养殖技术等方面添加了许多新的来自生产实践的第一手资料；在鱼类催产水温、催产剂量等方面提供了可靠的参考数据，并纠正了以往一些教科书中不准确的数据。本书除内陆水域增养殖、稻田养殖两章只介绍了淡水养殖技术外，鱼类增养殖技术基础、亲鱼人工繁殖、苗种培育、池塘增养殖、网箱养殖和工厂化养殖技术章节都分别介绍了海水养殖与淡水养殖技术。本书还精心编排设计了6个实践教学项目、26个教学案例和8个实习与实践项目，尽力实现实践教学、案例教学和校外现场实习教学三者的有机结合。为了便于识别养殖鱼类种类，本书特地编排了目前国内养殖的主要鱼类种类（含品种）彩色图片。

本书由来自全国高职高专水产专业主力院校的11位一线教师联合编写，编写分工如下：绪论由胡石柳和唐建勋编写；第一章第一、二、三、五、六节由胡石柳编写，朱文德、周海平协编；第一章第四节、第七节由唐建勋编写，胡石柳和牛红华协编；第二章第一、二、三、四、五节由胡石柳编写，唐建勋、周本翔、徐亚超、牛红华协编；第三章第一、二、三节由胡石柳编写，唐建勋、侯文久、熊良伟和陈小江协编；第四章第一节由胡石柳编写，周海平协编；第二节由唐建勋编写，胡石柳、熊良伟和陈小江协编；第五章第一节由熊良伟、陈小江编写，胡石柳协编，第二、三节由唐建勋和胡石柳编写；第六章由侯文久编写，徐亚超和胡石柳协编；第七章第一、二、三、五节由胡石柳编写，周海平协编；第四节由唐建勋编写，侯文久、胡石柳、徐亚超和唐国盘协编；第八章第一、二、三、四、五节由胡石柳编写，唐建勋、侯文久、徐亚超、熊良伟、牛红华、朱文德、陈小江和唐国盘协编；实践项目、实习与实践、思考题和参考文献由胡石柳编写。

本书适合作为高职高专水产类相关专业的教材，也适合作为中等职业学校水产专业、中高级工上岗培训班的教材，对水产技术推广和科研工作人员也有很好的参考价值。

本教材编写过程中参考了一些专家的研究成果和论著，在此深表感谢！

由于编写时间仓促、作者水平有限，书中不妥之处在所难免，敬请广大读者提出宝贵意见和建议。

编　者

2010 年 7 月

**绪论** ·········· 1

第一节　鱼类增养殖学、鱼类增养殖技术、
　　　　鱼类增养殖业的基本概念 ·········· 1
　　一、鱼类增养殖学 ·········· 1
　　二、鱼类增养殖技术 ·········· 1
　　三、鱼类增养殖业 ·········· 1

第二节　鱼类增养殖业的发展成就、
　　　　特色与趋势 ·········· 1
　　一、我国海淡水鱼类增养殖业的
　　　　发展成就 ·········· 2
　　二、我国海淡水鱼类增养殖业的特色 ·········· 3
　　三、我国鱼类增养殖业发展趋势 ·········· 3
　　四、我国海淡水增养殖鱼主要种类 ·········· 4

第三节　本课程的教学方法与技能
　　　　目标介绍 ·········· 4
　　一、淡水鱼类增养殖技术教学方法 ·········· 4
　　二、淡水鱼类增养殖技术技能目标 ·········· 4
　　三、海水鱼类增养殖技术教学方法 ·········· 4
　　四、海水鱼类增养殖技术技能目标 ·········· 5
　　【思考题】 ·········· 5

**第一章　鱼类增养殖技术基础** ·········· 6

第一节　鱼类增养殖专业术语 ·········· 6
　　一、"八字精养法" ·········· 6
　　二、"水、种、饵" ·········· 6
　　三、"密、混、轮、防、管" ·········· 6

第二节　鱼类增养殖生物学 ·········· 6
　　一、仔稚幼鱼的食性 ·········· 6
　　二、幼鱼、成鱼四种类型的食性 ·········· 7
　　三、食性与生活水层的关系 ·········· 7
　　四、鱼类的生长 ·········· 7
　　五、鱼类的死亡 ·········· 8

第三节　鱼类增养殖的水域环境 ·········· 9

　　一、物理特性 ·········· 9
　　二、化学特性 ·········· 10
　　三、生物因子 ·········· 12

第四节　养殖场地、设备与机械 ·········· 13
　　一、养殖场地 ·········· 13
　　二、养殖设备设施 ·········· 15
　　三、养殖机械 ·········· 18

第五节　淡水养鱼池清塘与肥水 ·········· 23
　　一、清塘 ·········· 23
　　二、池塘肥水 ·········· 25

第六节　海水养鱼池塘清塘与肥水 ·········· 26
　　一、对症下药 ·········· 27
　　二、水质改良——新药与特性 ·········· 27
　　三、肥料种类与施肥方法 ·········· 28
　　四、肥料种类选择与施用 ·········· 28
　　五、施肥时间控制 ·········· 28
　　六、肥效与生物饵料 ·········· 29
　　七、商品鱼池塘肥水要求 ·········· 29

第七节　养鱼与鱼类病害防治 ·········· 30
　　一、鱼病预防 ·········· 30
　　二、鱼病诊断 ·········· 31
　　三、外用消毒剂 ·········· 32
　　四、口服抗菌类药物 ·········· 33
　　五、抗生素类 ·········· 34
　　六、禁止使用的水产渔药或兽药 ·········· 34
　　七、常用的杀虫剂 ·········· 34
　　八、抗病毒药物 ·········· 35
　　九、中草药类 ·········· 35
　　十、中成鱼用药种类 ·········· 35
　　十一、鱼病治疗 ·········· 35

实践项目一　养鱼池塘清塘消毒、池塘底质
　　　　　　分析、施肥技能操作 ·········· 37

　　【思考题】 ·········· 39

第二章　养殖鱼类人工繁殖
　　　　技术基础 ……… 41
　第一节　鱼类繁殖基础知识 ……… 41
　　一、鱼类繁殖力 ……… 41
　　二、性腺卵细胞特征 ……… 41
　　三、卵巢发育 ……… 42
　　四、性腺检查 ……… 42
　　五、精巢特征 ……… 43
　　六、精巢发育 ……… 43
　第二节　促进亲鱼的性腺发育的技术措施 … 43
　　一、饲料与营养 ……… 43
　　二、适宜的水温条件 ……… 45
　　三、适宜的光照条件 ……… 45
　　四、水流与流速 ……… 45
　　五、盐度 ……… 46
　第三节　养殖鱼类的繁殖特性 ……… 47
　　一、鱼类性腺成熟的表现 ……… 47
　　二、几种海水鱼类的生殖季节、产卵水温
　　　　与雌雄亲鱼性腺成熟特征 ……… 47
　　三、几种淡水鱼类的生殖季节、产卵水温
　　　　与雌雄亲鱼的性成熟特征 ……… 52
　第四节　养殖鱼类的人工催产技术 ……… 53
　　一、淡水鱼类雌雄亲鱼配对 ……… 53
　　二、海水鱼类雌雄亲鱼配对 ……… 53
　　三、鱼类的人工催产药物种类 ……… 53
　　四、淡水养殖鱼类的催产剂量选择 ……… 54
　　五、海水鱼类的催产剂量选择 ……… 54
　实践项目二　鱼类生殖器官观察、鱼类
　　　　　　　的催产 ……… 55
　第五节　产后亲鱼的康复技术 ……… 56
　　一、淡水草鱼、青鱼、鲢、鳙、鲮的亲鱼
　　　　产后康复技术 ……… 56
　　二、海水鱼类亲鱼产后康复技术 ……… 57
　第六节　海淡水养殖鱼类的受精
　　　　卵孵化技术 ……… 58
　　一、受精卵孵化水质处理技术 ……… 58
　　二、受精卵孵化工具与管理 ……… 58
　　【思考题】 ……… 59

第三章　养殖鱼类鱼苗鱼种
　　　　培育技术 ……… 60
　第一节　鱼苗鱼种培育基本概念 ……… 60
　　一、鱼苗培育与鱼种培育的界定 ……… 60

　　二、鱼苗鱼种的营养方式、食性转换、
　　　　鳃耙变化和饵料动物种类 ……… 60
　　三、鱼苗鱼种在池塘中的分布 ……… 62
　第二节　鱼苗培育技术 ……… 62
　　一、淡水仔鱼出池入塘 ……… 62
　　二、海水仔稚鱼入塘技术 ……… 63
　　三、鱼苗池 ……… 63
　　四、鱼苗放养 ……… 64
　　五、饲养管理 ……… 65
　　六、池塘定期注水 ……… 66
　　七、鱼苗拉网锻炼 ……… 66
　　八、幼鱼（夏花）出塘计数 ……… 69
　第三节　鱼种培育技术 ……… 69
　　一、鱼种池规格 ……… 69
　　二、鱼种池肥水与鱼种下塘时间 ……… 69
　　三、海淡水池塘鱼种培育模式 ……… 69
　　四、海淡水鱼种入塘混养规格、密度和
　　　　比例与出塘规格 ……… 70
　　五、海淡水池塘鱼种饲养管理 ……… 72
　　六、海淡水池塘鱼种池塘日常管理 ……… 74
　　七、海淡水池塘鱼种出塘、并池越冬 ……… 74
　　八、海淡水网箱鱼种培育模式 ……… 75
　　九、鱼苗鱼种病害防治工作 ……… 76
　实践项目三　常用育苗工具的使用方法 ……… 76
　实践项目四　活苗运输技术 ……… 77
　　【思考题】 ……… 78

第四章　海、淡水鱼类池塘
　　　　养殖模式 ……… 79
　第一节　海水鱼类池塘养殖模式 ……… 79
　　一、池塘结构 ……… 79
　　二、池塘设施 ……… 79
　　三、放养鱼类 ……… 79
　　四、混养操作 ……… 79
　　五、日常管理 ……… 80
　　六、健康养殖 ……… 80
　　七、案例1——乌塘鳢养殖技术 ……… 80
　　八、案例2——大弹涂鱼养殖技术 ……… 81
　　九、案例3——美国红鱼池塘养殖技术 ……… 82
　　十、案例4——黄鳍鲷池塘养殖技术 ……… 83
　　十一、案例5——石斑鱼池塘养殖技术 ……… 84
　　十二、案例6——花鲈池塘养殖技术 ……… 85
　　十三、案例7——双斑东方鲀池塘
　　　　　　　　　养殖技术 ……… 86

十四、案例8——大黄鱼池塘养殖技术 … 86

【实习与实践】 海水鱼类池塘养殖技术
技能 … 87

第二节 淡水鱼类池塘养殖模式 … 87
一、池塘结构 … 87
二、淡水养殖鱼类的食性与摄食生物
学特点 … 87
三、池塘鱼类混养对提高池塘鱼
产力的意义 … 88
四、池塘鱼类混养原则 … 88
五、鲢鱼与鳙鱼混养方式 … 89
六、草鱼与青鱼混养方式 … 89
七、鲤鱼、鲫鱼、鳊鱼（或团头鲂）与青鱼、
草鱼混养 … 89
八、鲢鱼、鳙鱼与青鱼、草鱼、
鳊鱼（或团头鲂）混养 … 89
九、罗非鱼与鲢鱼、鳙鱼混养 … 89
十、池塘鱼类高密度养殖 … 90
十一、池塘高密度养殖模式 … 90
十二、高密度养鱼池日常管理 … 92
十三、轮捕轮放与鱼类池塘混养和密养 … 93

【实习与实践】 淡水鱼类池塘养殖
技术技能 … 94

【思考题】 … 95

第五章 内陆水域鱼类增
养殖技术 … 96
第一节 内陆水域概述 … 96
一、河流的特点 … 96
二、湖泊的自然条件 … 97
三、水库的自然条件与类型 … 97
第二节 湖泊河流增养殖技术 … 98
一、银鱼大水面增殖技术 … 98
二、鱼类增养殖技术 … 98
第三节 水库增养殖技术 … 98
【思考题】 … 98

第六章 稻田养鱼技术 … 99
第一节 稻田养鱼的特点与原理 … 99
第二节 稻田养鱼的条件与要求 … 100
一、稻田养鱼的基本条件 … 100
二、稻田养鱼的几种模式 … 101
三、基础设施 … 101
第三节 稻田养鱼技术 … 103

一、稻田水质调节 … 103
二、稻田生物特点与调节 … 103
三、鱼稻和养殖品种的选择 … 104
四、鱼种放养 … 104
五、稻鱼兼顾措施 … 105
六、日常管理 … 106
七、捕鱼技术 … 106
【思考题】 … 106

第七章 海淡水网箱鱼类
养殖技术 … 107
第一节 网箱养鱼的高产原理和优缺点 … 107
一、网箱养鱼高产的原理 … 107
二、网箱养鱼的优点 … 107
三、网箱养鱼的缺点 … 107
第二节 网箱建设的基础知识 … 108
一、浮式渔排的种类 … 108
二、浮式渔排的选点和合理布局 … 108
三、浮式网箱制作 … 108
四、浮子与沉子 … 110
五、浮式渔排固定材料 … 110
六、浮式渔排箱体结构与名称 … 111
七、浮式渔排箱体网目与网线规格 … 111
八、浮式渔排箱体固定方式 … 111
九、其他附属设备 … 111
第三节 浅海网箱鱼类养殖技术 … 112
一、浅海网箱养殖生产模式 … 112
二、根据养殖对象的生态习性选择
放养种类 … 112
三、根据养殖对象的生长特性选择
放养种类 … 112
四、案例1——杜氏鰤养成
的技术要点 … 112
五、案例2——美国红鱼养成的
技术要点 … 114
六、案例3——大黄鱼养成的
技术要点 … 116
七、案例4——真鲷养成的技术要点 … 118
八、案例5——石斑鱼养成的技术
要点 … 120
【实习与实践】 浅海网箱鱼类养殖技术
技能实习 … 122
第四节 淡水网箱鱼类养殖技术 … 122
一、养殖类型 … 122

二、养殖生产模式 ················ 123
三、养殖对象选择的原则 ········· 123
四、放养密度设计 ················ 123
五、放养注意事项 ················ 123
六、饲料的选择 ·················· 124
七、投料量与投喂注意事项 ······· 124
八、日常管理 ···················· 125
九、案例1——建鲤网箱养殖技术 ·· 126
十、案例2——翘嘴红鲌网箱养殖
技术 ························ 127
十一、案例3——香鱼网箱养殖技术 · 127
十二、案例4——斑点叉尾鮰网箱
养殖技术 ···················· 128
【实习与实践】 淡水网箱鱼类养殖技术
技能实习 ············· 129
第五节 深海网箱鱼类养殖技术 ········· 129
一、国内深海网箱引进与建设的类型 ··· 129
二、几种深海网箱布设外视图 ······ 129
三、养殖品种的选择 ·············· 130
四、苗种的放养 ·················· 130
五、苗种的饲养与日常管理 ········ 131
六、成鱼的饲养与日常管理 ········ 131
七、国内深海网箱养鱼存在的问题与
改进的建议 ·················· 131
八、案例1——卵形鲳鲹养殖技术 ·· 132
九、案例2——军曹鱼养殖技术 ···· 133
【实习与实践】 深水网箱鱼类养殖技术
技能实习 ············· 134
【思考题】 ························ 134

第八章 高密度集约化鱼类
养殖技术 ············· 136
第一节 高密度集约化鱼类养殖技术
的养殖模式 ················ 136
第二节 高密度集约化流水养鱼技术 ····· 137
一、择址条件 ···················· 137

二、流水养鱼的方式 ·············· 138
三、流水养鱼池的规模确定 ········ 138
四、流水养鱼池种类与排列 ········ 139
五、流水养鱼池的面积、形状、深度 · 139
六、进排水口与拦鱼设施 ·········· 140
七、流水养鱼的附属设施 ·········· 140
八、流水养鱼放养与管理技术 ······ 140
九、案例1——史氏鲟流水养殖技术 · 141
十、案例2——黄颡鱼流水养殖技术 · 141
【实习与实践】 高密度集约化流水养鱼技术
技能操作实习 ········· 142
第三节 高密度集约化静水养鱼
技术要点 ·················· 142
一、高密度集约化静水养鱼技术特点 ··· 142
二、案例1——鳗鱼静水养殖技术 ·· 142
三、案例2——史氏鲟静水养殖技术 · 143
【实习与实践】 高密度集约化静水养鱼技术
技能操作实习 ········· 144
第四节 工厂化养鱼技术要点 ··········· 144
一、养殖模式 ···················· 144
二、养殖用水来源 ················ 144
三、养殖场所的选择 ·············· 145
四、养殖种类的选择 ·············· 145
五、案例1——石斑鱼养殖技术 ···· 145
六、案例2——大菱鲆高密度集约式工厂化
养殖技术 ···················· 147
七、案例3——半滑舌鳎养殖技术 ··· 148
【实习与实践】 工厂化养鱼技术技能
操作实习 ············· 149
实践项目五 淡水鱼类育苗场实地
观察与操作 ············· 149
实践项目六 海水鱼类育苗场实地
观察与操作 ············· 149
【思考题】 ························ 150

参考文献 ··························· 151

# 绪　　论

## 第一节　鱼类增养殖学、鱼类增养殖技术、鱼类增养殖业的基本概念

### 一、鱼类增养殖学

鱼类增养殖学是一门研究鱼类增殖与养殖的学科，该学科以作为增养殖对象的海淡水经济鱼类为对象，研究其生物学特性，并在此基础上以高产、高效、节能环保、可持续发展为目的，进行鱼类的繁殖、苗种培育、成鱼饲养以及大水面增养殖技术的研究。其生物学内容包括生态、生理、个体发育和群体生长，同时以此为基础，研究养殖水域环境条件与养殖设施、管理、苗种规格、品种选择、密度、饲料、病害防治以及养殖技术等有关内容。

### 二、鱼类增养殖技术

鱼类增养殖技术是一门研究海淡水鱼类增殖与养殖的专业技术，与鱼类增养殖学不同的是根据生产上的需要，有针对性地讲述相关的应用技术、操作技能和相关的应用技术原理，更具有专业性、实用性和可操作性。鱼类增养殖技术作为高职教材有别于本科教材的《鱼类增养殖学》，形成以应用技术、操作技能和相关理论基础为特色的高职教材。鱼类增养殖技术以讲授技术技能的应用操作方法为主，而在叙述技术的原理过程方面尽量减少或省略。鱼类增养殖技术是水产养殖应用技术技能不可分割的一个部分，是进入鱼类增养殖行业的一把钥匙。

本门课程突出鱼类增养殖的技术技能，具有较强的实践应用性。学生通过生产实践教学，熟练掌握鱼类增养殖的技术技能要点。

### 三、鱼类增养殖业

鱼类增养殖业是指在海淡水的网箱、池塘、水泥池进行鱼类增养殖生产，如在海淡水鱼类增养殖业是指在海淡水的网箱、池塘、水泥池进行鱼类增养殖生产，如在海水水域的浅海网箱、深海网箱、港湾网箱、滩涂、池塘等从事海水鱼类增养殖生产；如在水泥池从事海淡水鱼类工厂化养殖生产；或在淡水水域的池塘、河道、湖泊、水库、稻田等从事淡水鱼类增养殖生产；或在海水水域的港湾从事海水鱼类增养殖生产。同时应具备投入、产出、产品进入市场和具有经济社会效益等四方面的条件。实验室或试验场虽有前两个条件，但不具备后两个条件，因此不能归属鱼类增养殖业的范畴。

## 第二节　鱼类增养殖业的发展成就、特色与趋势

新中国成立后，我国的海淡水鱼类增养殖业得到稳步、快速、健康发展，尤其是改革开放后，我国的海淡水鱼类增养殖业突飞猛进，成就喜人。

## 一、我国海淡水鱼类增养殖业的发展成就

20 世纪 50 年代中后期我国进行淡水家鱼人工繁殖试验。1958 年池塘养殖鲢鳙人工繁殖技术获得成功；50 年代末期我国进行了 20 余种海水鱼类的人工繁殖试验。从 50 年代起就积极从国外引进优良的淡水鱼类，并分别于 1957 年和 1959 年引进了莫桑比克罗非鱼和虹鳟。

20 世纪 60 年代我国的淡水家鱼人工繁殖技术得到全面推广应用，淡水苗种生产基地向雨后春笋般在全国各渔业主要产区建立，综合养殖技术开始得到应用。1960 年海水培育出真鲷、黄姑鱼、大黄鱼仔鱼；1963 年虹鳟人工繁殖技术成功；1965 年牙鲆人工繁殖初获成功。1968 年咸淡水养殖鲮鱼的全人工繁殖获得成功。

20 世纪 70 年代中后期用于鱼类繁殖的催熟、催产药物促黄体素生成激素释放素类似物（LRH-A）研制生产获得成功，淡水家鱼等鱼类的人工繁殖技术取得实质性的突破，我国已具有大批量的生产大规格苗种的技术水平和生产能力，基本能满足了我国城郊养鱼发展的需求。城郊养殖技术和精养高产技术，以及引进国外养殖新品种成为这一时代的主流。70 年代又先后引进了莫桑比克罗非鱼和雄性尼罗罗非鱼杂交一代——福寿鱼，1976 年从日本引进白鲫，1978 年从埃及引进尼罗锦齿罗非鱼（俗称尼罗罗非鱼），同年从泰国引进南亚野鲮。1979 年我国开始进行银鱼移植增殖，如云南、湖北、山东、福建等省的水库、湖泊进行了银鱼的移植增殖，银鱼已能在新的环境水域繁衍后代。海水以经济养殖鱼类为人工繁殖研究的对象，其人工苗取得了关键性技术的突破。1978 年鲮鱼人工繁殖进入小生产阶段；真鲷人工繁殖试验成功；海水鱼类增养殖开始出现繁荣现象，池塘养殖面积不断扩大，鱼埕（港养）和网箱养殖初见规模。养殖品种不断增加，尤其是出口创汇的高档名贵鱼类养殖面积和产量快速增长。

20 世纪 80 年代淡水名特优鱼类人工繁殖技术取得较大突破。1985 年生产科技人员探索出一套鳜鱼人工繁殖、苗种培育、成鱼养殖中需要解决的活鱼饲料配套等关键技术；1987 年松江鲈人工育苗试验成功；1988～1989 年长吻鮠、大口鲶人工繁殖试验成功。不断引进国外优良品种，1981 年从埃及引进黄边胡子鲶（俗称埃及胡子鲶）；1981 年和 1983 年两次引进奥利亚罗非鱼，用奥利亚罗非鱼做父本和用尼罗罗非鱼为母本进行杂交，获得子一代"奥尼鱼"。1982 年台湾引进短盖巨脂鲤，1985 年从巴西引进我国大陆；1982 年和 1984 年先后从日本和德国引进德国镜鲤；1983 年从美国引进大口黑鲈，俗称加州鲈；1984 年从美国加利福尼亚州引进斑点叉尾鮰；1986 年从泰国引进银鲃；1987 年从日本引进长耳太阳鱼（俗称太阳鱼）、太阳鲈等鱼类，为改善我国淡水池塘养殖品种结构，提高池塘生产力和经济效益都取得明显效果。海水经济鱼类花鲈、黄鳍鲷、黑鲷、平鲷、牙鲆、黄盖鲽、鲫鱼、真鲷、黄姑鱼、鲮鱼等鱼类的人工繁殖进入初级生产性水平；赤点石斑鱼、鲑点石斑鱼、大弹涂鱼、中华乌塘鳢人工繁殖成功。在这一时期将遗传育种技术应用到水产育苗中，如建鲤生物工程育种技术，应用该项技术培育出具有良好性状的新品种。建鲤的育种技术新颖、先进、实用，属国内外首创。

20 世纪 90 年代确立了"以养为主"的发展方针，把发展水产增养殖业作为渔业的重点。开展海产多倍体育种技术研究、分子生物学技术在水产养殖育种中的应用、分子生物学技术在水产养殖种质遗传鉴定中的应用、分子生物学技术在水产养殖病原体检测中的应用和分子生物学技术在水产养殖疾病防治中的作用研究，从而提高养殖对象的防治技术水平。90

年代除继续引进名优经济养殖鱼类外，还引进名贵的观赏鱼类，如1990年从泰国引进美丽巩鱼俗称红龙、金龙、马来亚巩鱼；同年从美国引进拟红石首鱼（俗称美国红鱼）；1992年从欧洲引进大菱鲆；1993年和1996年从美国引进条纹石鮨；进入90年代后海水经济鱼类的繁殖技术日臻成熟，如大黄鱼、鮸状黄姑鱼、斜带髭鲷、花尾胡椒鲷、胡椒鲷、花鲈、真鲷、浅色黄姑鱼、鮸鱼、勒氏笛鲷、紫红笛鲷、军曹鱼、红鳍东方鲀、三线矶鲈等海水鱼类的人工育苗产量和质量满足养殖市场的需求。已形成南方福建、广东、海南三省以海水暖、温水性鱼类苗种生产和北方山东、河北两省以海水冷水性鱼类苗种生产为主要特色的苗种产业区。淡水名优鱼类苗种生产各地区各有特色，如广东、福建、江苏、湖北等省分别以生产罗非鱼、暗纹东方鲀、鳜鱼、斑点叉尾鮰、黄颡鱼、胭脂鱼等优质苗种而闻名。

21世纪上半叶被称为人类"绿色革命"迅速发展的时代。发展水产鱼类增养殖业，是"绿色革命"的一个重要组成部分。2001～2008年的一个显著特点是在一大批新的野生土著鱼类的人工育苗技术方面有新的突破，如红鳍笛鲷、云纹石斑鱼、双棘黄姑鱼、卵形鲳鲹、许氏平鲉、中华乌塘鳢、双斑东方鲀、橘黄东方鲀、大弹涂鱼、香鱼、中华鲟等经人工培育后成为优质的亲鱼，使生产优质的苗种已成为可能。2001～2008年的另一个显著特点是政府着力破解病害泛滥、滥用药物的问题。有关部门组织专家编辑出版无公害鱼类增养殖系列丛书，上级渔业主管部门相继出台了淡水鱼和海水鱼健康养殖标准、养殖水质标准、禁用渔药和新渔药使用的标准，进一步完善了鱼病防控措施和健康养殖的管理体系，提高了预防与治疗鱼病的能力。

## 二、我国海淡水鱼类增养殖业的特色

第一，主要养殖水产途径：国营、集体、个体并进，全面发展。

第二，选具有实用性的品种：结合实际发展当地的优势品种；开发土著种和引进优良品种相结合。

第三，充分利用当地资源：国家制定有利水产业发展的政策，凡有可养鱼的水域都可向有关部门申请养殖；发展大水面、山塘水库、河荡、网箱养鱼；在室内开展工厂化高密度养殖。

第四，多品种养鱼：我国的养鱼业已走出单一养殖的时代，根据市场需求和经济价值发展养殖品种；淡水养殖鱼类的种类（品种）30多种，其中名特优鱼类20多种；海水养殖鱼类的种类（品种）30多种，其中高档名贵鱼类20多种；养殖苗种来源除鳗鲡、鲥鱼、黄鳝、石斑鱼、金龙鱼等少数鱼类外，大多数养殖鱼类的苗种是我国自行繁殖与培育的人工苗，苗种的数量和质量都能满足生产上的需求。

## 三、我国鱼类增养殖业发展趋势

第一，生物技术研究——分子生物学、遗传学和免疫学等领域的研究。

第二，可持续发展措施——通过水环境的保护，水产资源增殖，保持水生生物的多样性。

第三，鱼类营养和饲料研究——通过鱼类营养和饲料的研究，加速鱼类生长，缩短养殖周期，提高产品品质。

第四，健康养殖技术研究

（1）建立健康养殖新工艺，培育人们需求的健康绿色食品。

（2）建立现代化养殖设施　①温室工程；②环境工程；③水族馆工程。

（3）建立宏观与微观控制工程。

（4）发展可观赏、垂钓、品尝的多品位型的养殖鱼类。

（5）鱼类增养殖业的产业结构和经营方式发生明显转变　①从产量型向优质型转变；②从体力型向技术型转变；③从单项型向多项型，单一提供食品转向观赏、可垂钓、可品尝；④从单季收成转向四季都有收成的养殖形式，收支与效益期短，负担小；⑤从单一养殖转向养殖、加工、销售一条龙；⑥引进国外需求的品种，养殖、加工出口创汇。

## 四、我国海淡水增养殖鱼主要种类

见彩图。

# 第三节　本课程的教学方法与技能目标介绍

## 一、淡水鱼类增养殖技术教学方法

（1）教学大纲　学时 54，学分 3，理论授课 44，实践实验 10 学时（室内模拟实验 6 学时，养殖场实践教学 4 学时）。

（2）教学计划　18 周，每周 3 学时。

（3）理论教学　理论课：绪论、基础部分、应用技术。

（4）实践教学　技术技能。

① 淡水池塘底质酸碱度检测、消毒、肥水等用药、用肥量计算等。

② 淡水鱼类催熟与催产技术技能操作训练。

③ 淡水鱼类苗种、亲鱼、商品鱼的活鱼运输技术技能训练。

④ 两次室外实践课，安排周末时间到淡水苗种场进行育苗设备现场教学；到淡水养殖场进行成鱼养殖条件、增氧设备、排灌水机械、各种网具使用教学。

（5）考试方式与成绩统计　平时考试与作业 30%、实验成绩 30%、期末考试 40%。

（6）学习重点与学习方法　学习重点为三大块：①基础知识部分；②技术技能部分，分为繁殖育苗和养殖部分；③实践操作应用部分。学习方法：做笔记；独立完成作业，在完成作业中复习巩固学习成果；以实践操作带动理论学习，在理解的基础上加深记忆。

## 二、淡水鱼类增养殖技术技能目标

① 学生通过学习能掌握淡水鱼类增养殖技术技能及其指导技能操作的基础知识理论。

② 具体落实在能掌握淡水鱼类人工繁殖的基本原理，熟练运用到鱼类的催熟和催产过程中；能根据不同鱼类的生物学特性，熟练运用到仔鱼、稚鱼和幼鱼的培育全过程中，熟练运用到商品鱼类的养殖过程中。

③ 理论与实践教学内容必须符合国家关于职业技能证书考证的要求。

## 三、海水鱼类增养殖技术教学方法

（1）教学大纲　学时 54，学分 3，理论授课 44，实践实验 10 学时（室内模拟实验 6 学时，养殖场实践教学 4 学时）。

（2）教学计划　18 周，每周 3 学时。

（3）理论教学　理论课：绪论、基础部分、应用技术。

（4）实践教学　技术技能。

① 海水池塘底质酸碱度检测、丝状藻类清除、消毒、肥水等用药、用肥量计算等。

② 海水鱼类催熟与催产技术技能操作训练。

③ 海水鱼类苗种、亲鱼、商品鱼的活鱼运输技术技能训练。

④ 两次室外实践课，安排周末时间到海水苗种场进行育苗设备现场教学；到渔排鱼类养殖场、室内工厂化石斑鱼、牙鲆的成鱼养殖场，对成鱼养殖过程中经常使用的增氧设备、排灌水机械和各种网具进行现场操作教学。

（5）考试方式与成绩统计　平时考试与作业 30％、实验成绩 30％、期末考试 40％。

（6）学习重点与学习方法　学习重点为三大块：①基础知识部分；②技术技能部分，分为繁殖育苗和养殖部分；③实践操作应用部分。学习方法：做笔记；独立完成作业，在完成作业中复习巩固学习成果；以实践操作带动理论学习，在理解的基础上加深记忆。

## 四、海水鱼类增养殖技术技能目标

① 学生通过学习能掌握海水鱼类增养殖技术技能及其指导技能操作的基础知识理论。

② 具体落实在能掌握海水鱼类人工繁殖的基本原理，熟练运用到鱼类的催熟和催产过程中；能根据不同鱼类的生物学特性，熟练运用到仔鱼、稚鱼和幼鱼的培育全过程中、熟练运用到商品鱼类的养殖过程中。

③ 理论与实践教学内容必须符合国家关于职业技能证书考证的要求。

### 【思考题】

1. 简述鱼类增养殖学、养殖技术与鱼类增养殖业的基本概念。
2. 对我国鱼类增养殖业影响比较大的有哪几个方面的因素？
3. 我国鱼类增养殖特色表现在哪些方面？
4. 在当前我国鱼类增养殖发展趋势中，你认为哪一点的后劲最大？为什么？
5. 适宜池塘养殖的鱼类有哪些种类？
6. 适宜大水面增养殖的鱼类有哪些种类？
7. 适宜在海水网箱、池塘养殖的鱼类有哪些种类？
8. 适宜在半咸水池塘养殖的鱼类有哪些种类？
9. 我国引进哪些主要名贵鱼类？
10. 本课程的教学技能目标是什么？如何做才能实现这一目标？

# 第一章　鱼类增养殖技术基础

## 第一节　鱼类增养殖专业术语

### 一、"八字精养法"

"八字精养法"是指鱼类增养殖技术的"水、种、饵、密、混、轮、防、管"八个字，堪称鱼类增养殖技术的精髓。"八字精养法"高度地概括了鱼类增养殖技术中的八个关键养殖技术环节。

### 二、"水、种、饵"

"水、种、饵"是指鱼类增养殖中的水体、苗种、饵料三者。三者都是水产养殖的基本条件，即称为硬性的条件。"水"是鱼类的生活载体，包括水源、水质、水面积、水深、水温，这些都必须符合鱼类的生活生长要求。"种"是指鱼类增养殖的苗种，其苗种的品质、规格、体质等方面都要符合优良品种的标准。"饵"是指增养殖鱼类的饵料，其饵料的质量、适口性、数量都要符合鱼类营养的需求和无公害的饲料标准。

### 三、"密、混、轮、防、管"

"密、混、轮、防、管"是指鱼类的放养密度、多品种或多种规格的混养、轮捕轮放、捕大留小、鱼病防治、日常管理等六个方面；这六个方面是非物质性的技术性很强的条件，即称为软性的条件。

## 第二节　鱼类增养殖生物学

### 一、仔稚幼鱼的食性

（1）以卵黄为营养　各种刚孵出鱼苗都以卵黄囊中的卵黄为营养。

（2）以浮游动物为食　当卵黄囊完全消失后，仔鱼、稚鱼均摄食贝类幼虫、轮虫、卤虫、枝角类、桡足类等浮游动物。幼鱼的早期阶段摄食成体的浮游动物。

（3）食性转化　幼鱼（变态为幼鱼15d左右）食性基本与成鱼相似。各种鱼类的食性可分为肉食性、杂食性、滤食性和草食性四大类。

（4）共同性　无论成鱼是属于哪一种食性，其仔稚鱼的食性是相同的。海水鱼类需要摄食贝类幼虫、轮虫、卤虫、枝角类、桡足类等浮游动物。淡水鱼类的四大家鱼开口仔鱼可投喂煮熟的蛋黄替代贝类幼虫、轮虫。淡水鳜鱼开口仔鱼可摄食比它小的仔鱼。这就是为什么鱼类育苗需要培养动物性饵料的原因。

## 二、幼鱼、成鱼四种类型的食性

（1）滤食性　滤食性鱼类的口一般较大，鳃耙细长密集，犹如一个浮游生物筛网，用来滤取水中的浮游生物，例如生活于淡水的鱼类鲢、鳙等。

（2）草食性　草食性鱼类的口一般较大，咽喉齿发达，鳃耙疏短，例如生活于淡水的草鱼以水草或幼嫩陆草为食；例如团头鲂、长春鳊等以幼嫩水草为食。

（3）杂食性　杂食性鱼类的口不大，鳃耙稀疏，例如生活于淡水的鲤、鲫、罗非鱼动植物性均能摄食。例如生活于海水的篮子鱼等，食谱范围广而杂，既摄食天然的水生无脊椎动物，也摄食天然的水生植物和人工配合饲料及腐屑、瓜类等食物。

（4）肉食性　肉食性鱼类的口大，具上下颌，鳃耙疏短，例如淡水的青鱼、黄颡鱼等捕食方式温和，以无脊椎动物的螺蚌、小鱼虾、水生昆虫为食；例如生活于淡水的鳜鱼、红鳍鲌、乌鳢、鳡鱼、鳗鲡和生活于海水的真鲷、大黄鱼、石斑鱼、花鲈等捕食方式凶猛，以鱼虾为食。

## 三、食性与生活水层的关系

鱼类自幼鱼阶段后开始有食性之分，不同食性的鱼类其生活的水层不同。

（1）滤食性鱼类　一般生活于水域的上层，如鲢、鳙鱼。

（2）肉食性鱼类　一般生活于水域的下层，如青鱼、石斑鱼。

（3）草食性鱼类　一般生活于水域的中下层，如草鱼、团头鲂、长春鳊。

（4）杂食性鱼类　一般生活于底层，如鲤、鲫鱼、罗非鱼，但也到池边的中上层觅食。

了解鱼类食性的目的：

① 鱼类混养时能做到正确地选择适宜的种类，充分发挥水体的生产力，以求获得单位水体的最高产量。

② 杂食性的鱼类由于投喂配合饲料，其活动范围不再是为觅食而活动，它们在养殖水体的水层分布较广。

③ 高密度养殖的鱼类在养殖水体上、中、下层的分布较为均匀。

## 四、鱼类的生长

### 1. 生长的阶段性

养殖鱼类首次性成熟之前的生长最快，该阶段称青春阶段；性成熟后生长速度明显缓慢，并且在若干年内变化不大，该阶段称成年阶段；最后阶段生长率明显下降直到老死，该阶段称衰老阶段。

### 2. 雌雄鱼生长的差异性

非一年生的养殖动物，雄性通常比雌性先成熟，如鲤科鱼类的雄鱼大约比雌鱼早成熟一年，这就造成雄鱼的生长速度提早下降，使得多数鱼类的同年龄雄鱼个体比雌鱼小一些。一年生的鱼类，如罗非鱼雌鱼性腺成熟后，生长慢于雄鱼，这就是为什么做雄性罗非鱼育苗的原因，近年来开展罗非鱼杂交育苗也是为了避免罗非鱼因性腺成熟影响其生长，提高养殖产量。

### 3. 生长与温度的关系

鱼类是变温动物，鱼类对环境适应的结果，演变为适应在低水温环境生活、高水温环境生活和介于两者之间的温水环境生活的三大生活类群的鱼类。分别称为：①冷水性种类，即生长的适温范围较低，比如虹鳟，其生长的水温范围为 2～22℃，最适生长温度为 8～14℃；②温水性种类，即生长的适温范围较高（8～31℃），最适生长温度为 18～28℃，我国主要养殖淡水的草鱼、青鱼、鲢、鳙、鲤、鲫、鲂和海水的真鲷、大黄鱼、青石斑等；③暖水性种类，即生长的适温范围更高（22～35℃），最适生长温度为 24～33℃，通常称为它们在自然条件下生长在热带或亚热带，如淡水生活的罗非鱼、短盖巨脂鲤和海水生活的双棘黄姑鱼、军曹鱼、鞍带石斑鱼（龙胆石斑）等，当水温下降至 18℃ 以下摄食减少，12℃ 以下死亡。因不同季节光照时间差异很大，光通过视觉器官刺激中枢神经系统而影响甲状腺等内分泌腺激素的分泌，因此养殖鱼类的生长也表现出明显的季节性。

**4. 生长与密养关系**

鱼类常有集群的行为。合理的放养密度比低放养密度生长快，单位产量高。如斑点叉尾鮰、高体鰤、龙胆石斑网箱养殖时，密度小时会有攻击性；有的种类群居有相互促进的作用，有利于群体中个体的生长如大黄鱼幼鱼阶段，即所谓生长具有"群体效应"。当然，密度过高或有区域割据现象的种类群养，对生长也有影响。

**5. 生长的不连续性现象**

养殖鱼类存在着个体的不同发育阶段其生长速度的存在差异性的现象，称为生长的不连续性现象。例如，在鱼类的仔鱼期和稚鱼期的体长快速增加，而体重增加少；在早期幼鱼体长与体重的增长亦存在不同步性，尤其在成熟前的亚成鱼，其体长增长很缓慢，而体重增加很迅速。

**6. 鱼类生长与水温的关系**

鱼类对环境条件有一定的适应性，如北方的鱼类一般适应在水温较低的水域生活，而南方的鱼类一般适应在水温较高的水域生活，但有些鱼类既能适应在水温较低的水域生活，亦能适应在水温较高的水域生活，通常被称为"广温性鱼类"。

**7. 根据鱼类适应水温的习性分类**

以繁殖水温作为区分"冷水性鱼类"、"温水性鱼类"和"暖水性鱼类"的主要依据，以生活水温作为次要依据。例如"冷水性鱼类"的繁殖水温通常在 16℃ 以下，生活水温通常在 22℃ 以下；"温水性鱼类"的繁殖水温通常在 18℃ 以上、28℃ 以下、生活水温通常在 6℃ 以上、32℃ 以下；"暖水性鱼类"的繁殖水温通常在 23℃ 以上、30℃ 以下，生活水温通常在 19℃ 以上、34℃ 以下；根据当地水温的特点，正确选择适宜当地水温的养殖品种，才能达到最好的增养殖效果。

## 五、鱼类的死亡

鱼类种群的数量变动既是生存与死亡的个体数量变化。

**1. 死亡的概念**

死亡表示个体从种群中消失的情况，死亡决定了种群数量下降的速度。在渔业生产中，研究鱼类种群数量变动，制定渔业计划，讨论捕捞对种群数量的影响都必须测得鱼类死亡的情况。因此掌握鱼类死亡的变化规律和计算方法，在渔业生产上有十分重要的实践意义。

**2. 鱼类死亡的基本概念**

鱼类捕捞死亡和自然死亡合称总死亡。

① 捕捞死亡：即捕捞引起的死亡。

② 自然死亡：各种自然因素引起的死亡。

③ 死亡率：即指在某一阶段时间内，死亡量与最初资源量之比，常以百分比表示。

④ 死亡系数：即指某一时刻死亡量与资源量之比，常用微分的方法表示其某一瞬间鱼类死亡的相对程度。

**3. 总死亡系数的估算**

① 总死亡系数计算：即以渔获物年龄组成估算总死亡系数。

② 渔获量：表明在某一年度内，渔获量中每个年龄组的相对频率、反映了种群数量变动的情况，而种群数量与渔获量相似，说明总死亡率和补充量比较稳定。

③ 可根据渔获物随年龄增大数量减少的情况，即以渔获物年龄组成估算总死亡系数。

# 第三节　鱼类增养殖的水域环境

鱼类增养殖水域环境有非生物因子和生物因子两个方面，非生物因子又包括物理特性和化学特性两大方面，即水的密度、盐度、pH 值、溶氧量、温度、光照等。

## 一、物理特性

**1. 太阳辐射**

它是构成养殖水体的水温、气温、有机物质的基本能源。太阳辐射量的多少，将影响水体的溶解氧和生产力的高低，故太阳辐射是一种水环境中的重要因子。

**2. 补偿深度**

浮游植物光合作用产生的氧量恰好等于浮游生物、细菌呼吸作用的消耗量，此深度即为补偿深度。养鱼池塘水温变化的特点：水中温度上升或下降变化比陆地慢，早晚水温变化的幅度也比气温小；水的温度变化随季节、昼夜、池水的深浅度有差异。补偿深度为养殖水体的溶解氧的垂直分布建立一个层次结构。在补偿深度以上称为增氧水层，在补偿深度以下称为耗氧水层。不同的养殖水体和养殖方法，其补偿深度差异很大。水体有机物越高补偿深度越小。海洋与湖泊水库和池塘的补偿深度分别为较深和较浅。补偿深度为养鱼池塘和水库养鱼最适深度提供了理论依据。养鱼池塘最佳的水深为 2.5m，水库养鱼最佳水深为 3m。所以养鱼池塘在计划放养密度时最大的水深是以 2.5m 来设计的。水库养鱼在计划放养密度时最大的水深是以 3m 来设计的。

**3. 透明度**

透明度是用测定萨氏盘的深度来间接表示光透入水的深浅度。测定鱼池水的透明度方法是把萨氏盘沉入池水中，至恰好看不见的深度（稍提起又能看见），这个深度即为透明度，用"cm"表示。透明度的高低主要取决于水的浑浊度和水中浮游生物的含量，所以用透明度来判断比较直观、准确。一般养殖池的透明度应大于 20cm、小于 50cm，否则池水过肥、浮游生物过多，或者池水相当清澈，对健康养殖均不利。

**4. 水色**

水体颜色与水对光线的选择吸收和选择散射有关。即当水域中含有一定量的溶解物或悬浮物时，水体呈现不同的颜色或出现一定的浑浊度称为水色。养殖鱼池常见的水色，如黄浊色，泥沙多。褐色，溶解腐殖质多；油绿色，绿藻多；深蓝色，蓝藻多；黄褐色，硅藻或黄藻多；对池塘而言，水色的形成和变化主要还是由水中的浮游生物，特别是浮游植物引起的，而且随着浮游植物优势种类的不同，水色也有所变化。

### 5. 水温

水温是指养殖水体的温度。水温随气温的变化而变化。因此，水温具有明显的季节性和昼夜差异。

### 6. 养殖水体运动

有波浪、混合、风成流、重力流、惯性等。池塘水体的运动没有湖泊、水库、海洋那么明显。池塘水体运动除了注排水、运转增氧机外，主要原因是风力和上下水层因密度差而引起对流。风力引起波浪和上下水层混合。

### 7. 肥、活、嫩、爽的内涵

肥，指水中易被养殖鱼类利用的浮游生物数量和种类较多。藻类中以绿藻、硅藻、隐藻、甲藻和金藻居多，轮虫、枝角类、桡足类等鱼类喜食的浮游动物也多；由于优势种群的不同，水色也有所不同，以绿褐色、茶褐色、绿色或黄绿色为佳，其他水色都不适宜健康养殖。活，指水色随时间和光照强度的变化而变化。早上水色淡，中午、下午变浓，有"活"气，这主要是由于养殖鱼类喜食的鞭毛藻类垂直运动所致。嫩、爽，指水体中易被养殖动物消化的藻类较多，而且未衰老。从肉眼来看，水色鲜嫩，且清亮透明。

### 8. 水的热学特性

包括水的比热容、透热性、传热性和水的密度。水温直接影响鱼类的新陈代谢强度，从而影响鱼类的摄食与生长。水温对养殖水体的物质循环有重要影响。水温直接影响水中细菌和其他水生生物的代谢强度。水温的高低也影响水的溶解氧的含量。水中氧气的溶解度随水温的升高而降低。水温上升水生生物的新陈代谢增强，呼吸加快，有机物的耗氧量明显提高。

### 9. 温跃层

温跃层是一种池水运动现象，即池水的温度在某一水层时发生剧烈的变化，这种池水的运动对养殖鱼类的生长和生存具有重大的影响。特别在夏季，水的上表层极易产生温跃层。

在3m左右的室外池塘中，如果表层水温上升过快、水体较深、风力又不大时，上下水层难以对流而产生"温跃层"，特别在夏季水的上表层极易产生。同样，在秋冬季，表层水温的上升或下降使上层水的密度产生变化，上、下水层水体也会自动对流。

## 二、化学特性

### 1. 溶解氧

养鱼池水溶解氧主要来源于水生植物的光合作用、空气的直接溶入和换水。室外池塘的溶解氧主要来自浮游植物的光合作用。养鱼池水的溶解氧的消耗主要是池塘内的各种水生生物呼吸和水中有机物质的分解而消耗大量的氧。

(1) 溶氧量　养鱼池水溶氧量的变化具有一定的规律性，通常是白天浮游植物光合作用强，在下午2～3点最高，日出前最低；底层由于光照不足，溶氧量较低，然而由于水温差造成水的对流或分子扩散的作用，底层水的溶氧水平也会提升，但如果池塘太深，底层水的溶氧就很少。

(2) 临界溶氧　即造成鱼类不能维持正常呼吸强度时的溶氧浓度，称为临界溶氧。溶氧值随着鱼的种类和生长阶段的不同而有差异，鳊鱼的临界溶氧为 $0.4 \sim 0.5 mg/L$，鲤鱼为 $0.2 \sim 0.3 mg/L$，鲫鱼为 $0.1 mg/L$。一般认为，淡水养殖过程的临界溶氧为 $2mg/L$ 左右，适宜溶氧应高于 $5mg/L$，冷水性鱼类还要更高，为 $7mg/L$。海水鱼类大黄鱼、石斑鱼养殖过程的临界溶氧为 3.2mg/L 左右。注意经常保持养鱼池水体含有足够的溶氧量是养殖的关键性工作。若测知或预感水体溶氧降低时，就需采取有效措施，及时向鱼池注入新水或开动增氧机，进行人工增氧，这对预防鱼类泛池、促进鱼类的食欲、加快生长、增强抵抗力等都有良好的效果。养殖鱼池在晴天的中午开增氧机，使池塘水提前对流，池水底层的溶氧不饱和，通过上层水饱和的溶氧而得到补充。

**2. 二氧化碳**

它是水生植物进行光合作用的物质基础，水中一般不会缺乏。适量的二氧化碳对水生动物的呼吸有促进作用，过量则会致死，鱼类对其更敏感。

**3. 硫化氢**

它是含硫有机物在缺氧条件下分解的有毒气体，对淡水生物有不良的影响。一般而言，硫化氢大量存在是水体缺氧的标志。沼气（又称甲烷）是纤维素分解产生的，对淡水生物有无直接的毒害作用目前还不是很清楚，但由于它是在不良的环境中产生的，因此可作为环境不良的标志。

**4. 氨**

它通常是在水中溶氧不足时，由含氮有机物分解产生的，或由氮化物经反硝化细菌还原生成，或来自于水生动物呼吸代谢的废物。过量的氨对大多数养殖生物有致死作用。在高密度精养池中，氨的浓度经常会达到抑制养殖鱼虾生长的程度，甚至致死。

**5. 酸碱度**

又称 pH 值，即表示水体中氢离子的浓度，范围在 1～14。pH 值 7 的水为中性，pH 值小于 7 的为酸性，pH 值大于 7 的为碱性，养鱼池塘一般要求 pH 值在 7.0～8.5，即中性偏碱为好。

pH 值对鱼的生命活动有影响，即鱼类在酸性水的条件下，血液中的 pH 值下降，载氧能力削弱，造成缺氧症，鱼类的呼吸频率降低，活动减慢，摄食力减退，以致生长停顿；碱性过强对鱼类的生长也不利，严重时甚至会引起死亡。在养殖过程中不定期地用少量生石灰来提高池水的缓冲能力，降低 pH 值的变化幅度。如果 pH 值过高，应急时可施用氯化钙等来降解。

**6. 硬度**

即水中金属离子，如钙、镁、铝等含量的度量。常用碳酸钙含量来表示单位为 mg/L，对养殖池塘来说，池水的硬度主要是由钙离子、镁离子构成。

养殖鱼池对水的硬度有一定的要求，即养殖鱼池水在碳酸钙含量 100～200mg/L 较适宜。调节水的硬度的方法是在养殖池塘清淤后，每公顷●用 900～1500kg 生石灰消毒，在养殖过程中每公顷再定期施用 300kg 生石灰来增加硬度。但在原来池水硬度较大或有机物含量较低的池塘，应慎用生石灰，以避免降低池水中有机磷的含量和降低水体的肥力。

**7. 盐度**

鱼池水的盐度亦称为矿化度，即水中钠、钾、钙、镁、氯和碳酸氢根等 8 种离子的总量。

（1）养鱼池塘水质是否需要盐度　在淡水鱼类养殖水中不需要含有盐度，而海水鱼类育苗与养殖时水体中需要一定的盐度。

---

● 1公顷＝$10^5$ 米²，1hm²＝$10^5$m²，1/15hm²＝1亩。

（2）鱼类对盐度的能耐程度 淡水鱼类能在盐度 4 以下的水中生活（个别能在 10 以下）；而海水鱼类能在盐度 20～33 的水中生活。河口性鱼类能在盐度 0～33 的水中生活，但繁殖的盐度需要 26～33。

（3）盐度对鱼类胚胎发育和胚后发育的影响 即盐度 1 以上对淡水鱼类的胚胎发育和胚后发育有影响；盐度 26 以下时对大多数的海水鱼类的繁殖有影响，最佳的产卵、孵化和胚后发育的盐度为 30～33，在稚鱼中期盐度缓慢降至 22～18，也会导致稚鱼死亡，在稚鱼后期盐度降至 18 对生长不产生影响。河口性鱼类最佳的产卵、孵化和胚后发育的盐度为 28～31，在稚鱼中后期盐度缓慢降至 18，对稚鱼的生长有利。

**8. 无机盐类**

即水中碳酸盐、磷酸盐、硝酸盐等盐类的总称。它们直接或间接地影响鱼类的生长。钙、镁等的碳酸盐类是组成生物体不可缺少的成分，也是形成水硬度的主要物质。

（1）碳酸氢盐 对水体的总碱度、酸碱度均有调节作用。当水中游离的二氧化碳严重缺乏时，绿色植物可以从碳酸氢盐中吸取光合作用所需的二氧化碳。

（2）磷酸盐 对养殖鱼类没有直接的影响。这类物质一般在水体中的含量不多，在这种情况下往往会使池中的生物尤其是藻类的生长受到限制，使浮游生物量下降，对养殖种类生长不利。

（3）铵盐 铵盐是浮游植物的肥料。池水中的铵盐主要来自有机物和鱼的粪便。浮游植物可直接利用铵离子，但也不宜过度。硝酸盐类是含氮的化合物之一。氮也是构成生物体不可缺少的一种营养要素。水中的有效氮主要来源于死亡的有机体、养殖动物的排泄物和残存饵料的分解，可被浮游植物很好地吸收利用，其本身对鱼无害，但指标过高间接地表明水中有机物过多，有缺氧的危险。

（4）亚硝酸盐 是一种不稳定的无机盐，在氧气充足时会转化成硝酸盐，只有在缺氧时大量存在，并有很强的毒性。水体中亚硝酸盐指标偏高，表明水中有机物太丰富，水中溶氧不足，必须采取增氧措施。

# 三、生物因子

（1）种间联系 它是饵料生物、凶猛生物和寄生生物之间的关系，即为生态学上的食物链。

（2）种内联系 它是指养殖生物本身的特性，即亲体与后代、雄体与雌体、不同年龄个体间等各种关系。

（3）饵料生物 可作为鱼类苗种饵料的生物有轮虫类、卤虫类、枝角类、桡足类等浮游动物，以及贝类的幼体等。它们不仅是鱼类的苗种的适口饵料，也是滤食性鳙鱼的主要食物。饵料生物还包括金藻、硅藻、黄藻、绿藻等大量的浮游植物，都可供白鲢滤食；亦包括各种底栖动物，如螺、蚌、水生昆虫、水蚯蚓等，则是青鱼、鲤鱼的良好饵料。

（4）凶猛生物 通常称为肉食性动物，指生活于同一水体内对某种动物或对大多数动物有吞食或伤害的动物。

（5）寄生生物 专营动物体的体内或体外寄生生活的动物，如原生动物车轮虫寄生于鱼体的体表，锥体虫寄生于草鱼的血液，鱼蛔虫寄生于鱼体的消化道内；黏孢子虫寄生于鱼类的肌肉里。还有其他小型水生动物，如腔肠动物、扁形动物、线形动物、软体动物和节肢动物等都能在养殖鱼类的体内外营寄生生活。

# 第四节 养殖场地、设备与机械

## 一、养殖场地

### 1. 水质

养殖场地的水源水质要求应符合 GB 11607 渔业水质标准。即养殖场应建在环境优良，水源水量充足、水质良好、不受工业"三废"、医疗、农业、城镇生活污染的水（区）域。场地区域内及上风处、水源上游没有对场地环境构成威胁的污染源，包括工农业、城市垃圾和废水等。

对淡水池塘、水库、湖泊等鱼类养殖的水质要求符合 NY 5051—2001《无公害食品——淡水养殖用水水质》标准（表 1-1）。

对海水鱼类养殖的水质要求符合 NY 5952—2001《无公害食品——海水养殖用水水质》标准（表 1-2）。

**表 1-1 《无公害食品——淡水养殖用水水质》标准**

| 项 目 | 标准值/(mg/L) | 项 目 | 标准值/(mg/L) |
|---|---|---|---|
| 色、臭、味 | 不得使养殖水体带有异色、异臭、异味 | 马拉硫磷 | ≤0.005 |
| 总大肠菌群 | ≤5000 个/L | 乐果 | ≤0.1 |
| 汞 | ≤0.0005 | 六六六(丙体) | ≤0.002 |
| 镉 | ≤0.005 | DDT | ≤0.001 |
| 铅 | ≤0.05 | 石油类 | ≤0.05 |
| 铬 | ≤0.1 | 挥发性酚 | ≤0.005 |
| 铜 | ≤0.01 | 甲基对硫磷 | ≤0.0005 |
| 锌 | ≤0.1 | 氰化物 | ≤1 |
| 砷 | ≤0.05 | | |

**表 1-2 《无公害食品——海水养殖用水水质》标准**

| 项 目 | 标准值/(mg/L) | 项 目 | 标准值/(mg/L) |
|---|---|---|---|
| 色、臭、味 | 海水养殖水体不得有异色、异臭、异味 | 氰化物 | ≤0.005 |
| 大肠菌群 | ≤5000 个/L,供人生食的贝类养殖水质≤500 个/L | 挥发性酚 | ≤0.005 |
| 粪大肠菌群 | ≤2000 个/L,供人生食的贝类养殖水质≤140 个/L | 石油类 | ≤0.05 |
| 汞 | ≤0.0002 | 六六六 | ≤0.001 |
| 镉 | ≤0.005 | 滴滴涕 | ≤0.005 |
| 铅 | ≤0.05 | 马拉硫磷 | ≤0.0005 |
| 六价铬 | ≤0.01 | 甲基对硫磷 | ≤0.0005 |
| 总铬 | ≤0.1 | 乐果 | ≤0.1 |
| 砷 | ≤0.03 | 多氯联苯 | ≤0.00002 |
| 铜 | ≤0.01 | 硒 | ≤0.02 |
| 锌 | ≤0.1 | | |

**2. 土质**

土壤是建造鱼池的主要材料，土壤种类和性质对工程质量和养殖生产影响较大。土壤质地分类方法见表1-3。

表1-3 土壤质地分类表

| 质地名称 | 沙土类 | | 壤土类 | | | 黏土类 |
|---|---|---|---|---|---|---|
| | 沙土 | 沙壤土 | 轻壤土 | 中壤土 | 重壤土 | |
| 物理性沙粒含量/% | >90 | 80～90 | 70～80 | 55～70 | 40～50 | <40 |
| 物理性黏粒含量/% | <10 | 10～20 | 20～30 | 30～45 | 45～60 | >60 |

注：沙粒指粒径大于0.01mm，黏粒指粒径小于0.01mm。

土质是土壤中含有沙粒、黏土粒及有机物质的量，其所含沙粒和有机物比例的不同，直接影响着池塘的保水性。

沙土、粉土等保水能力差，一般来说不宜建池；黏土保水性好，干时土质坚硬，吸水后呈浆糊状，可以建池，但要注意此类池塘干旱时堤埂易龟裂，冰冻时膨胀、冰融后变松软。

壤土介于沙土和黏土之间，含有一定的有机质，硬度适中，透水性弱，吸水性强，土内空气流通，有利于有机物分解，养分又不流失，而且池内天然饵料最易繁殖，池水也易肥，是最理想的建池土壤。

野外鉴定土壤类别的方法见表1-4。

表1-4 野外鉴定土壤类别的方法

| 土壤类别 | 手搓 | 观察 | 干土状态 | 湿土状态 | 搓捻湿土 | 刀切削湿土 |
|---|---|---|---|---|---|---|
| 黏土 | 很难捻碎 | 土质细粉末不见沙粒 | 表面光泽、锤打碎不散落 | 较黏，滑腻，可塑性大 | 易搓成长条，或团成小球 | 切面光滑，看不见沙粒 |
| 壤土 | 有沙粒，易压碎 | 细土中可见沙粒 | 表面光泽暗锤击易破碎 | 黏性与可塑性均弱 | 搓成粗短条、团小球 | 沙粒的存在 |
| 粉质壤土 | 少量沙粒 | 沙粒很少，多粉粒 | 表面光泽暗锤击易破碎 | 黏性与可塑性均弱 | 能搓成短条，但易破裂 | 切面粗糙 |
| 沙土 | 土壤松散只见沙粒 | 只能看见沙粒 | 松散无黏结力 | 无塑性 | 不能搓成土条或团成小球 | |
| 沙壤土 | 土质均匀有沙粒 | 沙粒多于黏粒 | 土块用手稍压易散开 | 无塑性 | 几乎不能搓成土条，成团的易散开 | |

**3. 底质与环境**

无公害水产品养殖池塘底质要求无工业废弃物和生活垃圾，无大型植物碎屑与动物尸体，无异色、异臭和有害有毒物质最高限量标准。

产地环境符合"GB/T 18407.4—2001 农产品安全质量标准 无公害水产品产地环境要求"，指标见表1-5。

表1-5 无公害水产品产地环境要求

| 项 目 | 指标/(mg/kg) | 项 目 | 指标/(mg/kg) | 项 目 | 指标/(mg/kg) |
|---|---|---|---|---|---|
| 总汞 | ≤0.2 | 锌 | ≤150 | 铬 | ≤50 |
| 镉 | ≤0.5 | 砷 | ≤20 | 铜 | ≤30 |
| 铅 | ≤50 | 六六六 | ≤0.5 | DDT | ≤0.02 |

注：质量以湿重计。

**4. 池塘**

池塘的形状、朝向与养鱼产量有密切的关系。池塘的面积、深度和池底的形状与养殖方式息息相关。

东西向的池塘阳光日照时间长。在秋冬季，东西向且长方形的池塘，其坐北朝南的堤岸具有挡风防寒的作用。

池塘水深与鱼的个体大小有关系，仔稚鱼池的水深要求100mm以内，浅水区30～40mm，水深区80～100mm。幼鱼池的水深要求120mm以内，浅水区40～50mm，水深区100～120mm。中成鱼池的水深要求250mm以内，浅水区60～70mm，水深区150～250mm。亲鱼池的水深要求280mm以内，浅水区120～130mm，水深区200～280mm。

海淡水养鱼池基本条件要求见表1-6和表1-7。

表1-6 淡水养鱼池塘条件

| 形状 | 长方形5：3 | 东西向 | 地面坡度1：0.01 |
|---|---|---|---|
| 面积 | 鱼苗池2/15hm² | 鱼种池4/15hm² | 成鱼池2/3～1hm² |
| 水深 | 80～100m | 100～120m | 120～280mm |
| 池底 | "锅底型"精养池 | "倾斜型"普通池 | "龟背型"普通池 |

表1-7 海水养鱼池塘条件

| 形状 | 长方形5：3 | 东西向 | 地面坡度1：0.01 |
|---|---|---|---|
| 面积 | 稚幼鱼池2/15～1/3hm² | 幼鱼池4/15～2/3hm² | 商品鱼池2/3～3hm² |
| 水深 | 80～100m | 100～120m | 120～280mm |
| 池底 | "锅底型"精养池 | "倾斜型"普通池 | "龟背型"普通池 |

## 二、养殖设备设施

### 1. 育苗设备与设施

养殖育苗场的设备与设施指苗种生产和商品鱼生产过程中所用的供热、供气、供水、增氧、投饵、清池排污等机电机械和饵料培育池、苗种培育池，水泥精养池、土池养鱼池及其育苗生产和商品鱼生产中使用工具的统称。

（1）育苗设备与设施　见表1-8。

表1-8 育苗设备与设施

| 供气设备 | 鼓风机、空压机、供气管道 |
|---|---|
| 机电设备 | 发电机、电动机、抽水机、柴油机 |
| 供热设备 | 锅炉、加热管、供热管道 |
| 供水设施 | 水塔、蓄水池、过滤池 |
| 育苗设施 | 亲鱼催产池、受精卵孵化池、饵料池、育苗池、暂养池 |
| 育苗工具 | 鱼苗网、鱼种吊水网箱、鱼筛、桶 |

（2）几种常见的机电设备与育苗设施图　见图1-1至图1-10。

### 2. 活鱼运输设备

活鱼运输工具分为车运、船运和空运三大类。车运一般特指汽车运输，活鱼运输车有专门的供气和供水设施和设备。目前活鱼运输车分为下面几大类。

（1）苗种运输活水车　指苗种运输时采用充气式、高密度活鱼运输养殖苗种到达养殖

图 1-1　罗茨鼓风机

图 1-2　发电机

图 1-3　亲鱼催产池

图 1-4　受精卵孵化池

图 1-5　仔鱼培育池

图 1-6　幼鱼培育池

目的地的一种运输车。主要特点是容器光滑，不会损伤鱼苗鱼种，装鱼苗或卸苗操作方便。

（2）商品鱼运输活水车　指商品鱼运输时采用充气式、高密度活鱼运输商品鱼到达销售市场的一种运输车。主要特点是容器坚固，载重量大，有防止鱼撞箱壁的设施，装鱼卸鱼操作方便。

（3）封闭式苗种运输活水车，以福建漳浦鱼苗运输车为代表。车厢内 90％的面积放鱼篓，10％的面积放氧气瓶、装卸鱼苗鱼种的工具和供随车管理员休息的折叠床。这种车的特点是装苗量大，每个竹篓 $0.8m^3$ 水体，装苗量 $8 \times 10^3 \sim 1 \times 10^4$ 尾。大型车可放 12 个篓，小型车放 8 个篓，可长短途运输，最南到海南，最北到山东、天津、河北。这种车的优点是管理方便，运输成活率高。

图 1-7　幼鱼培育网箱

图 1-8　鱼筛

图 1-9　幼鱼暂养网箱

图 1-10　幼鱼暂养池

（4）敞开式苗种运输活水车　广泛应用于福建、浙江和广东等省的渔区。一种用帆布袋套在框架内，每个袋 $0.5m^3$ 水体，纯氧充气，一般用于短途运输。另一种用塑料活鱼运输桶套在框架内，每个桶 $0.5m^3$ 水体，纯氧充气，一般用于中短途运输。这种车的缺点是管理不方便，且不能及时发现情况并作出处理。

（5）敞开式商品鱼运输活水车　为塑料商品鱼运输桶，每个桶 $0.3m^3$ 水体，纯氧充气。一般用于短途运输。

（6）封闭式商品鱼运输活水车　为玻璃钢做成、固定于车厢的前面和两侧的活鱼箱，每个箱体 $0.5m^3$ 水体，纯氧充气或气泵充氧，箱体上方留一个装鱼口，箱底层留一个排水开口。

（7）活鱼运输工具及其配套设施　见表 1-9。

表 1-9　活鱼运输工具及其配套设施

| 封闭式苗种运输活水车 | 鱼篓 $0.8m^3$、帆布篓 $0.8m^3$ | 供气系统 | 氧气瓶 |
| --- | --- | --- | --- |
| 敞开式苗种运输活水车 | 帆布篓 $0.5m^3$、塑料活鱼运输桶 $0.5m^3$ | 供气系统 | 氧气瓶 |
| 空运与打包装箱 | 双层氧气袋、泡沫箱、纸箱 | 装箱工具 | 氧气瓶 |
| 苗种活水船运输 | 活水船、活水舱、防鱼受伤的隔离网 | 注排水系统 | 供气系统 |
| 商品鱼活水船运输 | 活水船、活水舱、防鱼受伤的隔离网 | 注排水系统 | 供气系统 |

（8）封闭式活鱼运输车　见图 1-11。

### 3. 水质测定仪

水质测定仪指测定水中溶氧量、酸碱度和盐度三大类的仪器。

图 1-11 活鱼运输车

（1）测定溶氧、酸碱度和盐度的几种水质测定仪　见表 1-10。

表 1-10　水质测定仪名称

| 溶氧仪 | RL400 便携溶氧仪、RL425 便携式溶氧仪、RL450 便携式溶氧仪 |
|---|---|
| 酸碱度测定仪 | RL100 便携式酸碱度计、RL200 便携式离子计、RL200 便携式离子计 |
| 盐度计 | 便携式盐度计、S-28EATAGO 盐度折射计、普通比重计 |

（2）测定溶氧、酸碱度和盐度的几种水质测定仪　见图 1-12 至图 1-17。

(a) 便携式溶氧仪　(b) 便携式酸碱度计

图 1-12　水产养殖专用　　图 1-13　水质测定仪　　图 1-14　便携式溶氧仪与
　　　水质测定仪　　　　　　　　　　　　　　　　　　　便携式酸碱度计

图 1-15　便携式盐度计　　　图 1-16　S-28EATAGO 盐度折射计　　图 1-17　比重计

## 三、养殖机械

### 1. 电动机

电动机是所有养殖机械的主要动力来源，是将电能转换成机械能的机械。

（1）电动机常识　见表 1-11。

（2）电动机常见类型　见图 1-18 至图 1-20。

表 1-11　电动机常识

| 1. 铭牌 | 电动机的型号、规格、及性能参数 |
| --- | --- |
| 型号 | 产品代号系列、机壳的形式、转子类型与极数,如 J02L524F |
| 容量 | 即额定功率,表示单位时间内的做功能力,用 kW 表示 |
| 转速 | 在额定电压、额定电流、额定功率下工作时,转子每分钟的旋转次数,单位用 r/min 表示,与负载也有关 |
| 额定电压、额定电流和接法 | 额定电压是指在额定情况下运行时,加在绕组线端的电压值。工作电压一般不许超过额定电压的 10%,否则电动机会烧毁。额定电流为电动机工作的最大安全电流值,是指电动机在额定情况下运行时,定子绕组线端的电流值,一般在运行中短时间超过此电流值也无大碍。不同的电源电压要求不同的接法,不同的接法产生不同的电流值,要与铭牌上标注相对应(确定其值) |
| 定额 | 在额定条件下,电动机允许连续工作的时间 |
| 温升 | 指电动机的工作温度与环境温度(我国标准为 40℃)之差,表示电动机的发热情况。有的也用绝缘等级来表示电动机的耐热能力(最高工作温度),常分 4 级,即 Y 级 90℃、A 级 105℃、E 级 120℃、8 级 130℃。电动机在工作中超过一定的温升,其绝缘材料老化快,寿命缩短。另外如果环境温度低于 40℃,电动机可以适当增加工作负载,而高于 40℃,则要适当降低 |
| 2. 使用 | 第一所选电动机的额定电压要与所用电源相匹配 |
| | 第二在功率上要等于被带动机械所需的配套功率 |
| | 第三要选择适合的防护形式,使其在所要求的工作条件下能够安全可靠地运行 |
| | 第四电动机的转速要与被带动机械的转向一致,转速相匹配。此外还要从与机械相匹配性和节省空间上选择好传动方式(直接或间接) |
| | 第五电动机在运行中一定要保持通风良好,清洁干燥,温升正常,负载合适,无摩擦、振动等异声,机内不得有泄漏,也不得有水滴、油滴等杂物入内。注意环境温度,电动机温升、噪声等异声变化,加强监视,保证正常运行 |

（3）电动机重要指标　见表 1-12。

图 1-18　电动机

图 1-19　电动机

图 1-20　电动机

**2. 水泵**

水泵是养殖的抽水工具,它可以把水由低处提到高处或由近处输到远处,常用的有离心泵、潜水泵等。每一水泵的铭牌上都标注了水泵的型号、性能参数等,在养殖选用时应注意扬程、流量、功率等指标。

（1）水泵的基本常识　见表 1-13。

（2）水泵扬程损耗计算　见表 1-14。

（3）常见的水泵　见图 1-21。

**3. 增氧机**

增氧机是高密度养殖必备的机械,常用的有叶轮式、钢梳式、水车式、射流式、充气式等。

表 1-12　电动机重要指标

| 1. 重要指标 | |
| --- | --- |
| 扬程 | 指水泵能够扬水的高度,单位为 m。它是靠大气压力把水压上一定的高度,由于水流经过水泵、管路及附件有能量损失,所以一般吸水水泵的扬程只有 4~8m。因此安装水泵不应超过这一高度 |
| 流量 | 水泵在单位时间内输水的数量,单位有 m³/h、L/s、t/h 等(1L/s~3.6m³/h) |
| 转速 | 指泵轴每分钟旋转的次数。铭牌上标注的扬程和流量是在额定转速下运行的数据,如果转速改变,扬程和流量也会随之改变 |
| 功率 | 指水泵的配套功率,即水泵在单位时间内的做功量,单位为 kW 或马力(1kW=1.36 马力),可按铭牌选用 |
| 效率 | 水泵工作效能的高低,一般为 60%~80% |
| 允许吸真空高度 | 水泵能够吸上水的最大高度,单位为 m |
| 2. 选型 | |
| 流量的确定 | 要根据总的排灌量来确定。经验计算式如下:离心水泵流量数值上等于[水泵口径(in❶)]²×5,单位为 m³/h |
| 扬程的确定 | 要根据实际情况来确定。$H_总=H_实+h_损 \times H_实$,可以通过实测获得。$h_损$ 要通过 $H_实$ 来计算。即 $h_损=K \times H_实$ |
| 3. 配套 | |
| 动力配套 | 动力机要按水泵铭牌上规定的功率来选取 |
| 转速配套 | 动力机与水泵的额定转速相匹配。用联轴器直接传动的水泵不仅效率高、占地小,而且机和泵之间不必加任何变速部件 |
| 4. 使用 | 做好运行前的检查、试启动、运行过程中的检查、故障的排除和定期的维护,保证生产的正常进行 |

表 1-13　水泵的基本常识

| 1. 指标 | 扬程:扬水高度/m | 流量:m³/h | 转速:泵轴转数/min | 功率:kW或马力 | 效率:水泵工作效能 | 允许吸上真空高度:水泵吸上水的高度/m | |
| --- | --- | --- | --- | --- | --- | --- | --- |
| 2. 选型 | 流量确定:根据总排灌量来确定/(m³/h) | | | | 扬程确定:表 1-14 | | |
| 3. 配套 | 动力配套:按水泵铭牌上规定的功率 | | | 转速配套:动力机与水泵的额定转速相匹配 | | | |
| 4. 使用 | 运行前检查 | 试启动 | 运行中检查 | 故障排除 | 定期维护 | | |

表 1-14　水泵扬程损耗计算

| 实际扬程/m | 管路直径/mm | K 值/% | 实际扬程/m | 管路直径/mm | K 值/% |
| --- | --- | --- | --- | --- | --- |
| 10 | ≤200 | 30~50 | 10~30 | ≤200 | 20~40 |
| | 200~350 | 20~40 | | 200~350 | 15~30 |
| | ≥350 | 10~25 | | ≥350 | 5~15 |
| 30 以上 | ≤200 | 10~30 | 30 以上 | ≥350 | 3~10 |
| | 200~350 | 10~20 | | | |

注:管径 350mm 以下的,包括底网损失;350mm 以上则不包括。

(1)增氧机基本常识　见表 1-15。

---

❶ 1in=0.0254m。

图 1-21　水泵

**表 1-15　增氧机基本常识**

| 1. 叶轮式增氧机 | 0.75kcal❶ | 1.1kcal | 1.5kcal | 3kcal | 5.5kcal |
|---|---|---|---|---|---|
| 每小时增氧值 | 1～2kg/kcal | | 每千卡负荷面积 | 2000～2700m² | |
| 主要的结构部件 | 动力机、减速器、托体、叶轮、撑架和浮筒 | | | | |
| 使用时应注意主要的结构部件 | 1. 增氧机的工作位置要在池塘的中央或上风头,叶轮顶端要与水面基本平齐(±2cm)<br>2. 叶轮的旋向要背向负压进气管的开孔面<br>3. 工作水深为叶轮直径的 2～3 倍<br>4. 及时清除叶片上的杂物,调整皮带的松紧或擦皮带油,防止皮带打滑影响增氧效率;要移动必须先停机等 | | | | |
| 2. 水车式增氧机 | 电机动力大小多在 0.75～3.0kcal | | | | |
| 每小时增氧值 | 1.4kg/kcal | | 每千卡动力可负荷 | 1000m² 水面 | |
| 主要的结构部件 | 该机主要由电机、减速箱、机架、浮筒、叶轮五部分组成 | | | | |
| 3. 充气式增氧机 | (1)直接布气式;(2)间接布气式 | | | | |
| (1)直接布气式 | 主要由压气机、动力装置和布气管三部分组成 | | | | |
| (2)间接布气式 | 该式机主要用在活鱼运输、工厂化养殖等设备中 | | | | |

（2）几种增氧机外形，见图 1-22 至图 1-26。

图 1-22　叶轮式增氧机

图 1-23　水车式增氧机

图 1-24　旋涡式充气式增氧机

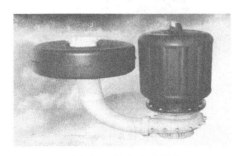

图 1-25　喷水式增氧机

---

❶ 1kcal=4.184kJ。

图 1-26　多功能增氧机

### 4. 自动投饵机

自动投饵机种类多样，有移动式投饵船、投饵车和固定式投饵机等。抛撒饵料可用电动、气动等机械，也有采用鱼动装置。

（1）自动投饵机基本常识，见表 1-16。

表 1-16　自动投饵机基本常识

| 气动式 | |
| --- | --- |
| 主要部件组成 | 鼓风机、电机(串激)、料斗、下料自动控制器、机体(壳)等组成 |
| 优点 | 控制每天的投饵次数、每次的持续时间及投饵量。饵料连续投喂，其下料速度由可变电阻控制串激电机的转速来实现 |
| 电动式 | |
| 主要部件组成 | 由电动机、甩料盘、下料漏斗、搅拌器、落料控制片和机壳等组成 |
| 优点 | 饵料可全方位投喂。在设备中加入时间控制器和计数器等装置，只要设定好投喂量，按照喷射频率确定时间，就能达到全自动控制的目的 |
| 鱼动式 | |
| 主要部件组成 | 由万向节、撞料板、料筒和挡板组成 |
| 优点 | 当养殖鱼不碰动撞料板时，饲料不会落下；当鱼类碰动撞料板时，挡板变斜，饲料从挡板和料斗的间隙落入水中 |

（2）自动投饵机外形　见图 1-27 和图 1-28。

图 1-27　自动投饵机

图 1-28　自动投饵机

### 5. 清淤设备

清淤设备特指养鱼池塘底泥的清除机械机电设备。常见有清塘机组、漂浮式清淤机和水下清淤船三种。

(1) 几种清淤设备名称及其工作原理，见表 1-17。

表 1-17　清淤设备基本常识

| 1. 清塘机组 | 由高压水枪、吸泥输泥、真空吸水和配电等系统组成 |
| --- | --- |
| 工作原理 | 高压泵从水源吸起清水，通过输水管从高压水枪喷出，形成高压水柱，使作业面上的泥土成为泥浆后，再用泥浆泵进行抽吸，然后由输泥管输送到预定的堆放地点 |
| 优点 | 工效高、成本低，但需预先有大批量泥浆的堆放场地 |
| 2. 水下清淤船 | 由船体、柴油机推进器、泥浆泵等组成 |
| 工作原理 | 可以在养殖期间带水清塘作业。沉管和中转架静置塘内，清淤船在池塘内作圆周或"8"字形行驶，泥浆泵通过吸泥头、吸管抽吸塘泥，经排出管、浮管（浮管可随船移动）输送到塘外，这样边行驶边吸边排连续作业 |
| 优点 | 该船吸淤浓度可调，吸、排作业能连续进行，可远程排送，还具有喷射增氧与投饵等功能 |

(2) 三种清淤设备图及其名称，见图 1-29、图 1-30 和图 1-31。

图 1-29　清淤泥船

图 1-30　漂浮式清淤机

图 1-31　清淤泥设备

## 第五节　淡水养鱼池清塘与肥水

　　淡水养殖鱼池是淡水鱼类苗种和商品鱼养殖的主要场所。鱼苗鱼种或商品鱼放养前对养殖鱼池进行清除淤泥、池底整平、堵漏、清除杂草和杂鱼、修补堤岸，然后用生石灰或漂白粉或茶饼等药物泼洒于池底及其岸边，再加水浸泡 2～3d。或带水清塘，既把池水排至 30～50cm，然后任选一种药物全池泼洒，用药量是干塘清塘的 2～3 倍。清塘的目的是清除池塘内的有害细菌、寄生虫和对放养鱼类有危害的凶猛性鱼类。肥水对鱼类养殖而言有一种特殊的含义，与通常人们所指稻田的肥水不同。养鱼池塘的肥水是指采用科学的方法培育水体的饵料生物，为放养鱼类提供丰富的饵料的一种技术手段。养鱼池塘的清塘与肥水在操作过程中有一定的规律性、科学性和可操作性。

## 一、清塘

### 1. 清塘的目的与效果

　　第一，由于老池塘淤泥过多，导致有机物耗氧量大，造成了池塘底层水处于缺氧状态。在高温季节容易造成鱼类缺氧浮头或泛池死亡。缺氧使池水的 pH 值下降。长期的缺氧抑制了鱼类的生长。清塘是为了改善了池塘底泥的通气条件，加快了池塘有机物转化为无机营养盐和释放出被淤泥吸附的氮、磷、钾等营养盐类的进程，从而达到改善水质，增加肥度目的。

　　第二，通过清塘清除过多淤泥，增加了池塘的容水量，从而增加了鱼苗的放养量和鱼类的活动空间。通过清塘补漏，池塘水位保持稳定，保证养殖鱼类有一个稳定的生态环境。通过清塘杀灭了有害生物。

第三，清塘达到了提高鱼池的抗灾减灾能力和稳定鱼池鱼产力的效果。

了解养鱼池塘清塘的原理，做到清塘的每个步骤到位准确。如底泥留下的量根据培苗对象或养殖对象而定，再如提前确定清塘时间，根据池塘使用对象而定，时间上满足鱼苗鱼种下塘的要求，即清塘时间控制要准确，要根据肥水下塘的要求，开口仔鱼下塘就有适口的生物饵料摄食。商品鱼池塘的清塘在技术方法上依鱼苗、鱼种池塘有所不同，如放养对象个体大，可提前 15d 左右培养大型的饵料生物。

了解药物作用的原理，做到不在阴雨天清塘。清塘药物在晴天的情况下，通过阳光暴晒，增加药物的效果。阴天气温下降，药物不能发挥最大的效果。下雨天，雨水减低了药物的有效浓度。

### 2. 药物与药性

（1）生石灰　生石灰遇水就会生成强碱性的氢氧化钙，在短时间内使池水的 pH 值上升到 11 以上，因此可杀灭野杂鱼类、蛙卵、蝌蚪、水生昆虫、虾、蟹、蚂蟥、丝状藻类（水绵等）、寄生虫、致病菌以及一些根浅茎软的水生植物。茶粕清塘茶粕又称茶籽饼，是油茶的种子经过榨油后所剩下的渣滓，压成圆饼状。茶粕含皂角苷 7%～8%，它是一种溶血性毒素，可使动物的红细胞分解。10mg/L 的皂角苷 9～10h 可使鱼类失去平衡，11h 死亡。

（2）茶粕　能杀灭野杂鱼、蛙卵、蝌蚪、螺蛳、蚂蟥和一部分水生昆虫，但对细菌没有杀灭作用，而且施用后，即为有机肥料，能促进池中浮游生物繁殖。

（3）漂白粉　一般含有效氯 30% 左右，遇水分解释放出次氯酸。次氯酸立即释放出新生态氧，它有强烈的杀菌和杀死敌害生物的作用，其杀灭敌害生物的效果同生石灰。

（4）氨水（$NH_4OH$）　呈强碱性。高浓度的氨水能毒杀鱼类和水生昆虫等。

了解池塘土质的酸碱度与清塘药物的药理，合理使用药物。如使用生石灰时，不能与漂白粉同时使用。盐碱池塘不能使用生石灰消毒，应用漂白粉替代。虾、蟹等动物多的池塘不能使用氨水消毒，因氨水对含铜的动物杀伤力很低。又如用氨水消毒，用时需加几倍干塘泥搅拌均匀后全池泼洒，加干塘泥的目的是减少氨水挥发。氨水也是良好的肥料，清塘加水后，容易使池水中浮游植物大量繁殖，消耗水中游离二氧化碳，使池水 pH 值上升，从而增加水中分子氨的浓度，容易引起鱼苗中毒死亡。

### 3. 选药与用药

第一，要正确掌握用药方法，提高自身安全保护意识。如漂白粉加水后放出初生态氧，挥发、腐蚀性强，并能与金属起作用。因此操作人员应戴口罩，用非金属容器盛放，在上风处泼洒药液，并防止衣服沾染而被腐蚀。

第二，通常要做到选药准、用药量准、消毒时间足。如生石灰干法清塘，池中须积水 6～10cm，在塘底挖若干个小坑，将生石灰分别放入小坑中加水溶化，不待冷却即向池中均匀泼洒。生石灰用量，一般每公顷池塘为 900～1125kg，淤泥较少的池塘用 750～900kg。清塘后第二天须用铁耙耙动塘泥，使石灰浆与淤泥充分混合。生石灰带水清塘，不排出池水，将刚溶化的石灰浆全池泼洒。生石灰用量为每公顷平均水深 1m 用 1875～2250kg。生石灰清塘的技术关键是所采用的石灰必须是块灰。茶粕使用方法是将茶粕敲成小块，放在容器中用水浸泡，在水温 25℃ 左右浸泡一昼夜即可，使用时再加水，均匀泼洒于全池。每公顷池塘水深 20cm 用量为 390kg，水深 1m 用量为 525～675kg。漂白粉使用方法是先计算池水体积，每立方米池水用 20g，即 20mg/L。将漂白粉加水溶解后，立即全池泼洒。氨水使用方法，清塘水深 10cm，每公顷池塘用氨水 750kg。用氨水清塘后，再施一些有机肥料，有利于培养浮游动物，借以抑制浮游植物的过度繁殖，避免发生死鱼事故。

第三，正确掌握保管水质改良剂方法。如漂白粉受潮易分解失效，受阳光照射也会分解，必须盛放在密闭塑料袋内或陶瓷罐内，存放于冷暗干燥处。

第四，鱼苗、鱼种池塘的清塘在技术方法上与商品鱼池的清塘不同，是因为鱼苗鱼种小，在清塘消毒的质量上和时间上都必须满足鱼苗鱼种下塘的要求。一般情况下，在下苗前 7d 清塘消毒。

亲鱼池塘的清塘技术与方法上商品鱼池塘的清塘基本相同，但因亲鱼个体大，可摄食个体较大的生物饵料，应提前 20d 左右培养大型的饵料生物。

## 二、池塘肥水

### 1. 施肥

池塘施肥主要是向池塘中施放含有氮、磷等营养元素的肥料，目的在于繁殖池塘中的浮游生物、附生藻类、底栖动物等各种饵料生物，以提供各种丰富的天然食物，加速鱼类生长，提高鱼产量。如果水中营养盐不足，就会抑制浮游植物的繁殖，其他生物的数量也随之减少。所以池塘施肥的作用就是增加池中各种营养物质的数量，以促进饵料生物的大量繁殖，保证池塘最大限度的生产力。

了解养鱼池肥水的原理，有针对性地选择肥水的肥料，有利于更快更好地为即将投入的鱼苗或鱼种培养适口、优质的生物饵料。淡水鱼类无论是鱼苗、鱼种培育或商品鱼养殖时所选择的有机肥主要有粪肥和绿肥两大类。有机肥的施用有两种方式，即施基肥和施追肥。无机肥施用后，肥效快。无机肥按所含成分不同，可分为氮肥、磷肥、钾肥、钙肥等。有机肥和无机肥可同时或交替使用，以充分发挥这两类肥料的优点，达到更好的施肥效果。

### 2. 有机肥的种类与作用

(1) 粪肥包括人粪、尿，家畜、家禽粪、尿。绿肥包括各种野生或栽培的青草、水草和绿肥作物等。绿肥作物主要有紫云英、苜蓿、蚕豆、豌豆等。

(2) 有机肥营养成分全面，除氮、磷、钾外，还含有其他多种营养元素，能较好地满足饵料生物的营养需要，部分有机肥还可被鲤鱼、鲫鱼等直接食用，起到饲料的作用。

(3) 作用 有机肥施用后最先培养起来的是各种细菌，其次是一些纤毛虫类和鞭毛虫类等。施肥后，池水中细菌数量迅速增加，这些细菌本身成了很多浮游动物的良好食料。再者，有机物经各类腐败细菌、硝化细菌的作用，最后分解成浮游植物能利用的无机盐类。浮游植物数量增多，也加强了浮游动物的食料基础。浮游动物中首先出现的为原生动物，其次为轮虫，随后为枝角类，最后为桡足类。

### 3. 施用有机肥的方法

(1) 在放养前一次性施肥 用量要根据池塘条件、肥料种类、浓度以及饲养鱼的种类而定，一般每公顷池塘施家畜粪肥 $7.5 \times 10^3 \sim 1.2 \times 10^4$ kg。禽粪较畜粪用量减少，新池淤泥少要多施基肥，老池则少施，以青鱼、草鱼、鲂鱼为主的池塘少施基肥。

(2) 基肥施放 在池塘清淤后施于池底或在池塘注水后施放。绿肥一般在池塘注水后堆于沿岸浅水处，隔数天翻动一次。

（3）施追肥　在放鱼后进行，掌握少量多次的原则，可使池水中浮游生物长盛不衰。

（4）施追肥的量　应随水温、季节、养殖密度、主养鱼种类而定，一般每次追肥量以每公顷池塘施 $7.5 \times 10^2 \sim 1.5 \times 10^3 \, kg$ 为宜。

（5）施用有机肥　要先经过腐熟发酵，避免直接施放生鲜粪肥。绿肥也需沤烂后使用。

（6）施有机肥的时机　晴天的上午是施有机肥最佳的时间，这样才能使有机肥在最短的时间内产生肥效，培养出来的浮游生物适合于鱼苗下塘摄食。

**4. 施用有机肥的注意事项**

第一，有机肥的肥效持久，但有机肥在池中分解过程中需消耗大量氧气，施用过多会污染水质，造成池塘缺氧。

第二，施肥时间，安排在放鱼前 $3 \sim 4d$ 施肥，肥水后第 3 天的傍晚 $8 \sim 9$ 点检查池水的轮虫和桡足类幼体的密度，$1ml$ 水体的轮虫和桡足类幼体的密度达到 10 个以上，说明肥水成功。

第三，商品鱼池塘和亲鱼池塘的肥水技术与方法基本相同，与鱼苗鱼种池塘不同点在于肥料投入的量较大，肥水时间较长，肥料可采用直接下塘法。亲鱼池肥水时间较长，可比商品鱼池塘的长些。

**5. 施用无机肥的作用**

池塘施放无机肥后，不需要经过细菌分解过程，其所含的各种营养盐类溶解于水中，可直接被浮游植物吸收利用，对某些自养性细菌也有一定的营养作用。

浮游植物及部分细菌的繁殖促进了浮游动物、底栖生物的增长，从而增加了各种鱼类饵料。无机肥的优点是成分确切、肥效快、污染轻、用量小、操作方便。生产上较常用的氮肥有尿素、碳酸氢铵、硫酸铵等，磷肥有过磷酸钙，钾肥有硫酸钾等。无机肥的使用方法比较简单，将肥料加水溶解后全池泼洒即可。施用时可根据具体情况，单施氮肥或磷肥，也可以氮、磷、钾肥混合使用。

由于无机肥料施用后主要促进浮游植物的快速繁殖，所以一般无机肥适宜作追肥用，施用方法以少量多次为原则，使水的透明度控制在 $25 \sim 30cm$。混合使用时，氮、磷、钾比例一般为 $2:2:1$。

**6. 施用无机肥的注意事项**

第一，固体肥料不宜直接撒入水中，以免大部分沉淀被底泥中的胶粒吸附，造成肥料浪费。此外，阴雨天或雨后池水浑浊，光线不足，不宜马上施用化肥。

第二，两类肥料配合使用比单一施用一种肥料更有利于促进微生物的繁殖。有机肥肥效较迟但长久，宜作基肥使用；无机肥肥效较快但作用时间短，宜作追肥用，特别在夏季高温季节以无机肥追肥较好。

第三，因为施无机肥后，通过浮游植物大量繁殖，其光合作用产生大量氧，有利于提高池塘溶氧量，池鱼不会发生浮头。另外还要根据池塘条件配合使用两类肥料，老池塘底部淤泥较多，宜多用化肥，新池则多用有机肥，以便使池底较快形成淤泥，增加肥度。

## 第六节　海水养鱼池塘清塘与肥水

海水养鱼池塘与淡水养鱼池塘的理化因子和生物因子上有所不同，以及多数的养鱼池塘是由养虾池塘改造而来，底质有机物沉积层未清除又被新的沙泥所覆盖，年复一年，池塘已严重老化，池塘水质的亚硝酸含量普遍超标 10 倍以上。还有一种普遍存在的老大难问题是丝状藻类浒苔生长茂盛，严重影响了海水鱼类苗种培育的成活率和商品鱼养殖池塘的鱼产力。

## 一、对症下药

(1) 池塘严重老化，池塘水质的亚硝酸的含量普遍超标，但无藻类生长的养鱼池塘　清塘药物选用腐植酸钠溶液（水产用）。

目的：用于改良养殖池塘的水质，降低养殖水体中的重金属离子、氨氮、亚硝酸盐、硫化物含量。

用法：用 400 倍水稀释后，全池均匀泼洒。

浓度：每 $1m^3$ 水体用量 2g（每公顷水体水深 1m 用量 $1.9 \times 10^4 g$）。

(2) 池塘严重老化，池塘水质的亚硝酸的含量普遍超标，丝状藻类浒苔生长茂盛的养鱼池塘　清塘药物选用硫酸铝粉（水产用）。

目的：用于净化透明度过小、有机质过多以及有害藻类引起水质恶化的水体。

用法：加水溶解后，全池泼洒。

浓度：每 $1m^3$ 水体用量 $0.9 \sim 1.5g$（每公顷水体水深 1m 用量 $9 \times 10^3 \sim 1.5 \times 10^4 g$）

(3) 养殖 $2 \sim 3$ 年的池塘　清塘药物选用硫代硫酸钠粉（水产用）。

目的：净化水质，增加水体溶解氧。

用法：用水充分溶解，稀释 $1 \times 10^3$ 倍后全池均匀泼洒。

浓度：每 $1m^3$ 水体用本品 1.5g（每公顷水体水深 1m 用量 $1.5 \times 10^4 g$），每 10 天一次。

(4) 养殖时间不长且丝状藻类浒苔生长茂盛的池塘的清塘　清塘药物选用扑草净粉（水产用）。

目的：通过阻断青苔的光合作用，清除鱼、虾、蟹、贝类养殖水体中的丝状藻类（青苔）。

用法：用 300 倍以上水稀释均匀泼洒或喷洒。

浓度：每 $1m^3$ 水体用量 $0.2 \sim 0.3g$（每公顷水体水深 1m 用量 $133 \sim 200g$）［对丝状藻类集中生长的地方可适当增加用量，每 $1m^3$ 不应超过 0.4g（每公顷水体水深 1m 用量不应超过 $4.0 \times 10^4 g$）］，每天 1 次，用 $1 \sim 2d$。

(5) 商品鱼池塘的清塘技术与方法与苗种池塘的清塘基本相同，在清除杂鱼方面苗种池，可加用茶籽饼，用量与淡水池塘的量相同。肉食性商品鱼池留下小杂鱼可作为活饵料的补充。

(6) 鱼类苗种培育池一旦鱼苗没有按时下塘，超过 20d，必须重新消毒，避免水生昆虫幼虫大量繁殖，危害幼苗。

## 二、水质改良——新药与特性

(1) 腐植酸钠溶液（水产用）　在水中可水解为腐植酸分子，腐植酸分子中的几个核都有一个或多个活性基团，这些活性基团可以配合重金属离子，吸附氨氮、亚硝酸盐、硫化氢等有毒物质，从而起到净化水质、缓解水产动物的中毒症状的作用。

(2) 硫酸铝粉（水产用）　在育苗池使用后应吸去底层污物；不宜与碱性物质混用。

(3) 硫代硫酸钠粉（水产用）　应用于海水中，水体可能出现浑浊或变黑，属正常现象；

注意水体增氧；严禁与强酸性物质混存、混用。

（4）扑草净粉（水产用）注意勿与其他药物同时使用；缺氧水体禁用；阴雨天禁用；使用后及时增氧 3h 以上；晴天及丝状藻类刚长出时用药，效果最佳；丝状藻类死后应及时捞出，并适量换水；水生动物育苗期和幼苗期以及虾、蟹即将大量脱壳时或集中脱壳时慎用。

水温低于 20℃时，用量可适当增加，但不宜超过 $0.4g/m^3$；如藻类过多，一次使用面积不得超过三分之一；池塘中有水草慎用；包装物应在使用后集中销毁。

## 三、肥料种类与施肥方法

（1）煮熟的杂鱼浆 定置网捕捉的小鱼虾，煮熟后用绞肉机绞细，加水滤渣后全池泼洒，每公顷泼洒 $(2.25\sim3)\times10^3kg$，3d 后未见起色，再补施 100kg。第一次施肥时池水的深度为 50～60cm。每天加水 10cm，放苗时的水深 80～120cm。

（2）煮熟的豆浆 选用饲料的次级黄豆，浸泡 5h 以上，煮熟后再磨细，带渣全池泼洒，每公顷泼洒 $(1.5\sim2.25)\times10^3kg$，3d 后未见起色，再补施 50kg。第一次施肥时池水的深度为 40～50cm。每天加水 10cm，放苗时的水深 80～120cm。

（3）鸡鸭粪便发酵肥 选用晒干的并经加生石灰发酵过的鸡鸭粪便，装袋吊于池塘，距离池底和水面各 10cm。每公顷放干重 $3\times10^3kg$。加水时水深 40cm，每天加高 10cm，直到 80cm，放苗后，再逐日加高至 120cm。

（4）合成肥（混合肥）

①益藻素：一种工厂生产的合成肥，主要成分发酵的粉末状粪肥和氮磷钾无机肥。20kg/袋。池水深 50cm，每公顷施肥 75kg，7d 后蓄水至 120cm 再施用一次。接入每升含有 $1.5\times10^3$ 个细胞的小球藻。每公顷接入藻液 30～45$m^3$。1 周后池水呈浓绿色，再接入 $2\times10^{10}$ 个轮虫。以后视藻类的多寡而追加施肥量。10d 后，轮虫的密度达到 10 个/ml 以上。

② 肥水素：一种工厂生产的合成肥，主要成分经发酵的粉状粪肥和氮磷钾无机肥。使用方法与益藻素的方法同。

（5）无机肥 见前文。

## 四、肥料种类选择与施用

鱼苗、鱼种肥料种类一般选择合成肥，经高温灭菌、灭寄生虫，安全可靠，用量少，肥效快，不影响底质和对鱼苗成活率不造成影响。商品鱼池塘肥水的肥料，以上 5 个种类都可选择。

施用方法：一般选择经济实惠的杂鱼小虾，池水深 80cm，每公顷施 $(3\sim3.75)\times10^3kg$。10d 后，鱼种下塘，每天泼洒新鲜杂鱼浆，每 $1/15hm^2$ 泼洒 10～15kg。养成的过程中发现浮游植物少选用合成肥作为追肥，每公顷施 75kg。使用鸡鸭粪便发酵肥，养鸡养鸭场购买粪便原料，市场购买生石灰，混合洒水堆高发酵 24h，摊开晒干备用。每公顷挂袋 $(4.5\sim4.875)\times10^3kg$。

## 五、施肥时间控制

（1）下塘的时间不同 鱼苗、鱼种与商品鱼在施肥时间与放苗的时间上有所不同。鱼苗在肥水 5d 后就要下塘；鱼种在肥水 10d 后就要下塘；大规格鱼种在肥水 20d 后就要下塘。

（2）对饵料适口性要求不同　主要是从放鱼苗下塘的时间必须与肥水的时间相配套，否则生物饵料个体太大或太小都不适宜鱼苗摄食，导致培苗的失败。目前福建、广东和海南沿海池塘养殖的商品鱼种类有鲷科的黄鳍鲷、黑鲷、平鲷；石鲈科的斜带髭鲷、花尾胡椒鲷；石首鱼科的大黄鱼、美国红鱼、双棘黄姑鱼、鮸状黄姑鱼；鮨科的花鲈、斜带石斑鱼、点带石斑鱼、鞍带石斑鱼等肉食性鱼类。放养时鱼种的规格大，体型修长的种类，其全长在10～12cm的范围，如大黄鱼、花鲈、美国红鱼、双棘黄姑鱼、鮸状黄姑鱼、斜带石斑鱼、点带石斑鱼、鞍带石斑鱼；体型椭圆的种类，其全长在8～10cm的范围。大规格鱼种逃避敌害的能力强，适宜摄食生物饵料的成体。为此，肥水的时间要控制在鱼种下塘前的20d进行。

## 六、肥效与生物饵料

（1）煮熟的杂鱼浆、豆浆和鸡鸭粪便发酵肥　施肥后第2天见水色变深，第3天可见轮虫明显增加，第5天可见桡足类无节幼体。施入池内的有机物质通过细菌的分解后转化为无机物。施肥后先培养了池塘有益的细菌，细菌与分解后的有机碎屑形成絮状物既是浮游动物的饵料，同时也是仔鱼的良好饵料。无机盐类一旦形成后，浮游植物便大量繁殖。

（2）施有机肥　施有机肥的池塘浮游植物繁殖慢，但是浮游动物由于有细菌与分解后的有机碎屑形成絮状物作为饵料也很快繁殖起来。

（3）施无机肥　施肥后的肥效反应快，但持续时间短。为此，施无机肥是要看天气的好坏，同时要掌握施肥的时间。在晴天的上午施用化肥，在有阳光的条件下，浮游植物很快吸收水中氮、磷、钾等无机盐而正常繁殖；相反，在阴雨天无阳光的条件下，浮游植物不能吸收利用水中氮、钾、磷等无机盐，24h后肥效慢慢减退，导致施肥无效。

（4）施混合肥（合成肥）　施肥后的肥效反应快，持续时间比化肥持续时间长，但比有机肥持续时间短。施混合肥也是要看天气的好坏。选择在晴天的8：00～13：00施肥。施肥后光照时间少于3h时，对浮游植物将造成影响，甚至造成浮游植物大量死亡。

（5）鱼苗、鱼种的饵料

① 鱼苗的生物饵料：鱼苗为开口至12d的仔鱼和13d至25～28d的稚鱼，摄食的浮游动物依次为轮虫、贝类的受精卵至单轮幼虫、桡足类无节幼体、卤虫无节幼体、枝角类幼体、桡足类、卤虫、枝角类的成体。

② 鱼种的生物饵料：鱼种为从稚鱼变态为幼鱼起至12cm左右的个体，从幼鱼期开始不同种的幼鱼它的食性与它的亲鱼食性相同，为此不同食性的鱼种其食性开始出现差异。摄食的浮游动物有桡足类、卤虫、枝角类的成体，以及底栖的水蚯蚓等蠕虫类和小型昆虫幼虫。

## 七、商品鱼池塘肥水要求

第一，要培养大量的成体饵料生物；如滤食性鱼类，以培养浮游动植物为肥水的主要重点；如底栖肉食性的鱼类，以培养底栖水蚯蚓等环节动物、螺蚌等软体动物为肥水的主要重点；如食草性或刮食性的鱼类，以培养底层水草、附着藻类为肥水的主要重点。

第二，培养优势的浮游植物为水体制造充足的满足水生生物以及有机物消耗的氧气。总而言之，无论是养殖哪一种食性的鱼类都需要培养良好的水质。

第三，构建一个适宜鱼类生存、生活、生长、满足鱼类性腺发育条件的生态环境。通过肥水构建养鱼池塘特有的生态环境，以达到养鱼"八字精养法"中的第一个要素——"水"

对养鱼的基本要求。一口普通的淡水蓄水池的水与一口淡水养鱼池塘的水相比较，其共同点就是都具备淡水鱼类的生存条件；淡水是淡水鱼类生存的必备条件，海水是海水鱼类生存的必备条件。但因为淡水蓄水池不具备鱼类生活、生长和性腺发育所需的饵料等生物因子条件和溶解氧、pH值、营养盐等非生物因子条件，所以鱼类在淡水蓄水池内不能正常生活与生长。

## 第七节　养鱼与鱼类病害防治

鱼类增养殖简称养鱼。养鱼与鱼类病害防治被视为一对不可分开的"亲兄弟"。从放鱼苗的那一天起，就离不开鱼类病害的预防。在鱼类增养殖中，只有掌握了各种鱼病的发病规律，积极贯彻"全面预防、防重于治、及时治疗"的方针，才能防止或减少鱼病的发生，进一步提高养鱼的成活率，达到养殖增产增收的目的。本节从鱼类增养殖技术的角度讲述养鱼与鱼病防治的基础知识。

## 一、鱼病预防

### 1. 鱼病发生的原因

鱼病的发生是由于致病性刺激以及机体防御能力下降而引起的。致病条件可分为养殖主体鱼和外界环境两大因素。

（1）致病性刺激　指运输捕鱼等机械性刺激引起的受伤、养殖或运输水体水温在短时间内快速的升高或降低等物理性刺激引起休克或痉挛、水体溶氧量、硫化氢、二氧化碳等气体达到鱼类不能承受的下限或上限化学性刺激引起休克或痉挛。弧菌、链球菌、纤毛虫、鞭毛虫等生物侵入鱼体内达到鱼类的组织器官发生应激性反应至不能正常生活的生物性刺激而引起眼球突出，肝肾病变，尾柄出血，体表黏液分泌增多，鳃丝组织病变引起呼吸困难。

（2）营养缺乏症　指鱼类因为摄食的配合饲料中缺少蛋白质、糖、脂肪、矿物质和维生素等五种中的一种或一种以上而引起的疾病称为营养缺乏症。肉食性鱼类成鱼的配合饲料其动物性的蛋白要求在30%以上，低于这个含量其生长缓慢。肉食性鱼类亲鱼的配合饲料其动物性的蛋白要求在36%～45%，低于这个含量其性腺就不能正常发育。

（3）养殖水体　养殖水体是一个小的生态环境，养殖主体鱼的自身种类、年龄和体质的结构是影响这个生态环境的关键生物因子。在混养的池塘里，养殖鱼类的种类、年龄和体质的结构直接为这一生态环境定下了基本的框架等。在单一品种室外养殖池塘或室内养殖水泥池养殖鱼类的规格大小和体质的结构直接为这一生态环境定下了基本的框架。在这一基本的框架下，影响养殖水体的非生物因子依次为密度、饵料、水温、溶解氧、光照、有害气体、pH值；养殖水体的其他生物因子包括微生物、浮游动植物、底栖动植物和有害生物如营底栖生活的蠕虫类、线虫类、环虫类、螺蚌类、水生昆虫类，以及寄生于这些无脊椎动物体内外的寄生虫或幼虫，以及养殖生物本身都是引起养殖动物病害的直接或间接的制造者。

### 2. 鱼病发生过程

（1）潜伏期　鱼类出现摄食减少，游动、黏液增多，外观局部异常，通过细心观察才能发现，未出现死亡，此期称为潜伏期。冬季时间长达60～70d，其他季节时间较短。

（2）轻度发病期　鱼类摄食量明显减少，摄食饲料的时间延长，游动缓慢，黏液增多，外观局部有显而易见的病灶，已有病鱼浮到水面，可确定为轻度发病期。

（3）重度发病期　鱼类基本不摄食。每天有 10 尾以上的死鱼浮到养殖水体的水面上，尚未死亡浮到水面上的病鱼数量不断增加，病鱼体表的黏液增多，网箱底部或水泥池底或池塘的底部死亡的鱼类数量达到 30 尾以上，而且死鱼每天都在增加，可确定为重度发病期。

**3. 鱼病预防措施**

（1）潜伏期预防　此时期的应对措施应根据不同的养殖对象而采取相对应的措施。

① 苗种、鱼种的处理：经长途运输的鱼苗或鱼种要针对鱼苗或鱼种身体受伤的情况，或体表外伤或烂鳃或体内器官组织受伤；外地来的鱼苗或鱼种存在寄生虫的潜伏期，寄生虫在新的环境条件下适应一段时间后，就大量繁殖。在寄生虫大量繁殖的期间即是鱼类发病的潜伏期。因此，从外地购进的苗种需要进行消毒驱虫灭虫。

② 大规格鱼种、中成鱼乃至亲鱼的处理：开春后，经越冬的大规格鱼种、中成鱼乃至亲鱼都会有病害的发生。如石斑鱼在农历的二月、五月、八月是发病的潜伏期，现已初步掌握了预防弧菌病、孢子虫病、隐核虫病和本尼登虫病发生的措施，以及预防杜氏鰤链球病发生的措施。又如淡水四大家鱼苗种车轮虫等纤毛虫病的预防，放苗 12d 后就开始每天检测鱼体的体表健康情况，注意观察鱼苗的摄食活动情况，借此判断鱼苗的健康状况，及时防治，控制疾病的发生。

（2）轻度发病期　到了这一时期，已有 10％～20％的鱼体感染上病原菌或感染上寄生虫，先期感染上的开始出现死亡，后面感染上的病症较轻，约有 10％正在受病原菌感染或寄生虫感染。要采取积极的防治措施，在确诊病原菌或寄生虫的种类与致病原因后，对症下药，剂量要足，治疗时间和次数要够。这一时期在治疗过程中会出现 5％的死亡是正常的。

（3）重度发病期　到了此期才采取防治措施为期已晚，病鱼治疗的成活率约在 50％左右。在重度发病期治疗要注意几个原则：一是下药量轻；二是尽量不做大的惊动病鱼的操作，减少病鱼激烈运动；三是尽快捞除死亡病鱼，隔离有病有伤的鱼，保持健康鱼有一个好的生活环境；四是饲料要精，料中加入药饵，投料量比正常时少 50％，3d 后再慢慢恢复正常的投料量。

## 二、鱼病诊断

**1. 诊断方法**

鱼病的诊断分为肉眼诊断、显微镜诊断和实验室确诊三种方法。

（1）肉眼诊断　在没有任何观察工具的情况下，现场观察鱼病；在发病的第一时间捕取病鱼用肉眼直接观察。经综合分析后，做出病鱼诊断结论。

（2）显微镜诊断　借助显微镜对指环虫、隐鞭虫以及各类细菌等个体微小的病原体进行观察，然后作出确诊结论。

（3）实验室确诊　借助实验手段，对致病菌进行进一步的分离、培养、检查，最终确诊病原。

**2. 诊断步骤**

（1）观察病鱼的症状　病鱼多离群在塘边，浮在水面缓慢独游，有的病鱼在塘中拥挤成团，或浮在水面不安地游动，或间断狂游，或蹿跳；大部分发病鱼的摄食量都明显下降甚至停食。病鱼体色都会发黑，也有的体色发白或部分体表发白或鳃丝发白等。

（2）取病鱼标本的方法　当发现病鱼死鱼时，要捞取活的或刚死亡的病鱼进行肉眼诊断。

(3) 观察病鱼的先后顺序 首先确定病鱼的病变部位，根据明显、典型的症状和病原作出诊断，重点是观察鳞片、鳍、鳃、肠道、肝、胆、肾、血液等。

(4) 综合诊断，提高诊断的准确率 肉眼诊断、显微镜诊断和实验室诊断相结合。镜检是在肉眼检查的基础上进行的，肉眼检查可快速确定病灶的部位，镜检是对病灶做出详细解释的有力手段。实验室诊断是对致病菌乃至病毒作出详细解释的行之有效的方法。寄生虫病经肉眼检查和镜检诊断后，就可制订治疗方案。

## 三、外用消毒剂

外用消毒剂有卤素类、醛类、氧化剂、染料类、中药类和其他类。

(1) 卤素类 目前大量使用的卤素类消毒剂有漂白粉、漂粉精、二氯异氰尿酸钠（优氯净）、三氯异氰尿酸（强氯精）、溴氯海因、聚维酮碘（PVP-I）等。

作用：漂白粉呈灰白色粉末，有氯臭，能溶于水，含有效氯 $25\%\sim30\%$，其稳定性差，在空气中能逐渐吸收水分而分解失效，所以漂白粉应在密封条件下保存，且要尽量使用新鲜的漂白粉。漂白粉加入水中生成具有杀菌能力的次氯酸和次氯酸离子，前者杀菌作用快而强，该药主要作为细菌性鱼病的外用药。漂粉精是纯次氯酸钙，含有效氯 $60\%\sim70\%$，性质较稳定。二氯异氰尿酸钠、三氯异氰尿酸均为氯胺化合物，含有氯亚氨基，能水解生成次氯酸，故有杀菌作用，且它们的稳定性好。溴氯海因在水中水解，以次溴酸和次氯酸的形式存在，属缓慢释放型消毒剂。聚维酮碘是聚乙烯吡咯烷酮和碘的结合物，它是通过快速氧化或碘化病原体的巯基化合物、肽、蛋白质、酶、脂质等，从而迅速杀灭病原体，对大部分细菌、真菌和病毒有抑制或杀灭作用，其毒性小、溶解度高、稳定性好，内服、外用均可，是一种高效、低毒、广谱的消毒剂。

(2) 醛类消毒剂 主要有戊二醛和甲醛，福尔马林为含 $37\%\sim40\%$ 甲醛的水溶液，有强烈的刺激性臭味。

醛类的作用：甲醛通过与蛋白质的氨基结合使蛋白质变性，从而凝固蛋白质。它具有强大的广谱杀菌、杀虫作用，可用于防治鲤白云病、车轮虫病、小瓜虫病、固着类纤毛虫病及甲壳溃疡病等。

(3) 氧化剂 氧化剂类消毒剂有高锰酸钾、二氧化氯等。高锰酸钾呈深紫色结晶，无臭，易溶于水，具有消毒杀虫作用，遇有机物起氧化作用。

氧化剂的作用：二氧化氯对各种致病菌、真菌、病毒等均有较强杀灭作用。固体二氧化氯主要是亚氯酸钠和活化剂，使用时要按配比活化，现配现用。活化后的二氧化氯在氢离子的作用下，产生具强氧化作用的新生态氧。这种新生态氧能迅速附着在微生物细胞表面，渗入微生物细胞膜，与蛋白质中的氨基酸产生氧化分解反应，从而达到杀灭病菌的目的。

(4) 染料类 染料类消毒剂主要有亚甲基蓝等。亚甲基蓝为深绿色、有光泽的柱状结晶或结晶性粉末，无臭，易溶于水。

染料类的作用：亚甲基蓝与微生物酶系统发生氢离子的竞争性对抗，使酶成为无活性的氧化状态从而显示疗效，用以治疗水霉病、小瓜虫病等。

(5) 中草药类 用于鱼病防治的中草药很多，如百部贯众散（水产用）、苦参粉（水产用）、雷丸槟榔散等。

① 百部贯众散的作用：具有杀虫、止血等功效。防治鱼类孢子虫病及其他寄生虫引起

的烂鳃、肠炎、赤皮、竖鳞、旋转等病。全池泼洒，每 $1m^3$ 水体用药 $1\sim2g$（每 $1/15hm^2$ 水体水深 1m 用本品 $667\sim1334g$），连用 $3\sim4d$。

② 苦参粉的作用：具有清热燥湿、杀虫去积等功效。主治鱼类中华鳋、锚头鳋、车轮虫、指环虫、三代虫、孢子虫等寄生虫病以及肠炎、烂鳃、竖鳞等细菌性疾病。泼洒鱼池，每 $1m^3$ 水体 $1\sim1.5g$（每 $1/15hm^2$ 水体水深 1m 用本品 $667\sim1000g$），连用 $5\sim7d$。

③ 雷丸槟榔散的作用：驱杀虫。用于鱼类车轮虫、锚头鳋等体内、体表寄生虫病的防治。每 1kg 体重用 $0.3\sim0.5g$（按 5% 投饵量计，每 1kg 饲料用 $6.0\sim10.0g$），每 2 天一次，连用 $2\sim3$ 次。全池泼洒，每 $1m^3$ 水体 3g（置 60℃ 左右的温水中浸泡 10h 后使用，每 $1/15hm^2$ 水体水深 1m 用本品 2kg）。

（6）其他类　其他类消毒剂还有碱性类的氧化钙（生石灰）、表面活性剂季铵盐类等。季铵盐类以季铵盐阳离子通过静电吸引，与表面带负电的菌体结合，从而发挥消毒杀菌作用。

## 四、口服抗菌类药物

（1）甲砜霉素粉　拌饵投喂治疗，每 1kg 水产动物体重用量 0.35g（按 5% 投饵量计，每 1kg 饲料用本品 7.0g），每天用 $2\sim3$ 次，连用 $3\sim5d$。

药理作用：甲砜霉素粉为氯霉素的衍生物，抗菌谱与氯霉素基本相同，对革兰阳性菌的抗菌作用很强。对革兰阴性菌也有较强的抗菌作用。低浓度抑菌，高浓度则有杀菌作用。主要是抑制细菌蛋白质合成，细菌的耐药性发展较慢，其血药浓度比氯霉素高而持久。用于治疗淡水鱼、鳖等由气单胞菌、假单胞菌、弧菌等引起的细菌性出血病、肠炎病、烂鳃病、烂鳍病、烂尾病、赤皮病等。

（2）盐酸沙拉沙星可溶性粉　内服，每 1kg 水产动物体重用 $10\sim20mg$（以恩诺沙星计），即相当于每 1kg 体重用量 $0.2\sim0.4g$（按 5% 投饵量计，每 1kg 饲料用量 $4.0\sim8.0g$），连用 $5\sim7d$。

药理作用：沙拉沙星抗菌谱广，对静止的和生长期的细菌均有较强的杀菌作用，敏感菌有大肠杆菌、沙门菌、克雷伯菌、变形杆菌、多杀性巴氏菌、弯曲杆菌、嗜血杆菌、葡萄球菌等。

（3）恩诺沙星粉　内服，每 1kg 水产动物体重用 $10\sim20mg$（以恩诺沙星计），即相当于每 1kg 体重用本品 $0.2\sim0.4g$（按 5% 投饵量计，每 1kg 饲料用本品 $4.0\sim8.0g$），连用 $5\sim7d$。

药理作用：恩诺沙星能与细菌 DNA 回旋酶亚基 A 结合，从而抑制了酶的切割与连接功能，阻止了细菌 DNA 的复制，而呈现抗菌作用。具有广谱抗菌活性及很强的渗透性，对革兰阴性菌有很强的杀灭作用，对革兰阳性菌也有很好的抗菌作用，口服吸收好，血药浓度高且稳定，能广泛分布于组织中。用于治疗水产动物由细菌引起的出血性败血症、烂鳃、打印病、肠炎、赤鳍、红体、溃疡、爱德华菌病等疾病。恩诺沙星的副作用主要为胃肠道反应，同时可致幼年动物关节病变和影响软骨生长，体重 50g 以下幼鳖内服易产生鳖体变形。

注意事项：避免与含阳离子（$Al^{3+}$、$Mg^{2+}$、$Ca^{2+}$、$Fe^{2+}$、$Zn^{2+}$）的药物如制酸药氢氧化铝、三硅酸镁等（影响吸收）或饲料添加剂同时内服。禁忌与利福平（RNA 合成抑制药）和甲砜霉素、氟苯尼考等有拮抗作用的药物配伍；应均匀拌饵后投喂；包装物用后集中销毁。

（4）硫酸新霉素粉　拌饵投喂，鱼、河蟹、青虾每 1kg 体重用量 5mg（以新霉素计），相当于每 1kg 体重用本品 0.1g（按 5% 投饵量计，每 1kg 饲料用本品 2.0g），每天一次，连用 4～6d。

药理作用：硫酸新霉素属氨基糖苷类抗生素药，主要作用于细菌蛋白质合成过程，使合成异常的蛋白阻碍已合成蛋白的释放，使细菌细胞膜通透性增加而导致一些重要生理物质的外漏，引起细菌死亡。用于治疗由嗜水气单胞菌、爱德华菌、变形杆菌及弧菌等引起的鱼、青虾、河蟹等水产动物疾病。如细菌性烂鳃病、白皮病、竖鳞病、细菌性败血症、细菌性肠炎病、打印病、青虾红腿病、河蟹弧菌病等，尤其是对水产动物的肠道疾病具有较好的疗效。

## 五、抗生素类

（1）抗生素类　有土霉素、强力霉素、盐酸多西环素、青霉素、硫酸庆大霉素、链霉素、氟苯尼考等。

（2）磺胺类药物　有磺胺嘧啶、磺胺甲基嘧啶、磺胺间甲氧嘧啶、磺胺甲基异恶唑等。

（3）喹诺酮类药物　有恶喹酸、诺氟沙星、氧氟沙星、吡哌酸、恩诺沙星等。

## 六、禁止使用的水产渔药或兽药

（1）抗菌类药物　红霉素、氯霉素等已被禁止用于鱼病防治及作为饲料添加剂。

（2）磺胺类药物　在鳗鱼饲料添加剂中已被禁用，磺胺类中的磺胺噻唑、磺胺咪（磺胺胍）被禁用于鱼病防治。

（3）喹诺酮类　环丙沙星已被禁用，恩诺沙星药残已成为限制鳗鱼出口日本的重要药检项目之一。

（4）抗菌药呋喃类　呋喃唑酮（痢特灵）、呋喃西林、呋喃那斯等。

（5）汞制剂　如硝酸亚汞、醋酸汞、氯化汞等。

（6）染料类　孔雀石绿。

（7）农药类　毒杀酚、呋喃丹、杀虫脒、双甲脒等。

## 七、常用的杀虫剂

（1）重金属类杀虫剂　硫酸铜、硫酸亚铁合剂、络合铜（天使蓝）等。

药理作用：主要通过铜离子与蛋白质中的巯基结合，破坏病原体内的氧化还原反应，从而达到杀虫的目的。硫酸铜又称蓝矾，呈蓝色结晶，易溶于水，是鱼病防治中最常用的杀虫剂之一。硫酸亚铁为辅助药剂，有收敛作用，主要是为硫酸铜杀灭寄生虫扫除障碍。络合铜的毒性较低，无残留，使用效果不受水的硬度、pH 值、氨氮、有机物含量等的影响，对鱼虾鳃部及体表寄生虫有较好的治疗效果。此外，高锰酸钾也有杀虫作用。

（2）有机磷类杀虫剂　晶体敌百虫和精制敌百虫粉等。敌百虫为白色结晶，能溶于水，但在碱性水溶液中可水解成敌敌畏而使毒性增强。

药理作用：能使虫体神经功能受损而达到杀虫目的。敌百虫为低毒、残留小的广谱杀虫剂，既可外用也可内服，广泛用于治疗体外寄生甲壳动物、单殖吸虫及肠内寄生蠕虫病等。使用时要注意，某些鱼类如鳜鱼、加州鲈、巴西鲷、淡水白鲳等对敌百虫极其敏感。

（3）染料类　亚甲基蓝。

（4）拟除虫菊酯　溴氰菊酯。

（5）咪唑类　甲苯咪唑、左旋咪唑。

（6）醛类　甲醛、戊二醛。

（7）中草药杀虫剂　敌鱼虫、虫必杀、杀虫活、敌瓜虫。

（8）氯化钠。

## 八、抗病毒药物

当病毒病流行时，常用的抗病毒病药物有病毒灵（盐酸吗啉胍）、碘伏等，但用药防治的效果并不明显，目前还没有真正能治疗病毒病的药物。

常采用生态防治方法，例如采用提高水温或降低水温 15～25d，或提高盐度或降低盐度 5～10，或提高 pH 值或降低 pH 值的方法。此种防治方法在海水鱼类的鲕鱼和石斑鱼的病害爆发期得到普遍应用。

## 九、中草药类

（1）口服中草药类鱼药　如鲜大蒜、大蒜素、五倍子、大黄、水辣蓼、穿心莲、黄芩、菖蒲、地锦草等。

（2）外用中草药类　将中草药煎汁后全池泼洒或粉碎后拌入饲料，可用来防治鱼类细菌性或寄生虫等疾病。用中草药防治鱼病有利于保护水环境，减少药物残留，是无公害养殖的重要措施之一。

## 十、中成鱼用药种类

包括各类菌苗、疫苗、益生菌、光合细菌、各类添加剂、水质环境改良剂等。

## 十一、鱼病治疗

### 1. 鱼病用药原则

① 坚持对症用药原则：确诊后，对症下药，才能收到事半功倍的效果。

② 坚持无公害用药的原则：选用疗效高、毒副作用小、耐药性弱的西药或中药。

③ 严禁使用高毒、高残留或具有三致（致癌、致畸、致突变）毒性的药物。

④ 严禁滥用抗生素，以避免病原体产生耐药性。

⑤ 严格执行休药期，漂白粉的休药期不少于 5d，二氯异氰尿酸钠、三氯异氰尿酸、二氧化氯等的休药期均不少于 10d，土霉素、恶喹酸休药期不少于 20d，磺胺甲噁唑休药期不少于 30d。

### 2. 给病鱼下药的方法

使用药物治疗或预防主要有外用或内服两种。

（1）外用法　药浴法、涂抹法等。药浴法分为直接浸洗法和间接的挂袋（篓）法与泼洒法。

（2）内服法　有药饵口服法和肌肉组织注射法。

### 3. 给病鱼下药的注意事项

（1）对鱼体不能造成伤害　对水环境不能造成破坏。对人体不能造成危害。不能影响其他动植物的育苗与养成生产。

（2）浸洗法注意事项　药物的浓度适宜，浸洗时间在 10～15min，水温应在 22℃以下，高温时必须在水体降温后再浸洗，溶氧量在 5mg/L 以上，达不到要求的用纯氧补充。重病期的病鱼不能采用浸洗法，以免体质较弱的病鱼在浸洗过程中或浸洗后死亡。

（3）外用法

① 挂袋（篓）法：特指在池塘或水库或海域的网箱悬挂盛有驱虫或灭虫的药袋或药篓。应注意，从挂袋的效果考虑；静水的池塘在草鱼饲料台周边挂袋，一般是在投喂草料前的 30min 挂上药袋药篓，让其中的药物逐渐溶解于水中，形成消毒区，鱼在其能忍受的浓度范围内自由进出该区域，最终在药物作用下杀死体表或鳃部的病原体。此法常用于预防鱼病，在发病初期病情较轻、养殖水体原已设置食场、鱼已养成定点摄食的习惯下使用。

② 泼洒法：将药物溶解后在池塘中全池泼洒，以杀灭鱼体表和鳃部以及水中的病原体，从而使疾病得到有效控制或痊愈。此法必须较精确地计算出池水体积及药物用量，药物最好是水溶性的，同时要考虑池水的水温、pH 值、硬度、有机物、浑浊度等因素对药物的影响。此外，药物要全池均匀泼洒，避免出现药害。

③ 涂抹法：是在体表患病处或受伤处涂抹较高浓度的药液或药膏以杀灭病原体。此法仅适用于对产卵亲鱼的保护。涂抹法用药量少、方便、安全、副作用小，但涂抹时要防止高浓度的药液流入鳃部。

病鱼经过用药治疗 5d 左右，若死鱼数明显减少，鱼能健康活泼地成群游动，且摄食量明显恢复，说明治疗效果较好，否则就要查找原因，进一步采取措施。

（4）口服法　将药物或疫苗与病鱼喜食的饲料拌成合剂，制成适口的药饵投喂，以杀灭鱼体内的病原体。此法适合于内脏疾病的防治。如果发病后病情较轻，群体的摄食能力未明显下降，口服法可取得较好的效果；若病情严重，多数鱼摄食差，则口服法疗效就不明显。此外，口服法用药还须注意药物的选择和给药剂量，以及合适的药物剂型。

（5）注射法　分为腹腔注射和肌肉注射两种。此法进入体内的药量较口服法准确，且吸收快、疗效好、用药省，但操作麻烦，一般只适用于亲体或人工注射疫苗时使用，某些珍贵品种也可采取此法。

**4. 贯彻"全面预防、防重于治"的方针**

鱼患病以后，大多丧失或降低了食欲，药物无法通过口顺利进入鱼体内，即使有特效的药物也不能达到理想的效果，特别是在高密度精养条件下，如网箱养殖、流水养殖，鱼病暴发传染快，更易造成重大损失。采取"无病先防、有病早治"的积极措施，才能减少或避免鱼病的发生。在预防措施上，既要注意消灭病原，切断传播途径，又要十分重视改善生态环境，提高机体抗病力，只有采取全面的综合防病措施，才能收到预期的效果。

（1）设计和建造符合防病要求的养殖场所　在建场前首先要对场址的水源、水质等进行调查，水源要充足、清新、无污染，最好配备蓄水池，养殖用水经沉淀、净化、过滤、消毒后再引入池塘。在设计进排水系统时，每口塘都应有独立的进排水口。网箱养殖应尽量选择有微流水的库湾。

（2）改善生态环境　清除池底过多的淤泥，或排干池水后池底进行暴晒，在放养前用药物彻底清塘；定期泼洒石灰水，调节水的 pH 值；定期加注清水及换水，保持水质"肥、活、嫩、爽"；定期泼洒水质改良剂或底质改良剂；利用光合细菌或其他益生菌调节水质。

（3）增强鱼体的抗病力

① 加强饲养管理：合理密养混养，投饵做到"四定"，强化日常管理及细心操作。

② 人工免疫：采用注射或浸泡等方式接种菌苗或疫苗，使鱼体获得免疫力。

③ 选育抗病力强的品种：注重使用原种亲体繁育苗种，以避免种质退化。此外，还可通过生物工程等技术，培育出抗病力强的新品种。

（4）控制和消灭病原体

① 建立检疫和隔离制度：在省与省之间或地区之间建立检疫制度，一旦发现流行性鱼病立即进行隔离控制，避免蔓延传播。

② 彻底清塘：以药物清塘为主，常用的清塘药物为生石灰或漂白粉。

③ 鱼种消毒：采用浸浴法，以高锰酸钾、硫酸铜等药物，结合鱼种放养进行浸洗消毒。

④ 工具消毒：在发病鱼池用过的工具要经药液浸泡消毒后再使用。

⑤ 食场消毒：每天要捞去剩饵草渣并清洗食台。在疾病流行季节，定期用生石灰、漂白粉、敌百虫、硫酸铜等进行泼洒消毒或挂袋消毒。

⑥ 疾病流行季节前的药物预防：大多数疾病的发生都有一定的季节性，一般多在春、夏季这段时间内流行，因此应有计划地进行药物预防。体外疾病一般是在食场周围挂袋或挂篓，也可用药物全池泼洒预防；体内预防是将药物制成药饵投喂预防。

# 实践项目一　养鱼池塘清塘消毒、池塘底质分析、施肥技能操作

## 一、养鱼池塘清塘消毒

养殖鱼池进行清除淤泥、池底整平、堵漏、清除杂草和杂鱼、修补堤岸等工作称为清塘；然后用生石灰或漂白粉或茶饼等药物泼洒于池底及其岸边，再加水浸泡 2～3d，或带水消毒，任选一种药物全池泼洒，称为消毒。清塘消毒的目的是清除池塘内的有害细菌、寄生虫和对放养鱼类有危害的凶猛性鱼类。

## 二、池塘底质分析

**1. 对以下五种池塘底质的酸碱度进行分析**

① 红壤土底质。

② 泥沙壤土底质。

③ 沙壤土底质。

④ 腐殖土质。

⑤ 老口池塘的底质。

**2. 分析生石灰、漂白粉、茶粕、氨水的酸碱度**

（1）消毒工作　了解药物作用的原理，切勿在阴雨天清塘。

（2）消毒药物

① 茶饼：茶粕能杀灭野杂鱼、蛙卵、蝌蚪、螺蛳、蚂蟥和一部分水生昆虫，但对细菌没有杀灭作用，而且施用后，即为有机肥料，能促进池中浮游生物繁殖。

② 生石灰：生石灰遇水就会生成强碱性的氢氧化钙，在短时间内使池水的 pH 值上升到 11 以上，因此可杀灭野杂鱼类、蛙卵、蝌蚪、水生昆虫、虾、蟹、蚂蟥、丝状藻类（水绵等）、寄生虫、致病菌以及一些根浅茎软的水生植物。

③ 茶粕：清塘茶粕又称茶籽饼，是油茶的种子经过榨油后所剩下的渣滓，压成圆饼状。茶粕含皂角苷 7%～8%，它是一种溶血性毒素，可使动物的红细胞分解。10mg/L 的皂角苷 9～10h 可使鱼类失去平衡，11h 死亡。

④ 漂白粉：漂白粉一般含有效氯 30% 左右，遇水分解释放出次氯酸。次氯酸立即释放

出新生态氧,它有强烈的杀菌和杀死敌害生物的作用,其杀灭敌害生物的效果同生石灰。

⑤ 氨水 ($NH_4OH$):呈强碱性。高浓度的氨水能毒杀鱼类和水生昆虫等。

(3) 池塘土质 pH 分析 了解池塘土质的酸碱度与清塘药物的药理,合理使用药物。

① 如使用生石灰时,不能与漂白粉同时使用。

② 盐碱池塘不能使用生石灰消毒,应用漂白粉替代。

③ 虾、蟹等动物多的池塘不能使用氨水消毒,因氨水对含铜的动物杀伤力很低。又如用氨水消毒,用时需加几倍干塘泥搅拌均匀后全池泼洒。加干塘泥的目的是减少氨水挥发。氨水也是良好的肥料,清塘加水后,容易使池水中浮游植物大量繁殖,消耗水中游离二氧化碳,使池水 pH 值上升,从而增加水中分子氨的浓度,容易引起鱼苗中毒死亡。

(4) 选药方法

① 正确掌握用药方法,提高自身安全保护意识。如漂白粉加水后放出初生态氧,挥发、腐蚀性强,并能与金属起作用。因此操作人员应戴口罩,用非金属容器盛放,在上风处泼洒药液,并防止衣服沾染而被腐蚀。清塘消毒的质量,即指消毒的效果要好。

② 通常要做到选药准、用药量准、消毒时间足。如生石灰干法清塘,池中需积水 6~10cm,在塘底挖若干个小坑,将生石灰分别放入小坑中加水溶化,不待冷却即向池中均匀泼洒。

(5) 用药方法

① 茶饼:茶粕使用方法是将茶粕敲成小块,放在容器中用水浸泡,在水温 25℃左右浸泡一昼夜即可,使用时再加水,均匀泼洒于全池。

② 生石灰:如生石灰干法清塘,池中需积水 6~10cm,在塘底挖若干个小坑,将生石灰分别放入小坑中加水溶化,不待冷却即向池中均匀泼洒。生石灰用量,一般每公顷池塘为900~1125kg,淤泥较少的池塘用 750~900kg。清塘后第二天须用铁耙耙动塘泥,使石灰浆与淤泥充分混合。生石灰带水清塘,不排出池水,将刚溶化的石灰浆全池泼洒。

③ 漂白粉:漂白粉使用方法是先计算池水体积,每立方米池水用 20g,即 20mg/L。将漂白粉加水溶解后,立即全池泼洒。

④ 氨水使用方法,清塘水深 10cm,每公顷池塘用氨水 750kg。用氨水清塘后,再施一些有机肥料,有利于培养浮游动物,借以抑制浮游植物的过度繁殖,避免发生死鱼事故。

(6) 注意事项

① 正确掌握保管水质改良剂方法。如漂白粉受潮易分解失效,受阳光照射也会分解,必须盛放在密闭塑料袋内或陶瓷罐内,存放于冷暗干燥处。

② 鱼苗、鱼种池塘的清塘在技术方法上与商品鱼池的清塘不同,是因为鱼苗鱼种小,在清塘消毒的质量上和时间上都必须满足鱼苗鱼种下塘的要求。一般情况下,在下苗前 7d 清塘消毒。

③ 亲鱼池塘的清塘技术与方法上商品鱼池塘的清塘基本相同,但因亲鱼个体大,可摄食个体较大的生物饵料,应提前 20d 左右培养大型的饵料生物。

## 三、池塘肥水

### 1. 肥水前准备

① 测量池面积、计算用药与用肥量。

② 了解养鱼池肥水的原理,有针对性地选择肥水的肥料,有利于更快更好地为即将投

入的鱼苗或鱼种培养适口、优质的生物饵料。淡水鱼类无论是鱼苗、鱼种培育或商品鱼养殖时所选择的有机肥主要有粪肥和绿肥两大类。有机肥的施用有两种方式，即施基肥和施追肥。

③ 无机肥施用后，肥效快。无机肥按所含成分不同，可分为氮肥、磷肥、钾肥、钙肥等。

④ 有机肥和无机肥可同时或交替使用，以充分发挥这两类肥料的优点，达到更好的施肥效果。

**2. 施用有机肥的方法**

（1）在放养前一次性施肥　用量要根据池塘条件、肥料种类、浓度以及饲养鱼的种类而定，一般每公顷池塘施家畜粪肥 $7.5 \times 10^3 \sim 1.2 \times 10^4 \, \text{kg}$。禽粪较畜粪用量减少，新池淤泥少要多施基肥，老池则少施，以青鱼、草鱼、鲂鱼为主的池塘少施基肥。

（2）基肥施放　在池塘清淤后施于池底或在池塘注水后施放。绿肥一般在池塘注水后堆于沿岸浅水处，隔数天翻动一次。

（3）施追肥　在放鱼后进行，掌握少量多次的原则，可使池水中浮游生物长盛不衰。

（4）施追肥的量　应随水温、季节、养殖密度、主养鱼种类而定，一般每次追肥量以每公顷池塘施 $7.5 \times 10^2 \sim 1.5 \times 10^3 \, \text{kg}$ 为宜。

（5）施用有机肥　要先经过腐熟发酵，避免直接施放生鲜粪肥。绿肥也须沤烂后使用。

**3. 混合肥肥水**

（1）混合肥肥水的作用　兼有有机物和无机物两者的肥效，见效快，持续时间长的特点。

（2）混合肥肥水方法　根据池塘的酸碱度调节混合肥的成分、混合比例；在基肥或追肥的两种中均可采用施肥或挂袋的方式。苗种一般采用挂袋施肥。

## 四、作业

1. 结束前进行测试，检查学生实操的效果。

2. 实验报告：对今天的实验内容及其操作过程写一份详细报告。

### 【思考题】

1. 何谓"八字精养法"？哪些条件被称为硬性的条件？哪些条件被称为软性的条件？

2. 鱼类的食性一生都一样吗？鱼类的哪个摄食器官在起主导作用？

3. 鱼类生长具有一定的规律性，你认为鱼类生长到哪个阶段生长速度缓慢？

4. 鱼类生长与环境条件有何关联？如何利用有利的条件和变不利条件为有利条件？

5. 了解鱼类死亡的规律对提高鱼类增养殖产量有何意义？

6. 鱼类增养殖的非生物因子与生物因子特指哪些方面？

7. 鱼类养殖的基本条件特指哪些方面？

8. 海淡水鱼类的生物学特性有哪些异同点？

9. 养殖水域环境的物理因子与化学因子指哪些方面？在养殖场选点时，哪些因子应该作为重点考察对象？

10. 溶氧来源于哪几个方面？何时池塘的溶氧量最高？何谓临界溶氧？

11. 盐度对鱼类的生活生长的影响大吗？对鱼类胚胎发育和胚后发育有何影响？

12. 池塘的生物种类与水的颜色有关联吗？

13. 为什么说池塘的饵料生物量越大，夜间池塘就越容易缺氧？

14. 《无公害食品——淡水养殖用水水质》标准哪一年颁布？其主要内容是什么？

15. 《无公害食品——海水养殖用水水质》标准哪一年颁布？其主要内容是什么？

16. 如何对养鱼池底质土壤的类别进行鉴定？对鱼类养殖业有那么重要吗？

17. 养殖产品要达到无公害水产品要求，对养鱼池底质的要求是什么？

18. 养殖场设备除机械类外还有哪几大类？水产育苗设备包括哪几类？

19. 养殖场机械类设备可分为几大类？各类机械设备有哪些特点？

20. 电动机使用应注意哪些事项？

21. 活鱼运输可采用哪几种方式？各具有哪些特点？

22. 养鱼池塘清淤设备有哪几种类型？各具有哪些特点？

23. 池塘的形状、面积、深度、底部形状与养殖种类和养殖对象的个体规格有关系吗？

24. 淡水养鱼池塘清塘与肥水如何进行？

25. 海水养鱼池塘清塘与肥水如何进行？

26. 如何选择清塘的药物？

27. 如何选择肥水的肥料？

28. 指出施有机肥与施无机肥的异同点？

29. 指出苗种培育池与商品鱼池的肥水目的异同点？

30. 为什么鱼会发生疾病？为什么说鱼类病害防治要从放养的时候抓起？

31. 鱼病发生全过程分为哪几个时期？

32. 通常采用的水产抗生素类口服药分为哪几类？通常采用的水产中草药类鱼药有哪几种？

33. 通常采用几种方法来诊断鱼病？

34. 通常采用的水产外用消毒剂分为哪几类？

35. 通常采用的水产抗菌类口服药分为哪几类？

36. 通常采用的水产杀虫剂分为哪几类？

37. 通常采用的水产抗病毒药物分为哪几类？

38. 其他常用鱼药类的药物还有哪几类？

39. 如何给鱼看病？如何判断鱼生病？鱼病了如何诊断？

# 第二章 养殖鱼类人工繁殖技术基础

## 第一节 鱼类繁殖基础知识

### 一、鱼类繁殖力

鱼类繁殖力，即指鱼类繁殖的能力。一般受鱼的性成熟年龄、性周期、怀卵量、产卵量及鱼苗的成活率等因素的影响。性成熟早、怀卵量大、产卵量大的鱼类被认为繁殖力强。

**1. 怀卵量**

这是评价鱼类繁殖力的最重要的指标。分为绝对怀卵量和相对怀卵量。

① 绝对怀卵量：鱼类卵巢中的怀卵数称为绝对怀卵量。

② 相对怀卵量：绝对怀卵量数（卵巢重量）与体重之比为相对怀卵量，即相对怀卵量＝绝对怀卵量÷体重。

**2. 种群的繁殖能力**

群体的繁殖力不仅取决于个体怀卵量，而且还取决于性成熟时期、产卵周期及个体生产卵的次数。

① 生殖率和产卵次数的大小与种群繁殖力系数成正比关系。

② 生殖周期和性成熟年龄与繁殖力系数的对数成正比关系。

**3. 不同种群的繁殖力**

具有不同的补充能力，就是同一种类生活在不同环境的种群其繁殖力也大不相同。产卵数量多少是对环境条件好坏的一种适应，生活条件较好的鱼类有较小的繁殖力，其繁殖系数在1～10；而受敌害压力较大、成活条件较差的种类往往有较大的繁殖系数，可达200左右或更大。

**4. 繁殖力调节**

① 饵料条件：大多数鱼类种群数量的大小受到饵料条件的限制，当食物保障改变时，主要方式以加快成熟来达到。生殖群体处在饥饿状态下，就要吸收掉部分卵母细胞而降低了繁殖力。

② 产卵场条件：产卵场条件的发生改变，也是影响种群数量大小的原因之一。

③ 渔获量：一定数量捕捞对经济鱼类群体量不会产生影响。种群可以通过增殖的方式来补偿。若渔获量超过种群补偿能力，则将造成捕捞过度，一旦遭受巨大损失，恢复将是困难的。

### 二、性腺卵细胞特征

**1. 家鱼卵细胞生长发育过程的形态学特征和时相划分**

见表2-1。

表 2-1　家鱼卵细胞生长发育过程的形态学特征和时相划分

| 特　征 | 卵原细胞 | 初级卵母细胞 | | | 成熟卵母细胞 | 退化卵母细胞 |
|---|---|---|---|---|---|---|
| | 增殖期 | 生长期 | | | 成熟期 | 退化期 |
| | 细胞分裂 | 小生长期 | 大生长期 | | 减数分裂 | 生理死亡 |
| | Ⅰ时相 | Ⅱ时相 | Ⅲ时相 | Ⅳ时相 | Ⅴ时相 | Ⅵ时相 |
| 卵径/μm | 5～15 | 12～300 | 170～420 | 400～1050 | 950～1050 | 逐渐缩小 |
| 核径/μm | 3～8 | 6～150 | 130～160 | 152～200 | 第二次成熟分裂中期 | 溃散 |
| 正中切面核仁平均数 | 1～2 | 5～30 | 30～60 | 60～200 | 消失 | 消失 |
| 滤泡细胞层数 | 分化过程 | 1 | 2 | 2 | 脱离 | 肥大 |
| 卵黄粒 | 无 | 无 | 出现 | 充满 | 存在 | 液化 |

**2. 在生殖季节鱼类卵细胞生长发育成熟度观察和时相划分**

见表 2-2。

表 2-2　在生殖季节鱼类卵细胞生长发育成熟度观察和时相划分

| 季　节 | 观察部位 | 特　征 | 探针取卵 | 特　征 | 时相期 |
|---|---|---|---|---|---|
| 产卵季节 | 腹部 | 未膨大 | 无须取卵 | 无 | Ⅱ |
| 产卵季节 | 腹部 | 稍膨大 | 取卵 | 卵粒椭圆 | Ⅲ |
| 产卵季节 | 腹部 | 膨大柔软 | 取卵 | 核居中 | Ⅳ早 |
| 产卵季节 | 腹部 | 膨大柔软 | 取卵 | 核开始偏离 | Ⅳ中 |
| 产卵季节 | 腹部 | 膨大柔软 | 取卵 | 核完全偏移 | Ⅳ末 |
| 产卵季节 | 生殖孔 | 正常 | 取卵 | 卵粒椭圆 | Ⅲ |
| 产卵季节 | 生殖孔 | 微红外突 | 取卵 | 核完全偏移 | Ⅳ末 |

### 三、卵巢发育

卵巢发育具有以下特点：

① 卵细胞生长发育的营养物质是靠滤泡细胞提供的。

② 卵细胞大的生长发育是从Ⅲ期卵巢开始的，至Ⅳ期末完成，进入成熟期。

③ Ⅲ期卵巢的卵细胞外仅有单层的滤泡细胞。

④ 单层的滤泡细胞供给卵细胞的营养很有限，因此Ⅲ期卵巢的卵细胞贮存营养很有限，发育很慢。外观上卵细胞呈椭圆形。

⑤ Ⅳ期卵巢的卵细胞外已增多至 2～3 层的滤泡细胞。为卵细胞提供的营养物质也成倍增加，直至卵黄充满细胞质，外观上卵细胞呈圆形。

### 四、性腺检查

性腺检查时应注意以下事项：

① 在进行性腺成熟度观察前停止投喂饲料 1d。避免亲鱼摄食饲料、腹部膨大造成性腺发育好的假象。

② 对亲鱼的性腺成熟度检查必须提前到计划催产时间的前 30～40d 进行，避免在产前才检查，从而影响到亲鱼性腺发育。

③ 对性腺发育差的亲鱼及时采取补救措施，加大精养催熟的力度。

④ 对性腺发育好的亲鱼及时做好催产计划，同时做好预防亲鱼性腺过熟的措施。

### 五、精巢特征

生产实践中通过肉眼观察和用手触摸雄鱼腹部两种方法对雄鱼精巢的时相期做出判断。雄鱼精巢观察方法与分期见表 2-3。

**表 2-3　雄鱼精巢发育成熟度观察和时相划分**

| 季节 | 观察 | 触摸 | 挤压 | 精液状态 | 精液颜色 | 入水状态 | 时相期 |
|---|---|---|---|---|---|---|---|
| 繁殖 | 腹部 | 生殖腺位置 | 生殖孔前 3～5cm | 无 | 无 | 无 | Ⅲ |
| 繁殖 | 腹部 | 生殖腺位置 | 生殖孔前 3～5cm | 牙膏状 | 黄色 | 无变化 | Ⅳ早 |
| 繁殖 | 腹部 | 生殖腺位置 | 生殖孔前 3～5cm | 炼乳状 | 浅黄色 | 无变化 | Ⅳ中 |
| 繁殖 | 腹部 | 生殖腺位置 | 生殖孔前 3～5cm | 液态状 | 乳白色 | 快速分散 | Ⅳ末 |
| 繁殖 | 腹部 | 生殖腺位置 | 生殖孔前 3～5cm | 液态状 | 稀乳白色 | 快速分散 | Ⅴ |

### 六、精巢发育

鱼类精子发育与卵子发育的不同点是精子在发育过程中其数量比卵子数量大，发育的结果成为大量具有活动能力的精子。除少数鱼类外，多数鱼类精巢发育速度快于卵巢，雄鱼性腺发育是雌鱼性腺成熟的佐证。

## 第二节　促进亲鱼的性腺发育的技术措施

### 一、饲料与营养

营养是亲鱼性腺发育的主要条件，雌性亲鱼从Ⅱ期到Ⅲ期95％的蛋白质要依靠外源提供；Ⅲ～Ⅳ期80％的蛋白质仍然靠外界营养供给。在春季培育亲鱼时需要投喂含蛋白质高的饲料。而雄性亲鱼不需要特别添加营养。

（1）滤食性鱼类　亲鱼通过池塘丰富的浮游植物饵料和在冬春季补充精饲料而获得丰富的营养。

（2）草食性鱼类　亲鱼通过投喂青饲料而获得丰富营养。青饲料种类有麦苗、莴苣叶、黑麦草、各种蔬菜水草和旱草。精饲料种类有大麦、小麦、麦芽、豆饼、菜饼、花生饼等而获得丰富的营养。

（3）肉食性鱼类　青鱼亲鱼通过投喂以活螺蚬和蚌肉为主，辅以豆饼或菜饼而获得丰富营养。

（4）鲮鱼　亲鱼通过池塘丰富的浮游生物，附生藻类和有机肥料，以及补充豆饼和花生饼等饲料而获得丰富的营养。

（5）淡水鳜鱼　亲鱼的营养通过活鱼饵料而获得丰富营养。

（6）海水鲷科鱼类　真鲷、黑鲷、平鲷、黄鳍鲷亲鱼通过摄食牡蛎、鱿鱼、蓝圆鲹等优质饵料和维生素 E、维生素 AD 等获得丰富营养。室内控温条件真鲷产卵期长达 150d，可连续产卵 3～5d，间歇 5～7d 后再产卵。

（7）鮨科的花鲈、赤点石斑鱼和斜带石斑鱼；鲹科的卵形鲳鲹、高体鰤，石鲈科的斜带髭鲷、花尾胡椒鲷；石首鱼科的大黄鱼、双棘黄姑鱼、鮸状黄姑鱼、浅色黄姑鱼、红眼拟石首鱼（美国红鱼），笛鲷科的红鳍笛鲷等鱼类　亲鱼通过摄食人工投入高蛋白的虾仁、鱿鱼、牡蛎、蓝圆鲹等饲料和促性腺发育的必需维生素而获得丰富的营养。

"四大家鱼"、鲮、团头鲂的亲鱼各个时期的饲料、营养与饲养方法见表2-4。

表2-4 "四大家鱼"、鲮、团头鲂亲鱼的饲料、营养与饲养方法

| 鱼类名称 | 饲 料 | | 营 养 | 饲养方法 | |
| --- | --- | --- | --- | --- | --- |
| | 平时 | 强化期 | 蛋白质、脂类 | 平时 | 强化期 |
| 草鱼 | 青料为主，精料为辅 | 大小麦、麦芽豆饼 | 卵黄脂、磷蛋白 | 产后、秋冬季；精粗料比4：14 | 春季精粗料比17：1 |
| 青鱼 | 活螺蚬蚌为主、辅以豆菜饼 | 活螺蚬蚌为主 | 卵黄脂、磷蛋白 | 产后、秋冬季；精粗料比14：4 | 春季精粗料比17：1 |
| 鲢 | 施肥为主 | 投喂豆饼 | 卵黄脂、磷蛋白 | 产后、秋冬季精料为0 | 春季辅以精料，约1%～1.5% |
| 鳙 | 施肥为主 | 投喂豆饼 | 卵黄脂、磷蛋白 | 产后、秋冬季精料为0 | 春季辅以精料，约1%～1.5% |
| 鲮 | 施肥为主 | 投喂豆饼 | 卵黄脂、磷蛋白 | 产后、秋冬季精料为0 | 春季辅以精料，约1%～1.5% |
| 团头鲂 | 苦草、轮叶黑藻等水生植物 | 投喂豆饼 | 卵黄脂、磷蛋白 | 产后、秋冬季精粗料比1：4 | 春季精粗料比4：1 |

海水鱼类亲鱼的饲料、营养与饲养方法见表2-5。

表2-5 海水鱼类亲鱼的饲料、营养与饲养方法

| 鱼类名称 | 饲 料 | | 营 养 | 饲养方法 | |
| --- | --- | --- | --- | --- | --- |
| | 平时 | 强化期 | 蛋白质、脂类 | 平时 | 强化期 |
| 鮸状黄姑鱼 | 狗母鱼、鲱鲤、金色小沙丁鱼 | 蓝圆鲹、鱿鱼、添加维生素 | 蛋白质、脂类、必需维生素（维生素E、维生素C、维生素AD） | 秋冬季，杂鱼2.5% | 春夏产卵，精料约3.5% |
| 双棘黄姑鱼 | 狗母鱼类、金色小沙丁鱼 | 蓝圆鲹、鱿鱼、添加维生素 | 蛋白质、脂类、必需维生素（维生素E、维生素C、维生素AD） | 秋冬季，杂鱼2.5% | 夏、秋季产卵，精料约3.5% |
| 美国红鱼 | 狗母鱼类、金色小沙丁鱼 | 蓝圆鲹、鱿鱼、添加维生素 | 蛋白质、脂类、必需维生素（维生素E、维生素C、维生素AD） | 产卵淡季杂鱼2.5% | 产期180d，精料约3.5% |
| 杜氏鰤 | 狗母鱼类、金色小沙丁鱼 | 蓝圆鲹、鱿鱼、添加维生素 | 蛋白质、脂类、必需维生素（维生素E、维生素C、维生素AD） | 秋冬季，杂鱼4.5% | 春夏产卵，精料约3.5% |
| 花鲈 | 狗母鱼类、金色小沙丁鱼 | 蓝圆鲹 | 蛋白质、脂类、必需维生素（维生素E、维生素C、维生素AD） | 夏秋季，杂鱼3.5% | 秋、春产卵，精料约3.5% |
| 真鲷 | 狗母鱼类、金色小沙丁鱼 | 蓝圆鲹、牡蛎、虾 | 蛋白质、脂类、必需维生素（维生素E、维生素C、维生素AD） | 夏秋季，杂鱼3.5% | 秋、春产卵，精料约3.5% |
| 斜带髭鲷 | 狗母鱼类、金色小沙丁鱼 | 蓝圆鲹、添加维生素 | 蛋白质、脂类、必需维生素（维生素E、维生素C、维生素AD） | 冬春夏季，杂鱼3.5% | 秋季产卵，精料约3.5% |
| 卵形鲳鲹 | 狗母鱼类、金色小沙丁鱼 | 蓝圆鲹、鱿鱼、添加维生素 | 蛋白质、脂类、必需维生素（维生素E、维生素C、维生素AD） | 秋冬季，杂鱼3.5% | 春夏产卵，精料约3.5% |
| 点带石斑鱼 | 狗母鱼类、金色小沙丁鱼 | 蓝圆鲹、鱿鱼、添加维生素 | 蛋白质、脂类、必需维生素（维生素E、维生素C、维生素AD） | 秋冬季，杂鱼3.5% | 春夏产卵，精料约3.5% |

## 二、适宜的水温条件

水温是促进亲鱼性腺发育的重要因素之一。冷水性鱼类有益于性腺发育的水温为 6～16℃，最适水温 10～12℃；温水性鱼类有益于性腺的水温 17～18℃，最适水温 20～26℃；暖水性鱼类有益与性腺发育的水温 22～27℃，最适水温 23～26℃。

几种海水鱼类当繁殖水温达到上限或下限时，其性腺就退化，其繁殖与水温的关系见表 2-6。

表 2-6　几种海水鱼类的繁殖与水温的关系

| 鱼类名称 | 繁殖季节 | 上限繁殖水温/℃ | 下限繁殖水温/℃ | 最佳繁殖水温/℃ | 上下限性腺退化水温/℃ |
|---|---|---|---|---|---|
| 美国红鱼 | 夏、秋 | 最高 33 | 最低 22 | 25～28 | 33 以上,20 以下 |
| 真鲷 | 冬、春 | 最高 22 | 最低 18 | 19～21 | 23 以上,17 以下 |
| 花鲈 | 冬、春 | 最高 21 | 最低 18 | 25～25 | 22 以上,17 以下 |
| 双棘黄姑鱼 | 夏、秋 | 最高 27 | 最低 23 | 24～25 | 29 以上,17 以下 |
| 鮸状黄姑鱼 | 春夏 | 最高 28 | 最低 18 | 20～26 | 28 以上,21 以下 |
| 浅色黄姑鱼 | 夏 | 最高 27 | 最低 23 | 24～25 | 28 以上,21 以下 |
| 大黄鱼 | 冬、春 | 最高 23 | 最低 18 | 20～21 | 24 以上,17 以下 |
| 斜带髭鲷 | 秋 | 最高 27 | 最低 22 | 24～26 | 28 以上,21 以下 |
| 花尾胡椒鲷 | 春夏 | 最高 27 | 最低 22 | 23～26 | 28 以上,20 以下 |

## 三、适宜的光照条件

有报道称，光周期、光照强度和光的有效波长对鱼类性腺发育有影响作用。光周期指一段时间内的光照时间（一天、一个月或一年）。在同一个地区统计每一天的光照时间，会发现随着季节变化，一天的光照时间也发生变化，即一天的光周期也发生变化。池塘养殖或网箱养殖鱼类的性腺成熟与光照时间的长短有关。三种光照型的鱼类简述如下。

（1）长光照型的鱼类　夏季高温产卵的鱼类如美国红鱼、鮸状黄姑鱼、双棘黄姑鱼、浅色黄姑鱼、鞍带石斑鱼、点带石斑鱼、斜带石斑鱼、红鳍笛鲷等属于长光照型的鱼类。有关专家通过延长光周期和调控光照强度的手段，对美国红鱼的亲鱼进行性腺催熟，发现其产卵比自然条件下提前 90～120d。

（2）短光照型的鱼类　秋冬季产卵的鱼类产卵条件的特点是随着日照时间的减少和水温的下降，其性腺逐步达到成熟。如斜带髭鲷、真鲷、花鲈、大黄鱼等属于短光照型的鱼类。

（3）介于长光照型与短光照型之间的鱼类　春季产卵的鱼类如四大家鱼、鲂、鳊、鲮、花尾胡椒鲷、鮸状黄姑鱼、杜氏鰤、三线矶鲈、赤点石斑鱼等界于长光照型与短光照型之间的鱼类。研究的目的是为了在开展反季节育苗种时，不至于盲目的延长每日的光照时间和盲目的增强光照强度。

## 四、水流与流速

水流指池塘或一个水域的水体在外力的作用下朝着一个方向流动的现象。流速指水体在外力的作用下朝着一个方向流动的速度，外作用力越大流速越快。水流对于人工培育亲鱼，促进亲鱼的性腺发育极为重要。淡水四大家鱼池塘培育重要条件之一，就是池塘要保持进排水的状态。四大家鱼亲鱼池在产前的 3 个月必须保持微量流水。在产前 1 个月加大流水量，促进性腺发育。性腺发育到第Ⅲ时相期时加大流水量，对刺激亲鱼的性腺发育极其重要。

在海淡水鱼类的人工催产中，通常在催产池内采用流水的方法模拟天然水域亲鱼自然产卵的条件，即人工流水刺激法。亲鱼进入催产池后，就一直保持流水的状态，在夜间亲鱼产卵期间加大流水量。人工流水刺激注意事项如下：

① 向池塘注水的量，繁殖期间每天掌握在10cm左右。进水时注意流速不要太快，流量也不要太大，以不搅动池塘底泥为标准。在水位没有达到设计的深度前，加水前不需要先排水。当水位已达到设计的深度时，加水前需要先排水、后注水。

② 向池塘注水的时间，选在晴天的上午，池水温度变化幅度控制在正负2℃的范围。避免在下午或傍晚加水。因加水后水温下降不能得到回升，将会影响亲鱼的性腺发育。

③ 海水鱼类室内池催产，每天流水刺激12～14h以上，对真鲷、花鲈、双棘黄姑鱼来说流水刺激比光照度更重要。上午10：00～12：00，喂饲料期间保持流水，以便排除饲料残渣、鱼类排出的粪便和投饲料产生的油污，保持水体的干净。傍晚8：00起，加大流水量，30～40m³/h。

④ 淡水四大家鱼催产过程中始终保持流水，除了对亲鱼有刺激外，还保证水体的氧气达到5mg/L以上。

## 五、盐度

海水鱼类和降海性鱼类繁殖时必须回到海洋。它们的祖先是生活于海水中，繁衍后代时也必须回到海洋中，这些鱼类繁殖时对盐度的要求在28～33。

河口性鱼类繁殖的盐度在24～26。

溯河鱼类和淡水鱼类的性腺发育成熟和繁殖必须在盐度低于0.5的淡水中进行。

盐度对受精卵的影响：盐度对海水鱼类受精卵的沉浮、出膜时间、仔鱼成活率及仔鱼在水体的分布都有影响，见表2-7。

表 2-7　盐度对受精卵沉浮性、出苗时间、孵化率、仔鱼成活率的影响

| 盐度范围 | 受精卵的沉浮情况 | | | | 出苗时间 | | 孵化率/% | | 仔鱼成活率/% |
| --- | --- | --- | --- | --- | --- | --- | --- | --- | --- |
| | 1号卵 | 2号卵 | 3号卵 | 1号卵 | 1号卵 | 3号卵 | 1号卵 | 3号卵 | |
| 7.2 | 沉 | 沉底 | 沉底 | | 0 | 0 | 0 | 0 | |
| 13.7 | 沉 | 沉底 | 沉底 | 28h10min | 63 | 0 | 0 | 0 | |
| 16.3 | 沉 | 沉底 | 沉底 | | 70 | 0 | 45 | 0 | |
| 18.9 | 沉 | 中下层 | 中下层 | | 75 | 0 | 76 | 0 | |
| 20.2 | 沉 | 上中层 | 中下层 | 28h35min | 88 | 0 | 86 | 0 | |
| 21.8 | 下层 | 上中层 | 中下层 | | 89 | 25 | 88 | 0 | |
| 24.77 | 下层 | 上中层 | 中下层 | | 94 | 65 | 89 | 69.0 | |
| 26.9 | 中下层 | 表层 | 中层 | 27h | 96 | 78 | 98 | 73.5 | |
| 29.5 | 中下层 | 表层 | 中上层 | | 96 | 89 | 98 | 88 | |
| 32.1 | 中下层 | 表层 | 中上层 | | 97 | 95 | 95 | 95 | |
| 33.4 | 中下层 | 表层 | 表层 | 27h30min | 97 | 96 | 92 | 95 | |
| 40.4 | 浮 | 表层 | 表层 | 27h40min | 98 | 95 | 36～55 | 45 | |
| 46.6 | 浮 | 表层 | 表层 | 28h20min | 86 | 87 | 0 | 0 | |
| 53.0 | 浮 | 表层 | 表层 | 28h40min | 58 | 56 | 0 | 0 | |

注：1号为鮸状黄姑鱼的受精卵；2号为大黄鱼的受精卵；3号为双棘黄姑鱼的受精卵。

## 第三节  养殖鱼类的繁殖特性

### 一、鱼类性腺成熟的表现

#### 1. 反映鱼类性腺成熟的一些可视可听现象

鱼类的亲鱼在繁殖前、繁殖期间和繁殖结束后的三个时间段，即人们常说的鱼类繁殖季节。鱼类亲鱼表现出与产卵有关的繁殖行为，其一在摄食方面，繁殖前表现出摄食量不断增加，而后保持稳定；进入繁殖期摄食量稳中有降，繁殖结束后摄食量又不断增加而后又保持稳定的波动现象。其二表现在雌雄鱼体色变化上，如真鲷的亲鱼在繁殖前、繁殖期间和繁殖结束后的三个时间段的体色变化，使其雌雄的辨别一目了然。或表现在头部花纹的变化上，如石斑鱼雄性亲鱼出现平常难得见到的"京剧脸谱"变化现象。其三在鳍上出现"追星"现象，如"四大家鱼"的雄性亲鱼在胸鳍的鳍条骨上出现平常难得见到的粗颗粒，而胭脂鱼的雄性亲鱼的胸鳍、腹鳍和尾鳍都出现"追星"。从追星的数量和大小程度，可借此判断亲鱼的成熟度。其四某些海水鱼类，如石首鱼科的鮸状黄姑鱼、双棘黄姑鱼、大黄鱼、美国红鱼的亲鱼，在繁殖前、繁殖期间的早晚成群到水面上游动，并发出"咕、咕、咕"的鸣叫声，而且随着性腺的成熟，游动更加频繁和鸣叫声更加急促。不可否认，由于人为的原因对某些鱼类的繁殖行为还不了解，如对日本鳗鲡、黄鳝、杜氏鲕等的雌雄性亲鱼在繁殖前和繁殖期间的副性征变化还了解甚少，以至于人们至今还未能在生产性的人工育苗上取得突破。

#### 2. 反映鱼类性腺成熟的一些可借鉴的现象

一方面可通过挤压精巢部位，观察精液状态，颜色，入水的变化等诸多方面判断雄鱼精巢的成熟度。另一方面可通过"探卵"判断雌鱼卵巢的成熟度。此外也可通过观察雌鱼腹部的膨大与柔软程度、生殖孔的变化程度间接地判断雌鱼卵巢的成熟度。

### 二、几种海水鱼类的生殖季节、产卵水温与雌雄亲鱼性腺成熟特征

#### 1. 双棘黄姑鱼

① 生殖季节：第一季，4月中旬～6月中旬，水温在 22～28℃；第二季，10月下旬至12月上旬，水温 28～23℃。

② 产卵水温：23～27℃。

③ 外观：雌性腹部膨大；雄性轻挤压腹部有精液外流，乳白色、牛奶状。

④ 探卵：卵核已完全移位于膜的边缘。

⑤ 副性征：雄鱼发出"咕咕呜"急促叫声，平时鸣叫声小，间隔长。雄鱼下颌颜色深黄色，雌雄鱼不停到水面游动。

#### 2. 鮸状黄姑鱼

① 生殖季节：只一季，4月上旬～6月上旬，水温 17～27℃。

② 产卵水温：18～26℃，最佳水温 19～25℃，18℃以上并且持续时间达到 7～10d。

③ 外观：雌性腹部膨大，雄性轻挤压腹部有精液外流，乳白色、牛奶状。

④ 探卵：卵核已完全移位于膜的边缘。

⑤ 副性征：亲鱼昼夜成群游到水的中上层，雄鱼发出"咕咕咕"的急促鸣叫声。雄鱼颌颜色与雌鱼相同。雄鱼生殖孔突出，平时见不到。

**3. 浅色黄姑鱼**

① 生殖季节：只一季，4 月中旬～6 月上旬，水温在 22～28℃。

② 产卵水温：23～26℃。

③ 外观：雌性腹部膨大，雄性轻挤压腹部有精液外流，乳白色、牛奶状。

④ 探卵：卵核已完全移位于膜的边缘。

⑤ 副性征：雄性鸣叫声小，雄鱼生殖孔突出。雌雄鱼体色相同。

**4. 大黄鱼**

① 生殖季节两季，春夏季 3 月中旬～5 月上旬，水温 15～20℃，秋冬季 9 月～12 月上旬，水温 18～20℃。

② 产卵水温：18～20℃。

③ 外观：雌性腹部膨大，雄性轻挤压腹部有精液外流，乳白色、牛奶状。

④ 探卵：卵核已完全移位于膜的边缘。

⑤ 副性征：雄鱼发出"咕咕"急促鸣叫声，雌雄鱼不停到水面游动。

**5. 美国红鱼**

① 生殖季节：自然海区夏秋季 7～10 月份，水温 23～30℃。

② 产卵水温：23～30℃。

③ 外观：雌性腹部稍膨大，雄鱼腹部未膨大，轻挤压腹部有精液外流，乳白色、液态，入水精液 10s 内分散完，说明精子已完全成熟，如呈黄色呈膏状，入水不分散说明未成熟。

④ 探卵：卵核已完全移位于膜的边缘，一般比雄鱼的成熟慢 10d 左右。

⑤ 副性征：雄鱼体色金黄色或体色较艳丽，雌鱼体色灰白色腹部银白色。雄鱼生殖孔突出，雌鱼鱼类生殖孔呈半圆形不突出，雄鱼鸣叫声小。

**6. 真鲷**

① 生殖季节：秋冬季和春夏季，11 月中下旬～12 月中旬和 2 月中旬～4 月中旬。水温 16～23℃和 16～22℃。

② 产卵水温：18～22℃和 18～22℃。

③ 外观：年龄 2～5（冬龄），雌性腹部稍膨大，雄性轻挤压腹部有精液外流。

④ 探卵：卵核已完全移位于膜的边缘。

⑤ 副性征：雄鱼体色呈暗灰色，头部两侧多处呈乌云状黑斑块。腹部两侧灰白色，雌鱼体色艳丽呈红色。雄鱼生殖孔外突不明显。

**7. 黄鳍鲷**

① 生殖季节：秋冬季，11 月中下旬～12 月中旬。

② 产卵水温：18～22℃。

③ 外观：雌性腹部膨大，雄性轻挤压腹部有精液外流，乳白色、牛奶状。

④ 探卵：卵核已完全移位于膜的边缘。

⑤ 副性征：雄鱼不停到网箱边游动，急躁，口有触伤。

**8. 花鲈**

① 生殖季节：秋冬季和春夏季，11 月中下旬～12 月中旬和 2 月中旬～4 月中旬；水温 16～23℃和 16～22℃。

② 产卵水温：18～22℃和 18～22℃。

③ 外观：年龄 3 冬龄，体重 3.5kg 以上，雌性腹部稍膨大，雄性轻挤压腹部有精液

外流。

④ 探卵：卵核已完全移位于膜的边缘。

⑤ 副性征：体色雌雄鱼没区别，雄性生殖孔突出。

### 9. 赤点石斑鱼

① 生殖季节：春夏季之交 3 月下旬，水温 21～26℃。

② 产卵水温：22～25℃。

③ 外观：雌性腹部相当膨大，体色与平常无异，生殖孔突出微红；挤压雄鱼腹部无精液流出。

④ 探卵：卵核已完全移位于膜的边缘。

⑤ 副性征：雄鱼出现明显的婚姻色，白色及褐色的斑纹对比强烈，在头部眼下至鳃盖后部有一白色的横 "V" 斑尤为醒目。成对到水面上游动。

### 10. 卵形鲳鲹

① 生殖季节：春夏季之交，海南 2～4 月份，闽粤 4 月上旬～5 月上旬，水温 22～26℃。

② 产卵水温：23～25℃。

③ 外观：成熟雌鱼腹部不见膨大，雄鱼也不易挤出精液。

④ 探卵：卵核已完全移位于膜的边缘。

⑤ 副性征：雌雄鱼难以区别。

### 11. 杜氏鰤

① 生殖季节：4 月中旬～6 月中旬，水温 22～28℃。

② 产卵水温：23～27℃。

③ 外观：雌性腹部稍大，轻挤压雄性腹部有精液外流，乳白色、牛奶状。

④ 探卵：卵核已完全移位于膜的边缘。

⑤ 副性征：体色外观难以区别雌雄，产卵季节不停到水面游动。

### 12. 花尾胡椒鲷

① 生殖季节：3 月中旬～6 月中旬，水温 22～28℃。

② 产卵水温：23.5～28℃，盛产期 24.5～26℃。

③ 外观：雌性腹部膨大，轻挤压雄性腹部有精液外流，乳白色、牛奶状。

④ 探卵：卵核已完全移位于膜的边缘。

⑤ 副性征：体色外观难以区别雌雄，产卵季节不停到水面游动。

### 13. 斜带髭鲷

① 生殖季节：10～12 月份；盛产期 11 月上旬～12 月上旬，水温 19～25℃。

② 产卵水温：19～24℃，盛产期 21～22℃。

③ 外观：雌性腹部膨大，雄性轻挤压腹部有精液外流，乳白色、牛奶状。

④ 探卵：卵核已完全移位于膜的边缘。

⑤ 副性征：体色外观难以区别雌雄，产卵季节不停到水面游动。

### 14. 中华乌塘鳢

① 生殖季节：4～11 月份，盛产期 5～6 月份和 9～10 月份；水温 18～29℃。

② 产卵水温：20～29℃，盛产期 21～27℃。

③ 外观：成熟雌鱼腹部膨大，用手指轻摸，有柔软、充实之感，富有弹性。性成熟雄鱼，腹部不明显膨大，挤压腹部也不会有精液流出。

④ 探卵：卵核已完全移位于膜的边缘。

⑤ 副性征：雌性腹部朝上，两侧有下坠，中央显出一条"浅沟"，生殖窦呈淡红色，窦出且外翻；雄鱼三角形生殖窦变较大，末端较钝，呈粉红色。

### 15. 大弹涂鱼

① 生殖季节：5月中旬～7月中旬，水温20～30℃。

② 产卵水温：20～24℃，盛产期21～23.5℃。

③ 外观：雌性腹部膨大，雄性轻挤压腹部有精液外流，乳白色、牛奶状。

④ 探卵：卵核已完全移位于膜的边缘。

⑤ 副性征：体色外观难以区别雌雄，产卵季节不停到水面游动。

### 16. 红鳍东方鲀

① 生殖季节：5月上旬～6月上旬，水温14～18℃。

② 产卵水温：15～18℃，盛产期16～17℃。

③ 外观：雌性腹部膨大，雄性轻挤压腹部有精液外流，乳白色、牛奶状。

④ 探卵：卵核已完全移位于膜的边缘。

⑤ 副性征：体色外观难以区别雌雄，产卵季节不停到水面游动。

### 17. 暗纹东方鲀

① 生殖季节：4月中旬～6月中旬，水温25～19℃。

② 产卵水温：20～24℃，盛产期21～23.5℃。

③ 外观：雌性腹部膨大，雄性轻挤压腹部有精液外流，乳白色、牛奶状。

④ 探卵：卵核已完全移位于膜的边缘。

⑤ 副性征：体色外观难以区别雌雄，产卵季节不停到水面游动。

### 18. 紫红笛鲷

① 生殖季节：4月中旬～7月中旬，水温27～20℃。

② 产卵水温：20～26℃，盛产期21～23.5℃。

③ 外观：雌性腹部膨大，雄性轻挤压腹部有精液外流，乳白色、牛奶状。

④ 探卵：卵核已完全移位于膜的边缘。

⑤ 副性征：体色外观难以区别雌雄，产卵季节不停到水面游动。

### 19. 红笛鲷

① 生殖季节：4月上旬～6月下旬，水温19～25℃。

② 产卵水温：20～24℃，盛产期21～23.5℃。

③ 外观：雌性腹部膨大，雄性轻挤压腹部有精液外流，乳白色、牛奶状。

④ 探卵：卵核已完全移位于膜的边缘。

⑤ 副性征：体色外观难以区别雌雄，产卵季节不停到水面游动。

### 20. 星斑裸颊鲷

① 生殖季节：5月上旬～9月下旬，水温25～31℃。

② 产卵水温：26～31℃，盛产期27～30℃。

③ 外观：雌性腹部膨大，雄性轻挤压腹部有精液外流，乳白色、牛奶状。

④ 探卵：卵核已完全移位于膜的边缘。

⑤ 副性征：体色外观难以区别雌雄，产卵季节不停到水面游动。

**21. 牙鲆**

① 生殖季节：4 月上旬～6 月下旬，水温 11～22℃。

② 产卵水温：11～21℃，盛产期 15～16℃。

③ 外观：雌性腹部膨大，雄性轻挤压腹部有精液外流，乳白色、牛奶状。

④ 探卵：卵核已完全移位于膜的边缘。

⑤ 副性征：体色外观难以区别雌雄，产卵季节不停到水面游动。

**22. 大菱鲆**

① 生殖季节：10 月下旬～3 月中旬，水温 11～18℃。

② 产卵水温：14～16℃，盛产期 15～16℃。

③ 外观：雌性腹部膨大，雄性轻挤压腹部有精液外流，乳白色、牛奶状。

④ 探卵：卵核已完全移位于膜的边缘。

⑤ 副性征：体色外观难以区别雌雄，产卵季节不停到水面游动。

**23. 大西洋牙鲆**

① 生殖季节：9～12 月份，水温 11～20℃。

② 产卵水温：12～19℃，盛产期 15～18℃。

③ 外观：雌性腹部膨大，雄性轻挤压腹部有精液外流，乳白色、牛奶状。

④ 探卵：卵核已完全移位于膜的边缘。

⑤ 副性征：体色外观难以区别雌雄，产卵季节不停到水面游动。

**24. 石鲽**

① 生殖季节：11 月上旬～12 月下旬，水温 5～8℃。

② 产卵水温：5～8℃，盛产期 6～7℃。

③ 外观：雌性腹部膨大，雄性轻挤压腹部有精液外流，乳白色、牛奶状。

④ 探卵：卵核已完全移位于膜的边缘。

⑤ 副性征：体色外观难以区别雌雄，产卵季节不停到水面游动。

**25. 大西洋庸鲽**

① 生殖季节：1 月～3 月中旬，水温 19～25℃。

② 产卵水温：20～24℃，盛产期 5～8℃。

③ 外观：雌性腹部膨大，雄性轻挤压腹部有精液外流，乳白色、牛奶状。

④ 探卵：卵核已完全移位于膜的边缘。

⑤ 副性征：体色外观难以区别雌雄，产卵季节不停到水面游动。

**26. 半滑舌鳎**

① 生殖季节：8 月下旬～9 月上旬，水温 19～21.8℃。

② 产卵水温：22～25.5℃，盛产期 24.5～25℃。

③ 外观：雌性腹部膨大，雄性轻挤压腹部有精液外流，乳白色、牛奶状。

④ 探卵：卵核已完全移位于膜的边缘。

⑤ 副性征：体色外观难以区别雌雄，产卵季节不停到水面游动。

**27. 欧洲鳎**

① 生殖季节：12 月下旬～3 月上旬，水温 8～12℃。

② 产卵水温：9～12℃，盛产期 10～11℃。

③ 外观：雌性腹部膨大，雄性轻挤压腹部有精液外流，乳白色、牛奶状。

④ 探卵：卵核已完全移位于膜的边缘。

⑤ 副性征：体色外观难以区别雌雄，产卵季节不停到水面游动。

**28. 鳙**

① 生殖季节：11 月下旬~12 月上旬，水温 17~25℃。

② 产卵水温：20~24℃，盛产期 21~23.5℃。

③ 外观：雌性腹部膨大，雄性轻挤压腹部有精液外流，乳白色、牛奶状。

④ 探卵：卵核已完全移位于膜的边缘。

⑤ 副性征：体色外观难于区别雌雄，产卵季节不停到水面游动。

**29. 鲮**

① 生殖季节：10 月中旬~12 月中旬，水温 19~25℃。

② 产卵水温：20~24℃，盛产期 21~23.5℃。

③ 外观：雌性腹部膨大，雄性轻挤压腹部有精液外流，乳白色、牛奶状。

④ 探卵：卵核已完全移位于膜的边缘。

⑤ 副性征：体色外观难以区别雌雄，产卵季节不停到水面游动。

## 三、几种淡水鱼类的生殖季节、产卵水温与雌雄亲鱼的性成熟特征

**1. 青鱼、草鱼、鲢、鳙、鲮、胭脂鱼**

① 产卵季节：4 月上旬~6 月中旬，水温 18~30℃。胭脂鱼 2 月上旬~3 月中旬，水温 8~16℃

② 产卵水温：18~28℃，最佳 20~27℃。胭脂鱼 13~16℃，最佳 14~15℃。

③ 外观：雌鱼腹部膨大，有弹性，生殖孔红润。雄鱼用手轻挤压生殖孔两侧即有精液流出，入水即散。若流出的精液少，入水后不散，说明未完全成熟。

④ 探卵：直接观察卵粒大小整齐，大部分卵大，有光泽，全部或大部分核偏位，性腺成熟较好。核无偏位，大小不齐，表明尚未成熟。药物处理观察：主要观察核偏位情况，卵核偏向卵膜边缘，称为"极化"，说明卵已成熟。过分成熟或退化卵无核象。透明液配方有两种：A，85％酒精；B，95％酒精85份，40％甲醛10份，冰醋酸5份。

⑤ 副性征：见表 2-8。

表 2-8　青鱼、草鱼、鲢、鳙、鲮、胭脂鱼的性成熟特征

| 亲鱼名称 | 雄鱼特征 | | 雌鱼特征 | |
|---|---|---|---|---|
| | 发育好 | 发育差 | 发育好 | 发育差 |
| 青鱼 | 胸鳍内侧、鳃盖、头部出现明显追星 | 无明显追星；无精液流出 | 无追星，腹部膨大柔软，有弹性感 | 腹部小，无弹性感 |
| 草鱼 | 胸鳍内侧、鳃盖出现明显追星，用手抚摸有粗糙感觉；轻压精集部位有精液从生殖孔流出 | 无明显追星；无精液流出 | 胸鳍少量追星；但腹部膨大，柔软，有弹性感；胸鳍比雄鱼膨大而柔软 | 腹部小，无弹性感 |
| 鲢 | 胸鳍第一鳍条有细小栉齿，刺手感觉；轻压腹部有精液流出 | 无细小栉齿；无精液流出 | 胸鳍光滑，腹部大柔软，泄殖孔常稍突出，微带红润 | 腹部小，无弹性感；泄殖孔无突出 |
| 鳙 | 胸鳍鳍条有向后倾斜的锋口，割手感觉；轻压腹部有精液流出 | 胸鳍鳍条无锋口；无精液流出 | 胸鳍光滑，腹部膨大柔软，泄殖孔突出，稍带红润 | 腹部小，无弹性感；泄殖孔无突出 |
| 鲮 | 胸鳍第Ⅰ~Ⅵ根鳍条有圆形白色追星，头部有明显追星 | 无明显追星；无精液流出 | 无追星，腹部膨大柔软，有弹性感 | 腹部小，无弹性感 |
| 胭脂鱼 | 胸鳍、腹鳍、尾鳍出现明显追星；体色艳红，轻压腹部有精液流出 | 无明显追星；无精液流出；体色不艳红 | 无追星，腹部膨大柔软，体色艳黄，泄殖孔微带红润 | 腹部小，无弹性感、体色淡黄 |

**2. 鲤鱼、鲫鱼、团头鲂**

① 产卵季节：鲤鱼 2 月下旬至 6 月上旬，福建 12 月下旬至 1 月下旬，水温 18～22℃，北方水温 14～16℃。鲫鱼产卵季节和水温与鲤鱼基本相近（相差 15～20d）。团头鲂 4 月上旬～5 月下旬，水温 18～27℃。

② 产卵水温：鲤鱼、鲫鱼 14～22℃，团头鲂 20～26℃。

③ 外观：雌鱼腹部膨大，稍挤压即有卵粒流出，雄鱼轻挤压生殖孔两侧，即有精液流出，入水即散。

④ 探卵：观察卵粒是否大小整齐，如大部分卵粒大，有光泽，全部或大部分核偏位，性腺成熟较好。如果核无偏位，卵粒大小不齐，表明尚未成熟。药物处理观察主要观察核偏位情况，卵核偏向卵膜边缘，称为"极化"，说明卵已成熟。过分成熟或退化卵无核象。透明液配方有两种：A，85％酒精；B，95％酒精 85 份，40％甲醛 10 份，冰醋酸 5 份。

⑤ 副性征：雄性胸鳍腹鳍和鳃盖有追星，雌性无追星，生殖孔红润而突出。

# 第四节　养殖鱼类的人工催产技术

## 一、淡水鱼类雌雄亲鱼配对

(1) 青鱼、草鱼、鳙、鲮　雌鱼占雄鱼配对比例为 1∶1.5。

(2) 鲤、鲫　雌雄鱼配对比例为 1∶3 或 1∶2 或 1∶1。

(3) 团头鲂　雌雄鱼配对比例为 1∶3 或 1∶2 或 1∶1。

(4) 胭脂鱼　雌雄鱼配对比例为 1∶1 或 1∶2。

## 二、海水鱼类雌雄亲鱼配对

(1) 双棘黄姑鱼、鲵状黄姑鱼、浅色黄姑鱼、美国红鱼、杜氏鰤、花鲈、三线矶鲈　雌雄配对比例为 1∶1。

(2) 大黄鱼、真鲷、黑鲷、黄鳍鲷　雌雄配对比例为 1∶(0.7～0.8)。

(3) 斜带髭鲷、花尾胡椒鲷　雌雄配对比例为 1∶1 或 1∶1.2。

(4) 东方鲀　雌雄配对比例为 2∶1 或 2∶1.5（人工授精）。

(5) 卵形鲳鲹　雌雄配对比例为 1∶1。

(6) 军曹鱼　雌雄配对比例为 1∶1。

(7) 笛鲷类　紫红笛鲷雌雄配对比例为 1∶1.5；红笛鲷雌雄配对比例为 1∶1。

(8) 石斑鱼　雌雄配对比例为 1∶1 或 1∶1.2。

## 三、鱼类的人工催产药物种类

(1) HCG　绒毛膜促性腺激素。

(2) PG　鱼类脑下垂体。

(3) LRH-A　全称为促黄体素生成激素释放素类似物，已不再生产。现已研制出 LRH-$A_2$ 和 LRH-$A_3$，替代了 LRH-A，其药物的效价是 LRH-A 的 10 倍以上。LRH-$A_2$ 对促进 FSH（促卵泡成熟素）和 LH（促黄体生成激素）释放的活性分别高于 LRH-A 12 倍和 16 倍，LRH-$A_3$ 对促进 FSH 和 LH 释放的活性分别高于 LRH-A 21 倍和 13 倍。

（4）DOM 地欧酮，是一种多巴胺抑制剂。

## 四、淡水养殖鱼类的催产剂量选择

### 1. 鲢、鳙

① LRH-A$_2$ 或 LRH-A$_3$ 第一次注射 $1\sim2\mu g/kg$，第二次注射 $1\sim2\mu g/kg$。

② LRH-A$_2$ 与 HCG 混合使用：LRH-A$_2$ 或 LRH-A$_3$ $2\mu g/kg$＋HCG $800\sim1000U/kg$；第一次性注射 LRH-A$_2$ $1.2\mu g/kg$，针距 12h；第二次性注射 $0.8\mu g/kg$＋HCG $800\sim1000U/kg$。

③ LRH-A$_2$ $1\mu g/kg$＋DOM $0.5mg/kg$，针距 8h 后，再注射 LRH-A$_2$ $1\mu g/kg$＋HCG $800U/kg$。

### 2. 草鱼

一次性注射，LRH-A$_2$ 或 LRH-A$_3$ $1.5\sim2\mu g/kg$ 效果好。

### 3. 青鱼

① 二次性注射：第一次 LRH-A$_2$ 或 LRH-A$_3$ $1\sim3\mu g/kg$，针距 $24\sim48h$ 后，第二次注射 LRH-A$_3$ $2\sim3\mu g/kg$＋DOM $5mg/kg$ 或 LRH-A$_3$ $0.5\sim1\mu g/kg$＋PG $1\sim2mg/kg$。

② 三次性注射：第一次预备针 LRH-A$_3$ $5\mu g/$尾；15d 后，第二针 LRH-A$_3$ $1\mu g/$尾，20h 后第三针，LRH-A$_3$ $3\mu g/kg$＋DOM $5mg/kg$ 或 LRH-A$_3$ $2\mu g/kg$＋PG $2mg/kg$。

### 4. 鲮鱼

一次性注射，LRH-A$_2$ 或 LRH-A$_3$ $2\sim3\mu g/kg$。注：作为催熟或打预防针的药物选用 LRH-A$_2$ 或 LRH-A$_3$，不能用 HCG 或 PG。

### 5. 鲤、鲫、团头鲂

采用一次性注射，选用 LRH-A$_2$ 或 LRH-A$_3$＋PG＋HCG。注射剂量为 LRH-A$_2$ 或 LRH-A$_3$ $2\mu g/kg$＋PG $1\sim2mg/kg$ 或＋HCG $200U/kg$。

## 五、海水鱼类的催产剂量选择

### 1. 石首鱼科类

双棘黄姑鱼、鲵状黄姑鱼、浅色黄姑鱼、大黄鱼、美国红鱼。

① 二次性注射：第一针 LRH-A$_2$ 或 LRH-A$_3$ $1.2\mu g/kg$，第二针 LRH-A$_2$ 或 LRH-A$_3$ $0.8\mu g/kg$＋HCG $120U/kg$。大黄鱼一般选用二次性注射或三次性注射，总剂量在 $2\mu g/kg$ 内。

② 一次性注射：LRH-A$_2$ 或 LRH-A$_3$ $2\mu g/kg$＋HCG $120\sim180U/kg$。

### 2. 鲈科鱼类

花鲈，采用二次性注射，第一针 LRH-A$_2$ 或 LRH-A$_3$ $1.2\mu g/kg$，第二针 LRH-A$_2$ 或 LRH-A$_3$ $0.8\mu g/kg$＋HCG $120\sim180U/kg$。

### 3. 鲷科鱼类

真鲷、黑鲷、平调、黄鳍鲷。

① 三次性注射：催产早期预备针 $1\mu g/kg$，针距 $2\sim3d$，第二针注射 $1\mu g/kg$，针距 20h，第三针 $1\mu g/kg$。

② 二次性注射：催产季节中期 LRH-A$_2$ 或 LRH-A$_3$，第一针 $1.2\mu g/kg$，针距 20h，第二针 LRH-A$_2$ 或 LRH-A$_3$ $0.8\mu g/kg$。

③ 一次性注射：催产后期，注射 LRH-A$_2$ 或 LRH-A$_3$ 1～1.5μg/kg。

④ 第一次打针，以后不再打针，在水泥池连续自然产卵。

**4. 石鲈科**

斜带髭鲷、花尾胡椒鲷。

① 二次性注射：第一针 LRH-A$_2$ 或 LRH-A$_3$ 1.2μg/kg，针距 20h，第二针 LRH-A$_2$ 或 LRH-A$_3$ 0.8μg/kg＋HCG 120～180U/kg，雌雄同剂量。

② 一次性注射：催产季节中后期，LRH-A$_2$ 或 LRH-A$_3$ 2μg/kg。

**5. 笛鲷科**

红笛鲷、紫红笛鲷。一次性注射，LRH-A$_2$ 或 LRH-A$_3$ 2～2.5μg/kg＋HCG 250～300U/kg，雄性减半。

**6. 鲀科**

红鳍东方鲀、双斑东方鲀、暗纹东方鲀。

① 一次性注射：催产早期 LRH-A$_2$ 或 LRH-A$_3$ 2～2.5μg/kg＋HCG 200U/kg。

② 一次性注射：催产季节中期，HCG 2000～3000U/kg。

③ 一次性注射：催产后期 LRH-A$_2$ 或 LRH-A$_3$ 2μg/kg。

**7. 军曹鱼科**

军曹鱼。

① 二次性注射：第一针 LRH-A$_2$ 或 LRH-A$_3$ 2～2.5μg/kg，第二针 LRH-A$_2$ 或 LRH-A$_3$ 2～2.5μg/kg＋HCG 200～400U/kg。

② 单独使用：HCG 800～1000U/kg，或 LRH-A$_2$ 或 LRH-A$_3$ 单独使用 2～3μg/kg。

**8. 鲹科鱼类**

杜氏鰤。

① 第一针预备针 LRH-A$_2$ 或 LRH-A$_3$ 1.2～1.5μg/kg，针距 3～5d，第二针 LRH-A$_2$ 或 LRH-A$_3$ 1.2μg/kg，针距 20h，注射第三针 LRH-A$_2$ 或 LRH-A$_3$ 0.8μg/kg＋HCG 200U/kg。

② 催产后期，单独使用 HCG 350～1300U/kg。

**9. 鲹科鱼类**

卵形鲳鲹，一次性注射，LRH-A$_2$ 或 LRH-A$_3$ 2～3μg/kg＋HCG 500～1000U/kg。

**10. 鮨科鱼类**

石斑鱼，第一针预备针 LRH-A$_2$ 或 LRH-A$_3$ 1.2～1.5μg/kg，针距 3～5d，第二针 LRH-A$_2$ 或 LRH-A$_3$ 1.2μg/kg，针距 20h，注射第三针 LRH-A$_2$ 或 LRH-A$_3$ 0.8μg/kg＋HCG 200U/kg。

# 实践项目二 鱼类生殖器官观察、鱼类的催产

## 一、鱼类的性腺观察

1. 主要养殖的海淡水鱼类形态识别（现场实物讲解）。

2. 亲鱼雌雄的识别（现场实物讲解）。

3. 亲鱼性腺成熟度的鉴别（实物讲解）。

4. 外部形态及内部构造（示范步骤与要点）。

5. 解剖性腺（示范操作）肉眼识别性腺的成熟度与观察性腺成熟度的方法。

## 二、鱼类的催产

### 1. 催产药物选择

鱼类催产的几种常见药物及溶剂，准备 HCG、LRH-A$_2$、PG 等激素，现场演示药物的选择方法。

### 2. 配制方法（示范操作）

① 设题目，先知道亲鱼的数量及总重量，要求注射激素的剂量等条件。如已知亲鱼 5 对，雌雄比为 1：1，即一共 10 条，雌、雄各 5 尾，每尾重约 6kg。雌雄每尾注射剂量相同，LRH-A$_2$ 2μg/kg，HCG 200U/kg。

② 通过计算：亲鱼总重量为 $6×10=60(kg)$。

药物及其用量为 LRH-A$_2$ $60×2=120(μg)$；HCG $60×200=12000(U)$。

用生理盐水量为 $10×1=10(ml)$。

即配 10ml 的药液量含 LRH-A$_2$ 120μg、含 HCG 12000U。

### 3. 注射方法（示范操作）

取体重 1kg 以上的活鱼（按 6kg 计算用药量），从胸鳍基部注射，针深度 1cm（示范操作时边讲解），防止针头插入太深而刺到心脏；防止注射太快而使药水外流；注射前还要注意排出针筒内的空气。防止药液注入量超过或太少而引起死亡或不产卵。

### 4. 催产操作

① 每人有注射针筒、活鱼及药物。

② 先设定好鱼的总数及总重量、总药量。

③ 配制催产剂。

④ 进行催产注射操作。

## 三、作业

1. 结束前进行测试，检查学生实操的效果。

2. 实验报告。

# 第五节 产后亲鱼的康复技术

产后亲鱼康复技术指因人工一次或多次对亲鱼进行催产造成亲鱼因产卵体质下降或造成亲鱼体外或体内受伤而采取的一种亲鱼体质康复的技术措施。

## 一、淡水草鱼、青鱼、鲢、鳙、鲮的亲鱼产后康复技术

① 将产后的亲鱼移到水质清新的池塘进行精心饲养，使其恢复体质。具体做法是对损伤用药物进行治疗，用高锰酸钾药水 15g/m$^3$ 涂伤口和注射抗菌药物。轻伤用磺胺唑酮钠注射 1ml/(尾·5kg)，或用青霉素 10000U/kg。

② 先将产后过度疲劳的亲鱼放入水质清新的池塘，让其充分休息，并在适宜时间进行精养，尽快恢复受伤亲鱼的体质，增强身体抵抗力。

③ 产后加强精料饲养 30d。对青鱼等肉食性的亲鱼，要补充新鲜的螺或蚌，投喂前先用机械把螺壳打碎后再投入，有利于青鱼摄食恢复体质。草鱼投喂青菜类、嫩草和麦芽等新鲜的饲料，注意少量、多餐，及时捞出剩料，防止肠道细菌感染。

④ 对受伤严重的亲鱼，注射青霉素 $4×10^4$ U/kg，隔 3d 再注射一次，受伤亲鱼要单独饲养，减少捕捉时再受伤。

## 二、海水鱼类亲鱼产后康复技术

（1）对个体大、体重在 5kg 以上的亲鱼，发现受伤的个体，在产后放入暂养池前要注射消炎药。每尾注射用青霉素 $4×10^5$ U。体重在 2～3kg 的亲鱼每尾注射用青霉素 20000U。

（2）专网放养，密度为原放养密度的 30%。

（3）精料饲养　投喂蓝圆鲹、鱿鱼等鲜高蛋白饲料，时间 20d 以上。

（4）对一次性产卵的鱼类经 20d 左右的康复精养，亲鱼的体质基本能恢复正常。亲鱼可恢复正常的养殖管理。但必须 15d 左右检查一次，以免耽误治疗时间。

（5）海水鱼类中有许多的种类在一个繁殖季节里产卵 2～5 次，如双棘黄姑鱼、鮸状黄姑鱼、大黄鱼、杜氏鰤、花鲈、浅色黄姑鱼、斜带髭鲷。有的可连续产 5～7 个月，产卵 10 次以上，如美国红鱼、真鲷。对两次催产或多次催产的产后亲鱼的康复精养就更重要了。以石首鱼科的双棘黄姑鱼、鮸状黄姑鱼、大黄鱼为例，这 3 种鱼类的雌鱼在每一次产后，亲鱼都得到康复精养的情况下，第一年能产卵 2 次，第二年能产卵 3 次，第三、四年能产卵 4 次，第五年能产卵 5 次。在室内催产池的条件下，真鲷在每一次产后，亲鱼都得到康复精养的情况下，3 冬龄至 5 冬龄的真鲷可连续产卵 150d，产卵量大。

（6）产后康复精养措施　一是专网饲养，密度为原来的 50%；二是投喂高蛋白质的鱿鱼和蓝圆鲹；三是对受伤亲鱼注射青霉素 20000U/kg；四是 15d 后再催产。

以鲷科的真鲷、石首鱼科的美国红鱼为例，这些鱼类产卵时间长，在适宜的产卵水温的范围内产卵期达 5～7 个月。精养措施分为室内水泥池精养和海上网箱精养两种。

（7）室内池精养　一是水温稳定、氧气充足、水质清新、光照适宜（除美国红鱼需要 8～12h 的光照外），光照度在 0～5000lx 范围，日流水 8h 以上等环境条件。二是精心投喂高蛋白质的饲料和在饲料中添加促性腺发育的维生素 C、维生素 E、B 族维生素、维生素 AD；三是定期防治病虫害，20d 左右一次。具体做法是：将池内海水排至鱼体背鳍露出水面为止，加入淡水至鱼体高度的 2～3 倍，约 40～50cm 的深度，加高碘酸钠液 2ml/m³，药浴时间 20～30min，期间充入纯氧，水体氧气达到 5mg/L 以上。四是处理好每天的产卵、收卵、洗池、喂料、排粪排污等环节。真鲷可连续产卵 3～5d，花鲈可连续产卵 2～3d，美国红鱼可连续产卵 3～5d，间歇 7～12d 后再次产卵。

（8）提高亲鱼催产率的措施

① 选择适宜的催产季节；选择适宜的亲鱼；选择适宜的催产药物和剂量；选择最合理的注射方式；选择性腺发育成熟的体质健康的亲鱼；选择最适宜的催产天气、催产池和水质条件。

② 提高四大家鱼催产率的因素归纳起来，首先是亲鱼的本身是否达到催产的要求，即在性腺成熟上是否达到Ⅳ期末；其次是选择适宜亲鱼产卵的催产池，产卵环境条件良好；最后是选择催产药物剂量和注射方式。

③ 提高海水鱼类亲鱼催产率的措施与淡水鱼类亲鱼基本相同。海水鱼类由于海上或野

外催产环境条件比较复杂，还要针对不同种的亲鱼，对环境条件的需求，设计良好的催产环境条件。

## 第六节　海淡水养殖鱼类的受精卵孵化技术

### 一、受精卵孵化水质处理技术

（1）淡水鱼类受精孵化用水的水质处理　水质清新，流动，氧气达到5mg/L以上，剑水蚤的数目为0～50个/L。

（2）海水鱼类受精卵孵化用水的水质处理　水质经过沙滤进入沉淀池，再进入水塔供使用，水质清新，溶氧充足，无敌害生物，无污染物。

（3）淡水用水水质　四大家鱼和鲹、鲤、鲫、团头鲂等鱼类的孵化水的水温在18～28℃的范围内较适宜，溶氧量在5mg/L以上为宜。

（4）海水用水水质　多数海水鱼类受精卵孵化水质，暖水性鱼类其水温在23～28℃为宜，温水性鱼类水温在20～26℃为宜，冷水性鱼类其水温在13～16℃为宜，海水类受精卵盐度在31～33为宜，河口性鱼类盐度在26～31以上为宜。水中溶氧在6mg/L以上。

### 二、受精卵孵化工具与管理

（1）工具　常见的孵化工具见图2-1、图2-2。

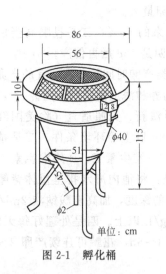

单位：cm

图2-1　孵化桶

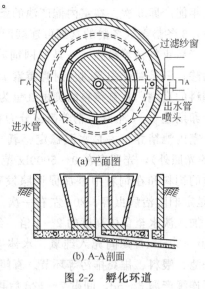

过滤纱窗

出水管
喷头

进水管

(a) 平面图

(b) A-A剖面

图2-2　孵化环道

（2）管理

① 淡水鱼类受精卵孵化管理

a. 孵化桶的管理：及时处理脏物、污物，及时洗刷过滤网。

b. 卵在环道的管理：及时洗刷过滤纱窗。

c. 孵化槽管理：及时洗刷过滤网上的脏物、污物。

② 对鲤、鲫、团头鲂等黏性卵孵化管理有三种。一是在池塘孵化，为提高孵化率在池内架设孵化架，流水、氧气丰富。二是淋水孵化，注意淋水次数和时间足够，以保持鱼巢湿润为度。室内温度在20～25℃。发育到发眼期即移到孵化池孵化。三是脱黏流水孵化，注

意脱黏材料选择无污染物，最好选择滑石粉为脱黏材料，再经 3～4 次洗净后才放入流水孵化槽内孵化，每次操作应小心，以免受精卵损伤，操作时动作要快，以防受精卵缺氧。滑石粉脱黏液 10g、氯化钠 2～2.5g 混合溶入水中。每 10L 的滑石粉悬浮液可脱黏鲤鱼卵 1.0～1.5kg。

③ 海水鱼类的受精卵孵化期间的管理主要掌握水温、盐度、光照度三个方面。第一是孵化水温，一般在 20～28℃，暖水性鱼类在 24～28℃，最佳在 24～26℃；温水性鱼类在 18～26℃，最佳在 22～26℃。冷水性鱼类在 11～18℃，最佳在 12～15℃（许氏平鲉、大泷六线鱼）；在 8～12.5℃，最佳 10～10.5℃（欧鳎）；在 3～10℃，最佳 5～7℃（大西洋庸鲽）；在 4～8℃，最佳 5～8℃（石鲽）；在 9.1～22.9℃，最佳 15～18℃（大西洋牙鲆）；在 8～16℃，最佳 12～14℃（大菱鲆）。第二是孵化盐度，海水鱼类受精卵孵化盐度一般在 31～33，最佳稳定在 32～33。河口性鱼类受精卵孵化盐度在 28～33，最佳 32～33。第三是光照度，海水鱼类受精卵孵化光照度 200～2000lx 的范围，见表 2-9。

表 2-9　海水鱼类受精卵孵化水温、盐度和光照度

| 鱼类名称 | 一般水温/℃ | 最佳水温/℃ | 盐度范围/% | 最佳盐度/% | 光照度/lx | 最佳光照度/lx |
|---|---|---|---|---|---|---|
| 许氏平鲉 | 12～14.0 | 13～13.5 | 3.0～3.3 | 3.25 | 1000～1200 | 1000 |
| 大泷六线鱼 | 11.5～14.5 | 13～13.5 | 3.1～3.23 | 3.25 | 1000～1200 | 1000 |
| 欧鳎 | 12.5～8 | 10～10.5 | 2.0～3.5 | 3.5 | 2000 | |
| 大西洋庸鲽 | 3～15 | 5～19 | 2.0～3.4 | 2.5～3.0 | | |
| 石鲽 | 4～8 | 5～8 | 2.2～3.3 | 2.8～3.3 | 200～500 | 400 |
| 大西洋牙鲆 | 9.1～22 | 15～18 | 2.2～3.3 | 2.8～3.3 | 200～2000 | 500 |
| 大菱鲆 | 8～16 | 12～14 | 2.5～3.3 | 2.8～3.2 | 200～2000 | 500 |
| 暖水性鱼类 | 24～28 | 24～26 | 3.1～3.3 | 3.2～3.3 | 2000 以内 | 200～500 |
| 温水性鱼类 | 18～26 | 22～26 | 3.1～3.3 | 3.2～3.3 | 2000 以内 | 1000 |

## 【思考题】

1. 何谓鱼类繁殖力？鱼类繁殖力受哪些因素的影响？
2. 何谓种群的繁殖能力？
3. 何谓繁殖力调节？
4. 卵细胞生长发育所需的营养物质是通过何种渠道获得的？
5. 卵细胞大的生长发育期是从哪一期开始的？
6. Ⅲ 期卵巢的卵细胞外有几层滤泡细胞？
7. 单层的滤泡细胞供给卵细胞的营养有多少？
8. Ⅳ 期卵巢的卵细胞外有几层滤泡细胞？
9. 何谓长光照型的鱼类？
10. 养殖鱼类人工催产前检查，如何判断亲鱼的性腺成熟度？
11. 养殖鱼类人工催产常用药物有哪几种？
12. 养殖鱼类人工催产常用药物的剂量是如何掌握的？
13. 产后亲鱼康复通常采用哪些措施？
14. 鱼类受精卵孵化通常采用哪些方法？
15. 影响鱼类受精卵孵化率有哪些理化因子？

# 第三章　养殖鱼类鱼苗鱼种培育技术

## 第一节　鱼苗鱼种培育基本概念

### 一、鱼苗培育与鱼种培育的界定

（1）鱼苗培育　海水鱼类鱼苗培育指开口的仔鱼养殖培育到幼鱼的过程，一般需要25～30d。淡水四大家鱼鱼苗培育指水花养殖到夏花的过程，一般需要22～25d。

（2）鱼种培育　海水鱼类鱼种培育指将稚鱼变态为幼鱼全长2.5cm。从幼鱼培育到全长7～10cm大规格幼鱼的过程，一般需要30～40d。淡水四大家鱼鱼种培育是指将夏花分塘继续饲养到秋片或冬片或春片的过程，幼鱼全长7～15cm，时间为3～5个月。

### 二、鱼苗鱼种的营养方式、食性转换、鳃耙变化和饵料动物种类

**1. 鱼苗营养的三个阶段**

① 开口前仔鱼的营养称为内源营养阶段，此阶段仔鱼的生长、发育所需营养来自卵黄。

② 开口后1～2d仔鱼的营养称为混合营养阶段，此阶段仔鱼的生长、发育所需营养来自卵黄和开口摄食外界食物。仔鱼的混合营养阶段，是池塘放养的最佳时机。

③ 开口后3d仔鱼的营养称为外源营养阶段，此阶段仔鱼的生长、发育所需营养全部依靠摄食外界食物。从此以后鱼类的营养全部依靠摄食外界食物。

**2. 鱼苗鱼种食性转换**

① 共性化的食性：鱼类的成鱼有食性之分，但在鱼类的胚后发育中的仔鱼期、稚鱼期以及变态后不久的幼鱼，无论是属于哪一种食性的鱼类，它们在这三个期的食性都是摄食轮虫、卤虫、桡足类、枝角类等动物性的饵料生物。

② 个性化的食性：鱼类开始有的食性的分别是从变态后不久，约15～20d的幼鱼开始。如鲢的幼鱼为食植性的滤食性鱼类；鳙的幼鱼为食动性的滤食性鱼类；草鱼的幼鱼为草食性鱼类；青鱼的幼鱼以底栖螺蚌蚬等软体动物为主食的肉食性鱼类；鲮鱼的幼鱼以刮食池塘底部多细胞藻类为主食的食植性鱼类；团头鲂的幼鱼以摄食池塘水生的细嫩的维管束植物为主食的食植性鱼类；鲤、鲫、罗非鱼的幼鱼以蠕虫、昆虫幼虫、稚幼蚌、螺等软体动物为主食的杂食性鱼类；革胡子鲶的幼鱼以鱼虾、蠕虫、昆虫幼虫为主食的肉食性鱼类；海水鱼类的鲻鱼、大弹涂鱼的幼鱼以底栖单细胞藻类为主食的食植性鱼类；真鲷、花鲈、石斑鱼、大黄鱼的幼鱼以小鱼小虾、水生无脊椎动物的幼体为主食的肉食性鱼类。

**3. 鱼类鳃耙变化的规律**

鱼类的摄食器官，除了鱼类的口、口腔外，还有一个重要的、与食性变化有关的器官就是咽腔和位于咽腔的滤食器官——鳃耙。仔稚鱼鳃耙变化的规律是，鳃耙由短到长，数目由少到多。全长21～30mm的各种鱼类摄食器官发育得更加完善，彼此间的差异更大。在此

期末，食性已完全转变或接近于成鱼的食性。滤食性鱼类鳃耙的特点是长、多、密，如鲢为1781 条、鳙 695 条。草食性鱼类鳃耙的特点是数量次于杂食性鱼类，多于肉食性鱼类，为19 条。杂食性鱼类如鲤鱼鳃耙 29 条，数量仅为鳙鱼的 1/23 左右，是典型的偏动物性的杂食性。白鲫鳃耙 102～120 条，长而排列紧密，具有滤食功能，是典型的偏植物性的杂食性。刮食性鱼类鲮鱼的鳃耙 62～68 条，基部粗、尖端细、排列较紧密，是典型的吞食兼滤食的鱼类。多数的海水肉食性鱼类其鳃耙末端具有许多锋利的小钩刺。

**4. 鱼类仔稚鱼各期摄食饵料动物的一般规律**

开口 1～3d 仔鱼的饵料动物为小型轮虫，如 ss 型褶皱臂尾轮虫，s 型褶皱臂尾轮虫；4～7d 仔鱼的饵料动物为 L 型褶皱臂尾轮虫；12～15d 稚鱼的饵料动物除 L 型褶皱臂尾轮虫外，还添加卤虫无节幼体，从 15d 开始添加桡足类无节幼体，18d 开始而后添加桡足类成体和枝角类，25d 起投入鲜鱼浆。淡水鱼类仔稚鱼各期摄食饵料动物的特点，见表 3-1。海水鱼类仔稚鱼各期摄食饵料动物的特点，见表 3-2。

**表 3-1　淡水鱼类仔稚鱼各期摄食饵料动物的特点**

| 名　称 | 仔鱼饵料 | | 稚鱼饵料 | |
|---|---|---|---|---|
| | 开口 1～8d | 开口 9～12d | 开口 13～18d | 开口 19～28d |
| 鲢 | 轮虫 | 卤虫、桡足的无节幼体 | 桡足类幼成体 | 卤虫、桡足、枝角类成体 |
| 鳙 | 轮虫 | 卤虫、桡足的无节幼体 | 桡足类幼成体 | |
| 青鱼 | 轮虫 | 卤虫、桡足的无节幼体 | 桡足类幼成体 | 卤虫、桡足、枝角类成体 |
| 草鱼 | 轮虫 | 卤虫、桡足的无节幼体 | 桡足类幼成体 | |
| 鲮鱼 | 轮虫 | 卤虫、桡足的无节幼体 | 桡足类幼成体 | 桡足、蠕虫类 |
| 鲤 | 轮虫 | 卤虫、桡足的无节幼体 | 桡足类幼成体 | 摇蚊幼虫、底栖动物、桡足类 |
| 鲫 | 轮虫 | 卤虫、桡足的无节幼体 | 桡足类幼成体 | |
| 团头鲂 | 轮虫 | 轮虫、桡足的无节幼体 | 桡足类幼成体 | 桡足、蠕虫类 |
| 鳜鱼 | 鲮、鲂仔鱼 | 鲮、鲂后期仔鱼 | 鲮、鲂稚鱼 | 鲮、鲂稚鱼 |
| 革胡子鲶 | 轮虫 | 卤虫、桡足的无节幼体 | 桡足类幼成体 | 鱼虾、昆虫幼体 |

**表 3-2　海水鱼类仔稚鱼各期摄食饵料动物的特点**

| 名　称 | 仔鱼饵料 | | 稚鱼饵料 | |
|---|---|---|---|---|
| | 开口 1～8d | 开口 9～12d | 开口 13～18d | 开口 19～28d |
| 双棘黄姑鱼 | 轮虫 | 卤虫、桡足的无节幼体 | 桡足类幼成体 | 卤虫、桡足、枝角类成体 |
| 鮸状黄姑鱼 | 轮虫 | 卤虫、桡足的无节幼体 | 桡足类幼成体 | |
| 浅色黄姑鱼 | 轮虫 | 卤虫、桡足的无节幼体 | 桡足类幼成体 | 卤虫、桡足、枝角类成体 |
| 美国红鱼 | 轮虫 | 卤虫、桡足的无节幼体 | 桡足类幼成体 | |
| 大黄鱼 | 轮虫 | 卤虫、桡足的无节幼体 | 桡足类幼成体 | 桡足、蠕虫类 |
| 真鲷 | 轮虫 | 卤虫、桡足的无节幼体 | 桡足类幼成体 | 摇蚊幼虫、底栖动物、桡足类 |
| 卵形鲳鲹 | 轮虫 | 卤虫、桡足的无节幼体 | 桡足类幼成体 | |
| 赤点石斑 | 轮虫 | 轮虫、桡足的无节幼体 | 桡足类幼成体 | 桡足、蠕虫类 |
| 点带石斑 | 轮虫 | 卤虫、桡足的无节幼体 | 桡足类幼成体 | 配合颗粒饲料 |
| 牙鲆 | 轮虫 | 卤虫、桡足的无节幼体 | 桡足类幼成体 | 配合颗粒饲料 |
| 半滑舌鳎 | 轮虫 | 卤虫、桡足的无节幼体 | 桡足类幼成体 | 配合颗粒饲料 |
| 军曹鱼 | 轮虫 | 卤虫、桡足的无节幼体 | 桡足类幼成体 | 配合颗粒饲料 |

### 三、鱼苗鱼种在池塘中的分布

#### 1. 淡水四大家鱼的鱼苗鱼种下塘后在池塘中的分布

见表3-3。

**表3-3 淡水四大家鱼的鱼苗鱼种下塘后在池塘中的分布**

| 名　称 | 下塘时间/d | 分布水层 | 能观察到鱼苗的时间 |
|---|---|---|---|
| 开口仔鱼 | 1～2 | 浅水处活动 | 早中晚容易看到鱼苗 |
| 仔鱼 | 4～5 | 游离池边 | 早中晚难看到鱼苗 |
| 仔鱼 | 7～8 | 集群活动于水面 | 在投料时间看到鱼苗 |
| 仔鱼 | 10～12 | 集群池塘边觅食 | 晴天中午看到鱼苗 |
| 稚鱼 | 13～28 | 在池塘中上层 | 平时难看到鱼苗 |
| 幼鱼 | 30～40 | 鲢鳙中上层;草青鱼中下层 | 平时难看到鱼 |
| 幼鱼 | 41～60 | 鲢鳙中上层;草青鱼中下层 | 平时难看到鱼 |

#### 2. 海水花鲈、真鲷和双棘黄姑鱼的仔稚幼鱼在池塘中的分布情况

见表3-4。

**表3-4 海水花鲈、真鲷、双棘黄姑鱼的仔稚幼鱼在池塘中的分布**

| 名　称 | 下塘时间/d | 分布水层 | 能观察到鱼苗的时间 |
|---|---|---|---|
| 7d仔鱼 | 2～3 | 40～50cm | 早中晚容易看到鱼苗 |
| 12d仔鱼 | 7～8 | 50～60cm,活动范围加大 | 喂料时间看到鱼苗 |
| 3d稚鱼 | 10～13 | 60～70cm,活动范围加大 | 喂料、夜间看到鱼苗 |
| 5d稚鱼 | 12～15 | 80～90cm,活动范围加大 | 喂料、夜间看到鱼苗 |
| 18d稚鱼 | 25～28 | 80～110cm,活动范围加大 | 喂料、夜间看到鱼苗 |
| 2～10d幼鱼 | 30～40 | 80～120cm,底层活动 | 喂料、夜间看到鱼苗 |
| 12～42d幼鱼 | 41～60 | 80～130cm,底层活动 | 喂料、夜间看到鱼苗 |

# 第二节　鱼苗培育技术

## 一、淡水仔鱼出池入塘

#### 1. 青鱼、草鱼、鲢、鳙、鲮仔鱼出池的生物指标要求

① 鱼苗鳔充气;

② 能平游;

③ 能主动开口摄食,即仔鱼(鱼苗)可转入池。

#### 2. 仔鱼培养池饵料生物量指标要求

① 轮虫达到10～20个/ml;

② 桡足类无节幼体达到10个/ml;

③ 水质呈灰白色,优势种为轮虫类,俗称"白沙水",水质良好;

④ 水色不断培养,培养轮虫等浮游动植物。

**3. 仔鱼入塘的时间地点指标要求**

① 选择晴天的下午；

② 放在坐北向南的一边，距岸 100cm。

## 二、海水仔稚鱼入塘技术

**1. 石首鱼科的大黄鱼、鮸状黄姑鱼、双棘黄姑鱼、浅色黄姑鱼、美国红鱼等仔鱼、稚鱼的入塘技术要点**

① 仔鱼入塘培育：在福建闽南、闽东和广东汕头、惠东、深圳、珠海等地。选择仔鱼开口摄食轮虫 24h 后下塘，或选择仔鱼摄食轮虫 72h 或 7d 或 10d 后下塘，技术关键看仔鱼肠道是否打通，看仔鱼饱食的程度，分析仔鱼的体质是否达到下塘的要求。池塘内的浮游动物，以轮虫为主，桡足类的无节幼体少，活的生物饵料自然接上。选择在晴天的下午3:00～4:00 下塘；放苗点选在坐北向南一端的岸边，距岸 100cm 处分 3～5 个点放；当天晚上8:00～10:00 开灯诱轮虫 1～2h，凌晨 4:00～6:00 再开灯诱轮虫 1～2h，连续 3d。如果是仔鱼 7d 下塘，池内的轮虫和桡足类无节幼体的量各占 6:4 左右，新老轮虫同时存在，如果是仔鱼 10d 下塘，池内的轮虫和桡足类无节幼体的各占 5:5 左右，同样晴天下午放苗，晚上开灯诱轮虫、桡足类无节幼体。仔鱼运输根据距离调整袋装的密度，防止途中缺氧或破袋。注意调整池水的水温与袋内水温相一致。

② 稚鱼入塘培育：在室内培育 12～13d 的仔鱼，开始变态为稚鱼。室内培育条件好，人工培育轮虫能满足饲养的育苗户，此阶段才将稚鱼下塘培育，成活率比仔鱼下塘的提高 1 倍以上。稚鱼处在变态发育中出池时带水操作，小心轻放；严格控制袋装密度，防止缺氧。

**2. 鲷科的真鲷、黑鲷、黄鳍鲷、平鲷，鲈科的花鲈仔鱼下塘技术要点**

一般是选择开口 1～3d 的仔鱼，检查其肠道是否打通。如发现 30％以上的仔鱼摄食量不足时，不能出池。继续观察 1～2d 并查找原因，待仔鱼能饱食后即可下塘。在此期间如发现有车轮虫等寄生虫时，应及时杀虫在出池下塘。

**3. 鲹科的杜氏鰤稚鱼下塘**

一般将杜氏鰤苗培育到 15d，100％的仔鱼都要变态为稚鱼后才出池下塘，放苗点和诱虫同仔鱼的方法。

**4. 鞍带石斑鱼、斜带石斑鱼、点带石斑鱼的仔鱼下塘技术要点**

福建、广东、海南通过选择在仔鱼开口 3d 后、7d 后或开口 15d 的稚鱼期出池下塘。一般先检查放养土池肥水情况，傍晚时检查塘内生物饵料的情况，如果轮虫和桡足类无节幼体数量不足，应及时从外源做补充。稚鱼下塘前必须检查桡足类幼成体的数量和枝角类的数量是否足够，不足时应及时从外源做补充，同时加强肥水培养，接入轮虫和蒙古裸腹溞，放苗点和诱虫方法同仔鱼。

其他鱼类鱼苗下塘可参考上述方法。

## 三、鱼苗池

鱼苗池的条件要符合养鱼池塘的选择标准，请参考第一章第三节相关内容。

鱼苗池的清塘、消毒、肥水与饵料生物的培养的技术标准请参考第一章第五、六节内容。

## 四、鱼苗放养

### 1. 放养密度

海淡水鱼苗放养的参考密度见表 3-5。

表 3-5　海淡水鱼苗放养规格、面积和密度参考表

| 鱼苗名称 | 规格/mm | 面积/hm² | 密度/[万尾/(1/15hm²)] |
|---|---|---|---|
| 四大家鱼水花 | 6.3～7.8 | 4/15～1/3 | 12～15 |
| 鲤、鲫鱼水花 | 0.9～1.3 | 1/15～1/3 | 15～20 |
| 鲮、鲂水花 | 0.9～1.2 | 2/15～4/15 | 15～25 |
| 罗非鱼水花 | 1.5～1.8 | 1/3～2/3 | 5～8 |
| 真鲷仔鱼 | 3.6～4.3 | 1/5～1/3 | 30～40 |
| 海水花鲈仔鱼 | 5.23～6.24 | 1/5～1/3 | 50～60 |
| 斜带石斑鱼仔鱼 | 3.2～3.6 | 1/5～1/3 | 30～40 |
| 美国红鱼仔鱼 | 4.6～5.0 | 1/5～1/3 | 40～50 |
| 双棘黄姑鱼仔鱼 | 5.6～6.4 | 1/5～1/3 | 35～40 |
| 大黄鱼仔鱼 | 4.2～5.1 | 1/5～1/3 | 40～50 |
| 斜带髭鲷仔鱼 | 4.6～5.2 | 1/5～1/3 | 35～45 |

### 2. 准确掌握鱼苗下塘的时间

① 肉眼看到腰点（鳔）出现后 10h 左右，将鱼苗放入池塘最好，此时卵黄囊基本消失，体色清淡，游动活泼，在鱼盘内能逆水游动，去水后能在盘中弯体摆动。过早和过晚都影响成活率。

② 海水鱼类仔稚鱼下塘日期的确定主要根据池塘饵料生物培养情况和天气情况，遇到生物饵料不足或下雨时可推迟下塘时间。一般是掌握在饵料最适口和生物饵料最高峰时下塘。

③ 海水鱼类仔稚鱼下塘时间一般选择在下午 4:00～5:00，晚上在下苗处点灯 1～2h，灯诱鱼苗摄食轮虫等生物饵料。应连续点灯 5～7d。

### 3. 放鱼时注意天气和温度

最好选择在晴天的上午放养鱼苗，鱼苗放养在池塘的上风处，以便鱼苗随风游开，鱼苗孵化池和培育池温差不超过 2℃，如果温差过大，应将培育池的水逐渐加入盛装鱼苗的容器内，以消减温差，缓缓入池，使鱼苗有一个短暂的适应过程，避免突然入池。

### 4. 如何恢复晕车鱼苗的体质

① 具体方法：首先将鱼苗放入暂养池（可以是土池塘或水泥池内），经过 10～15min，当袋内外水温一致后，再开袋放入暂养池内的鱼苗箱中。经常在箱外划动池水，增加箱内水的溶氧。必要时可在网箱中加入气泡石充气防治鱼苗缺氧浮头。一般经 0.5～1.0h 暂养，鱼苗血液中过多的二氧化碳均已排出，鱼苗集群在网箱内逆水游泳时可放入到鱼苗池中。

② 生产上为提高鱼苗下塘后的觅食能力和提高鱼苗对环境的适应能力，往往在鱼苗暂养后放入池塘前泼洒蛋黄水，待鱼苗饱食后（肉眼可见鱼体内有一条白线）时下塘，可以较大程度地提高鱼苗下塘后的成活率。蛋黄可以用鸡蛋或鸭蛋，将蛋煮熟以后，取蛋黄瓣成数块，用双层纱布包裹后，在脸盆内漂洗（不能用手捏出）出蛋黄水，淋洒于鱼苗箱内。一般

1 个蛋黄可供 $10^4$ 尾鱼苗摄食。

**5. 一口池塘只放养同一批鱼苗，放养鱼苗的数量要准确**

如果鱼苗不是同一批，个体大小差异会比较大，游泳和摄食能力也各不相同，会影响出塘成活率，规格也不整齐。

**6. 海水鱼类的鱼苗放养前不需要投饵**

在鱼苗放入池塘之前，先将鱼苗箱的水温调整与池塘的水温接近，30min 后再把鱼苗移入池塘。如果是用氧气袋包装的，直接将鱼苗袋移入池塘，待袋内水温与池塘水温一致时才把鱼苗放入池塘。

## 五、饲养管理

### 1. 饲料投喂

采用培养饵料生物，鱼苗下塘后不用投喂人工饲料。如果池中饵料生物不足，则需适当投喂人工饲料。鱼苗培育阶段最常用的饲料是豆浆或豆（饼）糊，水花至乌仔头阶段喂豆浆，乌仔头至夏花阶段喂豆（饼）糊。

① 豆浆：将大豆在 20～25℃ 下用水浸泡 5～7h，然后再用豆浆机磨成浆［大豆与水的比例为 1：（15～20）］。磨好豆浆后须马上投喂，以防止腐败。

② 豆饼糊：将大豆或豆饼粉碎，粒度以通过 60 目筛为宜。投喂时可加水、多种维生素和无机盐等，搅拌均匀成糊状，向池边水中投放。也可以将配合饲料粉碎搅拌均匀后向池边投放。

### 2. 投喂量和投喂方法

① 淡水鱼苗：下塘的最初几天，饵料的丰歉对鱼苗的生长和成活起到十分重要的作用。所以，必须及时观察池塘中饵料生物的数量，以确定是否需要投喂。如果鱼苗下塘时轮虫密度过低，应该在下塘当天就投喂豆浆。泼洒豆浆一方面可以为鱼苗提供饵料，另一方面起肥水和培养浮游生物的作用，间接为鱼苗提供饵料。具体用量是在鱼苗下塘 1～5d 内，每天每 $1/15hm^2$ 水面投喂 3～4kg 大豆磨成的浆，第 6 天以后增加至 5kg。每天投喂三次，分别在 8:00～9:00、13:00～14:00 和 16:00～17:00。每次投喂都必须是追鱼投喂，一般是在沿池边的 1～2m 的水中均匀泼洒，做到"薄如雾，细如雨"，以延长豆浆的下沉时间，增加鱼苗的摄食机会。应该注意的是，阴雨天不投喂或减少投喂次数，以降低水中耗氧因子的耗氧，防止池水缺氧引起鱼苗浮头。

② 海水鱼苗：下塘的最初 3～5d，全池泼洒鱼浆，每 $10^5$ 尾鱼苗投喂杂鱼 1kg/d，经绞料机绞细，滤渣，兑水稀释，均匀泼洒，1 次/d。之后每 2 天调整一次投料量。

③ 淡水育苗下塘 10d 后，鱼苗长到 15mm 左右时，池塘中枝角类等大型浮游动物已经不多，满足不了鱼类生长的需要，应该投喂人工饲料。鲢、鳙可继续投喂豆浆，每 $1/15hm^2$ 每天投 6～7kg，全池泼洒。鲤、鲫、草鱼、青鱼等，应投喂豆（饼）糊，每 $10^4$ 尾每天投 1～2kg，加水搅拌成面团状，投放到池边浅水处，一般每隔 2～3m 投放 1～2 团。

④ 海水鱼苗下塘 12d 之后，投喂量做较大调整，每 $10^5$ 尾投喂杂鱼 3kg/d，2～3 次/d。早上在 8:00 之前投喂，中午在 12:00 之前投喂，下午在 6:00 之前。

### 3. "巡塘"

池塘养鱼中的专用名词，它的含义是到养鱼池去巡视，以便发现问题和及时解决问题。

一般在每天的凌晨和下午到养鱼池去巡视，查看鱼的活动情况、水质和水位以及各种生物有无异常迹象等，以判断池水的溶氧等水质状况。早晨是一天之中水中含氧量最低的时刻，可以观察鱼苗是否浮头，如果在风浪平静的水面发现犹如细雨落在水中的情形时，表明鱼苗在浮头，水中溶解氧已经不足；此外，由于野杂鱼类不耐低氧，一旦池塘溶解氧不足则会游到池边，也可以作为池塘缺氧的辅助证明。鱼苗浮头现象一般日出以后不久就会消失，如果到上午 9：00 时还不消失，说明池塘水质过于肥沃，应加注新水，并减少豆浆的投喂量。下午主要观察池塘的溶氧走向，判断第二天早晨池塘能否缺氧，如池水呈乳白色（可能轮虫过多）或是枝角类呈粉红色，说明池塘的溶氧不高，应该立即采取加水等措施。

在巡塘时还要观察鱼病情况，如有些鱼离群、身体发黑或有其他症状，在池边缓慢游动，要立即捞出检查，确定疾病的具体种类并采取相应的治疗措施。在巡塘时还应随时消除鱼苗的敌害和杂草，如捞出蛙卵和蝌蚪、驱逐鸟类、消灭昆虫（龙虱幼虫、红娘华、松藻虫等）、清除杂草等。

巡塘是一项十分重要的工作，通过巡塘可以及时发现问题和解决问题。同时巡塘的工作也十分艰巨，要求巡塘的人首先要有能力发现问题，能看出养鱼池一些细微的变化，准确判断可能要发生的问题，及时采取措施，将问题和事故消灭在萌芽之中。这需要多年的实践和经验。对于刚刚接触养鱼特别是鱼苗培育的生产者，巡塘时还不具备观察和判断能力。这一点可以借助于仪器，进行水质测定和分析来补充，通过分析数据结合自己的观察，较快地充实自己养鱼实践和经验。

在鱼苗培育期间巡塘时水质分析和测定项目有：每天分别在早晨 5：00 和下午 14：00 测定两次池水温度、溶氧和 pH 值；每 3 天测定一次浮游生物量。每隔 2d 测定一次鱼苗的生长情况。

## 六、池塘定期注水

放苗后 7~10d，开始向池塘加水，每次加 5~10cm。由于培养饵料生物的需要，鱼苗下塘时池水不深，一般为 50~80cm。随着鱼体的长大，鱼类需要更大的活动空间和良好的水质。又由于在鱼苗培育期间一般不排水，鱼和各种生物的粪便、排泄物和尸体以及残留的饵料、肥料会在池塘中不断积累，腐败分解，使池塘水质越来越差，溶氧量下降，从而影响鱼苗的生长和饵料生物的繁殖。因此，需要及时、定期地向鱼苗池加注新水，以增大鱼类的活动空间，改善水质，促进鱼苗和饵料生物的生长和繁殖。定期注水是提高鱼苗生长率和成活率的有效措施。海水池塘水深在 80~120cm，进出水量保持平衡。

注水的水源要求水质清新，水温适宜，以没有污染、清洁的河水为好。使用地下水时，要经过 20m 以上长度的明渠流入池塘较好，可防止低氧量的水直接流入池塘。加水最好安排在上午的 9：00 至下午的 3：00 进行较好，有利于池塘水温稳定。每隔 3~5d 加水一次。到拉网出塘时，池水深度控制在 1~1.2m 的范围。用水泵或渠道闸门向池塘内加水，注入时应在进水口或出水口网罩过滤，防止野杂鱼（卵）或其他敌害生物进入池塘中。注水水流不宜过大，防止冲起淤泥。注水也不要"细水长流"，防止鱼苗顶水而消耗体质。注水在上午进行，傍晚一般不注水，防止冲起淤泥造成缺氧。海水池塘加水受潮汐的影响，加水时间不固定，水质也不稳定。一般应有一口蓄水池，以保证鱼苗池加水的需要。

## 七、鱼苗拉网锻炼

### 1. 鱼苗拉网锻炼的作用

① 夏花经密集锻炼后，可促使鱼体组织中的水分含量下降，肌肉变得结实，体质较健

壮，经得起分塘操作和运输途中的颠簸。另外由于在拉网锻炼过程中鱼剧烈运动的同时，分泌大量黏液和排出肠道内的粪便，可减少运输途中鱼体黏液和粪便的排出量，从而有利于保持较好的运输水质，提高运输成活率。

② 通过拉网锻炼可以将鱼苗拉到一起密集，适应低氧环境，以增强鱼苗对高密度和低氧等不良环境条件的忍受能力。

③ 拉网锻炼使鱼苗的活动量增大，代谢水平提高，摄食量增大，消化能力提高，生长加快。

④ 通过拉网，将池塘中的鱼苗聚集起来，可以大致估算鱼苗数量，以便安排鱼苗销售和鱼种生产。拉网还可以及时发现鱼苗病情，淘汰病苗和弱苗。同时也可清除敌害。

⑤ 拉网能搅动池塘淤泥，使池塘淤泥中的营养物质重新回到水体中，增加池塘水体营养物质的含量，间接起到施肥的作用。

海水鱼苗一般不需要进行锻炼，而在出池前 2d 停料，出池前 1d 拉网上网箱"吊养" 8～12h 以上，分别在 30min、40min、50min、60min、70min、80min、90min 洗网箱一次，以后每 90min 洗网箱一次。注意充氧，防止鱼苗缺氧。

**2. 鱼苗拉网锻炼的工具**

(1) 鱼苗网　网衣的网目小，网具质地柔软。网苗网高度一般 3～4m，网长度一般为池塘宽的 2～3 倍。上纲有浮子，质地为塑料，长条形或圆球形，使上纲浮在水面，间距离一般为 80～100cm。下纲粗些，有沉子，一般用铅块制成。为防止拉起淤泥，有时也用较粗的电缆线作为沉子。

(2) 网箱　网箱一般由 20～40 目的筛绢缝制成，箱体大多长方体结构，高 1m 左右，长和宽根据需要而定，一般为 10m×1m 或 15m×1.2m。网箱一般架在池塘距离岸边 3～4m 处，水深适宜。使用时用竹竿撑起四角，然后每距离 2m 补插竹竿加固。也有将网箱上边四角绑在长方形的木框上，下边四角加沉物使其下沉，做成可以移动的形式。木框的规格根据网箱的长和宽而定，一般长 2.5m、宽 1m。鱼苗网箱架设见图 3-1。

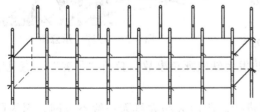

图 3-1　鱼苗网箱架设

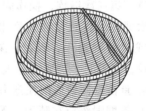

图 3-2　鱼筛

(3) 鱼筛　主要用来区分不同规格、不同大小的鱼苗以及鱼种，或将野杂鱼和四大家鱼分开，也可以用来去除敌害生物如蝌蚪、松藻虫等。目前市售的鱼筛大多为半球形，用毛竹丝、藤皮加工而成。每一套鱼筛有 30 多个，常用的有 6 朝目鱼筛的规格与筛鱼的大小规格说明见表 3-6。鱼筛的基本形状见图 3-2。

表 3-6　鱼筛规格与筛出鱼苗鱼种的大小规格说明

| 鱼筛规格 | 筛眼间距/mm | 可筛出鱼苗/cm | 鱼筛规格 | 筛眼间距/mm | 可筛出鱼苗/cm |
|---|---|---|---|---|---|
| 6 朝 | 2.5 | 2.2 | 10 朝 | 7 | 6 |
| 7 朝 | 3.2 | 3.0 | 3 寸 | — | 12 |
| 9 朝 | 5.8 | 5 | 4 寸 | — | 16 |

### 3. 鱼苗拉网锻炼的方法

拉网时从池塘一端下网，从另一端出网。第一次拉网，只需将鱼苗集中在网内（或将鱼苗放入网箱中），密集一会儿（时间长短视鱼苗的体质而定），然后再放回池塘。拉网示意见图3-3，通过这次锻炼，可以使鱼苗得到初步的锻炼，基本适应高密度和缺氧的不良环境。

图3-3 第一次拉网示意图

第二次拉网在第一次拉网1d后进行，以同样的办法把鱼苗集中到网内后，立即将鱼苗网放到边网箱上，使鱼苗网一端和网箱一端重合，把鱼苗网逐渐提起，使鱼苗全部倾倒入网箱中，以后将网箱在池中缓慢拖动，使鱼苗顶水游动集中在网箱的一端，然后清除网箱另一端的粪便和污物。第一网拉完后应再拉一网，尽可能将池塘中剩余的鱼苗都捕起来，将鱼种放入另一个较小的网箱内锻炼。网箱内锻炼示意见图3-4。这次锻炼持续1~2h，一定要使所有的夏花都接受这次锻炼，在鱼起网密集时，应在网衣外面向内划动水流，使鱼顶水游动，锻炼后，从网箱中将鱼苗放回原池。

图3-4 网箱内锻炼示意图

一般经过两次拉网锻炼既可以短途运输，入鱼苗体质比较弱或要经过长途运输，还要进行第三次锻炼，操作同第二次拉网。第三次锻炼后将鱼苗放入到水质清新的水泥池或池塘网箱中，经过一夜的"吊养"

图3-5 "吊养"示意图

后运输。吊养时，需要有专人看管，以防发生缺氧死鱼事故。鱼苗"吊养"示意见图3-5。

### 4. 鱼苗拉网锻炼的注意事项

① 拉网锻炼应在晴天、无风的上午进行。阴雨天和大风天一般不拉网，因为阴雨天易缺氧，大风天操作不便。

② 拉网前进的速度要慢，防止鱼苗贴网，尤其是第一次拉网锻炼时，鱼苗体质十分嫩弱，很容易贴在网上受伤死亡。拉网时网后有人观察鱼苗是否贴网，如鱼苗体质不好、个体小、游泳太慢，应停止拉网。

③ 不能将淤泥拉起或拉到网内，防止鱼苗与淤泥混在一起而窒息死亡。

④ 拉网锻炼不能连续进行，一般隔1d进行一次。

⑤ 海水鱼类幼鱼出池方式与淡水鱼类夏花出池有所不同，出池前需停料24h以上，秋季鱼类消化慢一些，需停料36h以上。一般上午拉网，在原池塘"吊养"6h以上，傍晚或午夜装车运输。运输2d以上的，还需把鱼苗运到室内水泥池，暂养24h以上，保持流水，直到鱼苗体表和鳃无黏液、池水干净无泡沫后才能装鱼运输。

## 八、幼鱼（夏花）出塘计数

（1）计数工具　用抄网捞取夏花鱼苗，放入底部有小孔的小杯中，可为塑料或铝制品，体积 150ml 左右。

（2）方法　生产上夏花出塘计数采用抽样法，先数出几杯鱼苗的总数量，求出每杯平均尾数然后通过鱼苗的总杯数，计算鱼苗的总数。

$$鱼苗总数＝鱼苗总杯数×每杯平均鱼苗尾数$$

海水鱼苗出塘计数采用抽样法，先数出几碗鱼苗的总数量，其中 10 碗分别装 10 盆，双方各抽 1 盆，取两盆苗总和的平均值，再乘以总碗数，即求出鱼苗总数。

# 第三节　鱼种培育技术

通过鱼种放养重新调整饲养密度。通过鱼种放养加强精细的饲养管理，使鱼种个体大小整齐，有利于向大池塘、湖泊水库放养时提供优质的大规格和体质健壮的鱼种的目的。

## 一、鱼种池规格

（1）鱼种培育池的面积一般为 $1/3～2/3hm^2$，水深 $1.2～1.5m$。

（2）鱼种培育池清塘与消毒　清塘药物和方法与鱼苗池清塘相同见第一章第五、六节。

## 二、鱼种池肥水与鱼种下塘时间

### 1. 鱼种池肥水

在夏花（早期幼鱼）下塘前培育池应施有机肥料以培养浮游生物，实行肥水下塘培育这是提高鱼种成活率的重要措施。一般每 $1/15hm^2$ 施 $200～400kg$ 粪肥。

### 2. 鱼种下塘时间

以鳙鱼为主体鱼，鱼种下塘的时间应控制在桡足类、枝角类的高峰期（在肥水后 $7～8d$）下塘；以鲢鱼为主体鱼，鱼种下塘的时间应控制在浮游植物、轮虫的高峰期（在肥水后 $3～5d$）下塘；以草鱼、团头鲂为主体鱼，鱼种下塘的时间应控制在枝角类的高峰期（在肥水后 $7～8d$）下塘，在原鱼苗池培养芜萍或小浮萍，作为鱼种的适口饵料。青鱼、鲤鱼为主体鱼，鱼种下塘的时间应控制在桡足类、枝角类和底栖动物，水蚯蚓等环节动物，稚蚌、稚螺等软体动物，水生昆虫幼虫等节肢动物的高峰期（在肥水后 $9～10d$）下塘。

## 三、海淡水池塘鱼种培育模式

### 1. 混养

由于鱼类在变态为幼鱼以后，其食性、摄食方式、栖息习性发生了较大的变化。因此可以将不同食性、不同栖息水层的鱼类放在一个池塘进行，这样可以更充分地利用水体空间、天然饵料和人工饵料。在混养中利用不同鱼类的食性差别，可以使人工饲料得到重复利用，降低了饵料系数。目前鱼种的每 $1/15hm^2$ 产量 $300～400kg$，有的地区配套增氧机、进出水等设施或实施微流水鱼种培育，每 $1/15hm^2$ 产在 $1000kg$ 以上。为了保证几种混养鱼类能够彼此互利，保证鱼种规格和成活率，凡是与主养鱼在食饵竞争中有矛盾的鱼种一概不混养。

**2. 混养的原则**

① 在不投喂人工饲料和放养密度较稀的情况下，可以根据池塘中浮游生物组成来确定鲢、鳙放养比例，鲢：鳙一般为（4～5）：1。当鲢、鳙放养密度较大、需要投喂人工饲养时，由于鲢、鳙摄食人工饲料的能力不同，混养比例就要依据饲养目的来确定。

② 以鲢为主养鱼，搭养少量鳙：一般认为鲢行动敏捷，摄食人工饲料的能力强于鳙，故以鲢为主养，可少量搭养鳙。

③ 以鳙为主养鱼，不搭养鲢：以免影响鳙的摄食和生长。或将鲢的放养时间推迟，即待鳙较大，同时池中大量繁殖浮游植物时才放入鲢（先将鲢夏花围养在其他池塘中），这样鳙可不受鲢的控制。

④ 以鲤为主养鱼，不搭养草鱼：鲤与草鱼的情况也大致相似，它们的活动水层大体相似，在自然水域中它们食性没有矛盾。在投喂人工饲料情况下，因为草鱼抢食能力比鲤强，故以草鱼为主的池塘可少量搭养鲤。

⑤ 注意混养鱼的规格：同种鱼类只放养一种规格。不同鱼类之间，放养规格也不能相差太大。

⑥ 海水鱼类鱼种是否混养主要考虑两方面因素，一是不同鱼种间相互不争食，相互间不伤害，充分利用残饵；二是充分利用水体空间，混入的鱼种虽数量少但经济价值高或起到清洁网箱，减少网箱换洗次数等作用。在南方海水鱼类鱼种培育一般可与南美白对虾或锯缘青蟹进行混养，同时还可以与花蛤进行混养。在南方浅海网箱鱼种培育还可以与石斑鱼混养或篮子鱼混养。

**3. 单养模式**

海水鱼类鱼种的培育场所通常选择室外土池和港湾内的网箱两种。

① 淡水鱼类鱼种培育中在名贵观赏鱼定向培育或名特优品种的培育通常采用的方式。主要基于鱼体体色培育或饲料专一性考虑或具有凶猛肉食性等方面的考虑。

② 海水鱼类鱼种培育中采用单一模式，主要基于食性上的考虑。凡是凶猛肉食性的品种，不同种间一般不混养。

## 四、海淡水鱼种入塘混养规格、密度和比例与出塘规格

**1. 混养鱼种的规格**

依据计划养成鱼种规格来确定，培养的鱼种销往外地或向水库、湖泊等大中型水体投放，一般规格应小些，以便于运输。养成鱼种供就近池塘饲养，一般要求规格稍大些，如根据需要将鲢、鳙的鱼种培育至13～15cm 的规格，将青鱼、草鱼的鱼种培育至13～20cm 规格，分别将鲤、鲫、团头鲂、鲮鱼、罗非鱼、斑点叉尾鮰的鱼种培育至12～13cm、11～12cm、13～15cm、12～15cm、10～13cm 和12～13cm 的规格。海水鱼类鱼种规格，如大体型鱼类的鞍带石斑鱼、杜氏鰤、双棘黄姑鱼、鮸状黄姑鱼、美国红鱼、斜带石斑鱼、花鲈等的鱼种培育至12～13cm 的规格。如中体型鱼类的真鲷、斜带髭鲷、赤点石斑鱼、牙鲆、红鳍笛鲷、卵形鲳鲹等的鱼种培育至7～10cm 的规格。如小体型鱼类的双斑东方鲀、大黄鱼、许氏平鲉、三线矶鲈、青石斑鱼、黄斑篮子鱼、大弹涂鱼、乌塘鳢等的鱼种培育至5～7cm 的规格。

**2. 几种常见的海淡水养殖鱼类的入塘放养密度、比例与出塘鱼种规格参照数据**

见表 3-7。

表 3-7  海淡水鱼类鱼种放养的参考密度和比例与出塘（网）鱼种规格参照数据

| 主养鱼 | | | 配养鱼 | | | 放养总数 /(尾/亩) |
|---|---|---|---|---|---|---|
| 种类 | 放养量 /(尾/亩) | 出塘规格 /cm | 种类 | 放养量 /(尾/亩) | 出塘规格 /cm | |
| 鳙鱼 | 5000 | 13～15 | 草鱼 | 1000 | 20 | 6000 |
| | 8000 | 12～13 | | 3000 | 17 | 11000 |
| | 12000 | 10～12 | | 5000 | 15 | 17000 |
| 鲢鱼 | 5000 | 13～15 | 草鱼 | 1500 | 20 | 7000 |
| | 10000 | 12～13 | 鳙鱼 | 500 | 15～17 | |
| | 15000 | 10～12 | 团头鲂 | 2000 | 10～13 | 12000 |
| | | | 草鱼 | 5000 | 13～15 | 20000 |
| 青鱼 | 3000 | 20 | | 2500 | 13～15 | 5500 |
| | 6000 | 13 | 鳙鱼 | 800 | 22 | 6800 |
| | 10000 | 10～12 | | 4000 | 12～13 | 14000 |
| 草鱼 | 2000 | 18 | 鲢鱼 | 1000 | 17 | 4000 |
| | | | 鲤鱼 | 1000 | 15 | |
| | 5000 | 13.3 | 鲢鱼 | 3000 | 13 | 8000 |
| | 8000 | 12～13 | 鲤鱼 | 4000 | 13 | 12000 |
| | 9000 | 10～12 | 鲢鱼 | 2500 | 14 | 11500 |
| 鲤鱼 | 5000 | 12 | 鳙鱼 | 4000 | 13 | 10000 |
| | | | 草鱼 | 1000 | 12 | |
| 鲂 | 5000 | 12～13 | 鲢鱼 | 4000 | 13 | 9000 |
| | 10000 | 10 左右 | 鳙鱼 | 1000 | 15 | 11000 |
| 鲮鱼 | 5000 | 12～13 | 鲢鱼 | 2000 | 13 | 7000 |
| | 8000 | 10 左右 | 鳙鱼 | 2000 | 14 | 10000 |
| 罗非 | 6000 | 10 以上 | 鳙鱼 | 3500 | 12 | 10000 |
| | | | 草鱼 | 500 | 13 | |
| 鲴鱼 | 6000 | 12 以上 | 鳙鱼 | 3000 | 12 | 10000 |
| | | | 草鱼 | 1000 | 13 | |
| 鞍带石斑 | 2～3 | 8～16 | 白对虾 | 2～3 | 8～10 | |
| 鮸 | 8～10 | 7～13 | 白对虾 | 2～3 | 8～10 | |
| 双棘黄姑 | 6～8 | 7～15 | 篮子鱼 | 1～2 | 3～5 | |
| | | | 白对虾 | 2～3 | 8～10 | |
| 鮸状黄姑 | 8～12 | 6～13 | 篮子鱼 | 1～2 | 3～5 | |
| | | | 白对虾 | 2～3 | 8～10 | |
| 浅色黄姑 | 10～15 | 5～12 | 白对虾 | 2～3 | 8～10 | |
| 美国红鱼 | 8～15 | 7～15 | 白对虾 | 2～3 | 8～10 | |
| 斜带石斑 | 6～8 | 8～15 | 白对虾 | 2～3 | 8～10 | |
| 花鲈 | 12～18 | 7～12 | 白对虾 | 2～3 | 8～10 | |
| 真鲷 | 15～20 | 5～8 | 白对虾 | 2～3 | 8～10 | |
| 黄鳍鲷 | 25～30 | 4～7 | | | | |
| 黑鲷 | 25～30 | 4～7 | | | | |
| 斜带髭鲷 | 15～18 | 5～8 | | | | |
| 胡椒鲷 | 15～18 | 5～8 | | | | |
| 赤点石斑 | 5～8 | 7～10 | | | | |
| 红鳍笛鲷 | 12～15 | 8～12 | | | | |
| 卵形鲳鲹 | 5～7 | 7～10 | | | | |
| 牙鲆 | 8～10 | 7～9 | | | | |
| 东方鲀 | 10～12 | 7～9 | 白对虾 | 2～3 | 8～10 | |
| 大黄鱼 | 20～25 | 7～12 | | | | |
| 三线矶鲈 | 20～25 | 5～7 | | | | |

注：1 亩＝666.7m²。

### 五、海淡水池塘鱼种饲养管理

**1. 以投喂人工饲料为主的池塘管理**

① 保证配合饲料的质量：鱼种饲养阶段对饲料中营养物质的需求量要比成鱼高，饲料中粗蛋白的含量要达到30％以上，以动物性蛋白为主，饲料投喂以主养鱼为主，配养鱼摄食池塘中的饵料生物以及残饵，不单独投喂饲料。

② 驯化夏花摄食配合饲料：通过驯化，使鲤、鲫、罗非鱼、草鱼、青鱼、团头鲂、鲮鱼、斑点叉尾鮰的夏花尽早摄食配合饲料。全部的海水鱼类经驯化后在鱼种阶段都能摄食配合料。

③ 投饵量及投饵次数：鱼种阶段日投喂配合饲料的次数和投喂量根据当天的天气变化情况而定。在晴天的情况下，每日投喂2次，上午7:00～9:00，下午3:00～4:00。5～9月份，鱼种培育时期的水温在20～32℃的适宜范围。在晴天的情况下，日投饵量（干重）占鱼体重的1.5％～2％，约投（湿料重）占鱼体重的11.5％～14％。入秋后，水温降低到20℃以下时，日投喂次数减为1次，日投喂量（干重）仅为鱼体重的0.5％。鱼种阶段日投喂配合饲料的次数和投喂量参照表见表3-8。

**表 3-8　鱼种阶段的日投喂配合饲料次数与投喂量参照表**

| 天 气 情 况 | 鱼体重、投喂量（以干重计）与日投喂次数 | | | | | |
|---|---|---|---|---|---|---|
| | 10～30g | | 30～50g | | 50～100g | |
| 晴天(水温 20～32℃) | 2% | 2次 | 1.8% | 2次 | 1.5% | 2次 |
| 阴天(水温 20～32℃) | 1.5% | 2次 | 1.0% | 2次 | 1.0% | 2次 |
| 雨天(水温 20～32℃) | 1% | 1次 | 0.5% | 1次 | 0.5% | 1次 |

④ 配合饲料类型与颗粒规格参照表见表3-9。

**表 3-9　配合饲料类型与颗粒规格参照表**

| 饲料类型 | 饲料型号 | 圆形饲料的直径/mm | 适宜鱼种规格/cm |
|---|---|---|---|
| 粉末 | 0 | 0 | 2.5 以下 |
| 碎粒 | 1 | 0.5～1.0 | 4.5～5.8 |
| | 2 | 0.8～1.5 | 5.9～7.4 |
| | 3 | 1.5～2.4 | 7.5～8.4 |
| 颗粒 | 1 | 2.5 | 8.5～15 |
| | 2 | 3.5 | 16～18 |
| | 3 | 4.5 | 19～23 |
| | 4 | 6.0 | 23以上 |

饲养管理工作是将"四定"投饵原则更加科学、具体化，以提高投饵效果、降低饵料系数。

a. 定时：投饵必须定时进行，以养成鱼类按时摄食的习惯，提高饵料利用效率，同时选择水温适宜、溶氧较高的时间投饵。考虑到生产实际，通常天然饵料（如新鲜水草）每天投喂一次，精饲料每天上午和下午各一次，颗粒饲料应当增加投饵次数。

b. 定位：必须在固定的饵料台投喂，使鱼类集中在一定的地点摄食，这样不但可以减少饵料浪费，还可以便于检查鱼类的摄食情况，便于清除残饵和进行食场消毒。

c. 定质：饵料必须新鲜，不腐败变质，营养成分全面。

d. 定量：投饵应掌握适当的数量，使鱼摄食均匀，以提高鱼类对饵料的消化吸收率，减少疾病。

⑤ 海水鱼类鱼种培育多数种类的饲料 2/3 为鲜杂鱼，1/3 为配合料，高温季节全部投喂配合饲料，同时日投料量减半。

**2. 以施肥为主的池塘管理**

① 以鲢、鳙为主的池塘，如密度较小 [总密度在 $15 \times 10^4$ 尾/（1/15hm²）以下]，计划培育鱼种的规格小（10～13cm），可采用以施肥为主的饲养方式。施肥方法和数量应掌握少量多次的原则，并根据天气、水质等情况灵活掌握用量。

② 通常每亩水面施粪肥每次用量 50～100kg。使池水保持一定的肥度，就是人们常说的"肥、活、嫩、爽"。另外施肥要与注水结合起来，才能调节好水质。如果放养密度较大，天然饵料不能完全满足需要，或因天气、水质等原因不适宜施肥，可以投喂精饲料（粉状，可以用颗粒饲料粉碎制成或用饼类、玉米、糠、麸等制成），每天每 $10^4$ 尾鱼种投喂精饲料 1～2kg，并逐渐增加到 4～5kg。

③ 投喂方法是将粉状料在池塘上风头干洒在水面或用水将粉状料混匀，全池泼洒。此外，水草资源丰富的地区还可以用草浆培育鲢、鳙鱼种，即将凤眼莲（水葫芦）、喜旱莲子草（水花生）和水浮莲等水生植物用打浆机打成草浆，向养鱼池内泼洒，作为鱼类的饲料，同时也兼有施肥的作用。

**3. 1 龄草食性鱼类鱼种池塘管理**

① 培养芜萍或小浮萍种天然饵料。

② 夏花的放养：在 5 月底至 6 月上旬放养，放养密度以 （6～8）× $10^3$ 尾/（1/15hm²）为宜。为了缓和草鱼夏花和配养鱼之间在饵料、水质和空间上的矛盾，尽量推迟配养鱼的下塘时间，一般配养鱼比草鱼迟 30～40d 下池，混养鱼比例占全池鱼比例的 30%～40%。夏花下塘时需进行"缓鱼"处理，并用浓度为 40 的食盐水或 20mg/L 高锰酸钾溶液浸泡消毒 5～10min，杀灭寄生于鱼体或鳃部上的病原体。全过程注意充氧，避免缺氧。

③ 合理投饵：草鱼夏花下塘时，水温适宜，水质清新，饵料丰富适口，养殖密度较稀，鱼病季节未到，应尽量喂足，促进鱼体生长。在培育天然饵料的基础上，还应适当投喂精饲料。8～9 月份水温高，需适当控制摄食量，夜间不投饵。10 月下旬以后水温下降，鱼病季节已过，可投足饵料，让鱼日夜吃食。

④ 水质管理：草鱼喜欢清新水质，但草鱼吃天然饵料，粪便较多，易肥水，应经常加注新水。一般在饲养殖早期和后期视具体情况 7～10d 注水一次，8～9 月份每 3～5 天注水一次，每次注水 5～10cm 为宜。

⑤ 鱼病防治：夏花下塘前要做好消毒工作。鱼病流行季节，应做好鱼池、饲料场、网具及投喂工具的消毒工作。池塘可以用生石灰、漂白粉、二氧化氯等消毒剂溶液全池泼洒，20d 左右进行 1 次，同时用大蒜素拌饵预防草鱼肠炎病，每 100kg 饲料中拌入大蒜素 1kg，连续投喂 3d，并每隔 20d 左右进行 1 次。网具和投喂工具可在阳光下晒干备用。一旦鱼体发病，应及时对症用药加以治疗。

**4. 2 龄草食性鱼类鱼种池塘管理**

① 大规格鱼种放养：2 龄草鱼的培育有专池培育和成鱼池套养两种方式。专池培育的鱼种混养搭配和放养数量可参考表 3-10。

表 3-10　2龄草鱼鱼种混养和收获情况

| 种　类 | 放养 | | | 收获 | | | 成活率 /% |
|---|---|---|---|---|---|---|---|
| | 规格/g | 尾数 | 质量/kg | 规格/kg | 尾数 | 质量/kg | |
| 草鱼 | 50 | 1200 | 60 | 0.3 | 960 | 2887.5 | 80 |
| 青鱼 | 165 | 150 | 24.75 | 0.75 | 150 | 112.5 | 100 |
| 团头鲂 | 13.2 | 3000 | 39.75 | 0.165 | 2850 | 470.25 | 95 |
| 鲤 | 2.0 | 4500 | 152.25 | 0.175 | 2700 | 60 | 60 |
| 鲫 | 2.0 | 9000 | 6.0 | 0.125 | 5400 | 37.5 | 60 |
| 鲢 | 250 | 1800 | 450 | 0.5 | 1800 | 900 | 100 |
| 鳙 | 125 | 450 | 56.25 | 0.5 | 450 | 225 | 100 |
| 夏花鲢 | 2.0 | 12000 | 6.0 | 0.1 | 11400 | 1140 | 95 |
| 合计 | | 32100 | 1335 | | 25710 | 5832.75 | 86.25 |

② 饲养管理：投喂饲养应根据草鱼生长情况和饲料的适口性，季节性投喂适口适量的饵料。一般早春投喂豆饼、菜籽饼等精饲料。每隔 3d 左右投喂一次，每 1/15hm² 一次投喂 3～8.5kg。4 月份投喂浮萍或轮叶黑藻，5 月份后可投喂黑麦草、苦菜、苣草、嫩旱草以及菜叶等，每 1/15hm² 每天投喂 17kg 左右。一般正常天气，以 8:00 投食、15:00～16:00 吃完为宜。在阴雨天气以投喂浮萍或嫩水草为好，以 3～4h 吃完为宜。进入 7 月份可大量投喂水草，以当天 16:00 吃完为宜。5～6 月份和 8～9 月份是鱼病流行季节，草鱼易生病，应特别注意投饵适量、均匀和卫生，不要投喂变质发臭的水草，并应随时捞除残渣剩饵，以免下沉池底腐烂发酵恶化水质。秋分后天气转凉，投饵量可以尽量充足，并增加精饲料的投喂量，以提高鱼的肥满度。草鱼喜欢水质清新，应经常加注新水以保持水质良好。

## 六、海淡水池塘鱼种池塘日常管理

① 每天清晨和下午巡塘，观察水色和鱼的活动情况，发现鱼浮头及时采取增氧措施。下午巡塘主要观察鱼类的摄食情况以及水中其他生物的活动情况，从而调整投喂量以及估计水质变化趋势，预先采取相应的应对措施。在巡塘时也可以通过水色大致判断池塘的水质情况，好的水色呈绿褐色或茶褐色，透明度 30～35cm，否则应采取注水、施肥、药物控制等手段进行水质调节。

② 鱼种培育期间通过注入新水，一方面可以缓解鱼类浮头现象，另一方面还可以促进浮游生物的繁殖，这对于改善池塘环境，防治鱼病，促进鱼类生长很有利。在管理过程中每月注新水 1～2 次，其中包括部分换水，使水位保持在 1.5m 左右，以草鱼为主养鱼的池塘要更勤冲水。海水池塘一般情况下两次潮水都要进排水，以保证池塘水质的清新，氧气充足。

③ 经常清除池边杂草和池中杂物，保持池塘卫生。

④ 做好鱼种池的日常管理是经常性的工作，为提高管理的科学性必须做好放养、投饵、施肥、注水、防病、收获等方面的记录和原始资料的分析、整理；并做到定期汇总和检查。

## 七、海淡水池塘鱼种出塘、并池越冬

### 1. 鱼种出塘、并池

秋末冬初，水温降至 7～10℃，鱼类已不大摄食，这时就可以将鱼种拉网出塘，按计划将不同种类和规格放养到食用鱼池塘或湖泊、水库中饲养。或者将各池塘的鱼种捕出后按种类和规格归并蓄养在专门的池塘中（并池）。南方地区冬季不结冰或结冰很薄，当晴天暖和时，在背风、向阳的深水区不定期投喂配合饲料，可保证越冬鱼类不落膘。北方地区气候寒冷，鱼类越冬期长，为保证鱼种越冬的成活率，应该将鱼种放在专门的越冬池中越冬。鱼种在出塘时应注意以下几点。

① 鱼种出塘时，应在 5～10℃ 的晴天进行，如果水温高，因鱼类活动能力强，耗氧量大，操作过程容易受伤；而水温过低则容易冻伤鱼体，使鳞片脱落出血，易生水霉。

② 出塘前进行拉网锻炼：通过拉网锻炼，可以降低鱼体含水量，增强对低温的抵抗能力并适应密集、缺氧等不良环境，可以保证鱼种出塘后运输以及越冬成活率。

③ 秋季鱼种出塘时，拉网运输等操作要仔细，防止鱼体受伤鱼种拉网出塘时，首先排水至 1m 左右，开始拉网；鱼种过筛和过数（称重）必须在有水条件下进行；运输也要保证水质良好和不使鱼体受伤。排干水抓鱼时，应尽可能不用手去抓；也不能把鱼和泥混在一起，防止鱼种因受伤而在期间感染疾病。

**2. 鱼种越冬**

经过长期的生产实践，北方地区鱼种越冬已经形成了比较成熟的模式，下面介绍保证鱼种成活率的冰下生物增氧技术。

① 选择越冬池和清塘：越冬池应具备相关条件（参见第一章第四节）和清塘（参见第一章第五节。）

② 注水和施肥：越冬池的水以深井水为佳，河水或水库水也可以。如果是老水的话，应处理后再回注。注水后的透明度最好在 80～100cm 范围内，注水后在封冰前 3～5d 内全池泼洒敌百虫 $(1.5～2)×10^{-6}$，防止越冬期间轮虫大量出现。对于一些营养盐含量极少的池塘，在 12 月份应追加无机肥，方法是根据池水量按 $1.5×10^{-6}$ 有效氮和 $2.0×10^{-6}$ 有效磷，将硝酸氨和过磷酸钙（或相应的氮和磷）混合装入布袋放入冰下。实际用量相当于每 $1/15hm^2$ 2m 水深用硝酸氨 5～6kg 和过磷酸钙 3～4kg。

③ 鱼种入池：越冬池鱼种的放养密度为每 $1/15hm^2$ 放养 4.5～7.5kg，为保证越冬成活率，要求鱼种规格最小为 20g/尾。

④ 及时扫雪和保持冰透明度：结冰时应保持明冰，若遇阴雨天气，结乌冰应及时破除，重新结明冰。无论是明冰还是乌冰，上面的积雪都应及时清除，保证冰下有足够的光照，扫雪面积占全池面积的 80% 左右。

⑤ 适当补水和增氧：由于渗漏使水位下降过大时，应补充一些机井水或大河水。补水时应注意水温和浮游动物的情况，不能补注污染水源，否则会造成缺氧引起鱼类死亡。当越冬池缺氧时，可采取机械的方法来增氧，但要注意水温下降情况，一般以开开停停、白天开、夜间停等措施降低水温的下降速度，当水温降到 1.0℃ 以下时应立即停止。

⑥ 打冰眼观察鱼类活动情况和水质情况：北方地区结冰期长，冰雪较厚，为了及时观察鱼类的活动情况和水质情况，可在冰面打数个冰眼，一般在冰眼处发现鱼类或其他水生生物活动异常，应立即查找原因并采取相应措施。此外，冰眼还具有逸出有害气体（二氧化碳、硫化氢等）的作用。

## 八、海淡水网箱鱼种培育模式

**1. 单养**

网箱中只放养 1 个品种。单养的网箱在投饲、管理等操作上都比较简便。

**2. 混养**

网箱中以一种鱼类作为主养品种，适当搭配一些其他品种。目前多以鳊、鲂等刮食性鱼类作为搭配品种，以利用其刮食、清除箱壁上的藻类等附着物。

养殖鱼种：一是利用网箱为湖泊、水库等大水面培育大规格鱼种，以达到"就地培育、就地放养"的目的；二是直接为网箱养成提供适应性强的优质鱼种。

海淡水网箱鱼种培育注意事项如下：

① 新网箱要在鱼种入箱前 7～10d 先安装下水，让网衣附着藻类后变得光滑些，可避免鱼种表皮摩擦损伤。

② 鱼种在入箱时要过筛选别，大小规格应分箱放养。特别是肉食性鱼类，如果在一个网箱中规格相差过大，会发生大小相残而降低成活率。每个网箱的放养量都要一次性放足，以免因放养时间不同步而引起生长参差不齐。

③ 放苗时要进行鱼体消毒，以杀灭鱼体身上的病原体，预防病害的发生。

④ 放苗时要注意水温的温差。运苗容器中的水温与网箱中水体的水温相差不能大于3℃。

### 九、鱼苗鱼种病害防治工作

夏花出塘时，经过2～3次的拉网，鱼体擦伤后容易感染病菌或寄生虫。所以夏花下塘前应进行药浴，通常用$2×10^{-5}$的高锰酸钾浸浴 15～20min 或在 2%～3% 的食盐水中浸浴 15～20min。

在鱼病高发季节，定期全池泼洒生石灰 $(2～3)×10^{-5}$ 或漂白粉 $1×10^{-6}$ 消毒。必要时在饵料台附近挂袋或通过药饵的方式进行鱼病的防治工作。

(1) 出血病 主要发生在草鱼、青鱼鱼种培育期间，主要危害草鱼。防治方法是注射灭活疫苗。对草鱼进行腹腔注射免疫。当年鱼种注射时间是 6 月中下旬，当鱼种规格在 6～6.6cm 时即可注射。每尾注射百分比浓度疫苗 0.2ml，1 冬龄鱼种每尾注射 1ml 左右。经注射免疫后的鱼种，其免疫保护力可达 14 个月以上。同时还可用浸泡疫苗进行浸泡免疫；在发病季节，每 $1/15hm^2$ 水面、水深 1m 每次用 15kg 生石灰溶水全池泼洒，每隔 15～20d 泼洒 1 次，也有一定预防效果；黄芩拌饵投喂，用量 2～4g/kg，连用 4～6d。投喂时需与大黄、黄柏合用（三者之间比例 2∶5∶3）；全池施用大黄或黄芩抗病毒中草药，用量为 1～2.5mg/L。

(2) 细菌性烂鳃病 是鱼苗鱼种的一种常见病。防治方法是在发病季节每月全池泼洒生石灰 1～2 次，保持池水 pH 在 8 左右；全池泼洒漂白粉，用量 1～1.5mg/L；全池泼洒含氯消毒液；鱼种分养时用 2% 盐水或 1% 大黄液或 1% 乌桕叶液浸泡 5～10min。

(3) 细菌性肠炎病 防治方法是采用内服与外用相结合进行。外用药一般泼洒 $3×10^{-7}$ 含氯消毒剂或每 $1/15hm^2$、1m 水深用 15～20kg 生石灰。内服药用大蒜素粉做成药饵投喂，用量 0.2g/kg，连续投喂 6d。穿心莲全池泼洒 15～20mg/L；拌饵投喂用量 10～20g/kg，连用 4～6d。

(4) 寄生虫性疾病和敌害类疾病防治参见第一章第六节外用消毒剂。丝状藻类清除参见第一章第六节。

## 实践项目三 常用育苗工具的使用方法

### 一、育苗工具的选择

(1) 工具类 水桶、水瓢、捞网（捞海）、烧杯、水盆、水温计、各种规格的尼龙筛绢袋、手电等照明工具。

（2）孵化容器类　孵化桶、孵化池、图或录像。

（3）育苗容器类　①玻璃钢桶 $1\sim2m^3$ 水体；②水泥池 $5\sim30m^2$ 图或录像。

（4）饵料培养容器类　①室内水泥池；②室外土池、图或录像。

## 二、育苗工具的使用

1. 瓢、捞海的正确使用方法。

2. 如何捞卵、捉苗，通过操作示范后，学生再动手操作。怎样才能做到不损伤鱼卵和鱼苗？

3. 如何取苗观察其生活是否正常？现场操作示范，事先到养殖场买卵、鱼苗。用实物让学生操作。

4. 如何投饵料？用实物操作示范，学生再动手操作。

5. 如何观察鱼卵的发育？

6. 如何看仔鱼、稚鱼、幼鱼的发育？示范操作。

## 三、作业

1. 结束前进行测试，检查学生实操的效果。

2. 实验报告。

# 实践项目四　活苗运输技术

## 一、运输工具的选择（水产苗种场现场）

1. 活水船运输（水产苗种场现场）。

2. 活水车运输（水产苗种场现场）。

3. 空运。

## 二、运输前的准备（水产苗种场现场介绍）

1. 鱼苗锻炼方法（水产苗种场现场介绍）。

2. 工具的准备（水产苗种场现场介绍）。

## 三、出苗方法（学生可参与出苗全过程）

1. 鱼苗或鱼种暂养。

2. 活水车运输的水质、水量、氧气要求。

3. 空运的水质、水量、氧气袋与氧气量要求。

4. 分苗与装袋操作训练（学生可参与出苗全过程）。

5. 氧气袋打包操作训练（学生可参与出苗全过程）。

## 四、作业

实验报告。

## 【思考题】

1. 何谓鱼苗？何谓鱼种？
2. 鱼类的仔鱼、稚鱼、幼鱼在形态特征上有何特征？
3. 鱼类仔鱼、稚鱼各期摄食饵料动物有何规律性？
4. 鱼苗池需要何种条件？
5. 鱼种池需要何种条件？
6. 鱼苗放养时有哪些具体要求？
7. 鱼种放养时有哪些具体要求？
8. 鱼苗饲养管理时应注意哪些问题？
9. 鱼种饲养管理时应注意哪些问题？
10. 为什么夏花或鱼种运输前要做好拉网锻炼工作？如何操作？
11. 夏花或鱼种拉网锻炼时应注意哪些事项？
12. 鱼苗鱼种培育期间的疾病有哪几类？
13. 鱼苗鱼种培育期间有哪些敌害？
14. 治疗鱼苗鱼种细菌性烂鳃病、肠炎病有哪些药物？
15. 杀灭危害鱼苗鱼种的寄生虫药物有哪几种？

# 第四章　海、淡水鱼类池塘养殖模式

## 第一节　海水鱼类池塘养殖模式

### 一、池塘结构

海水鱼类池塘基本结构可分为三个不同深浅的养殖区。

① 一区：鱼类养殖区，面积占池塘总面积的 2/5，水深 2～2.5m，底质为泥沙质。

② 二区：花蛤养殖区，面积占池塘总面积 3/10，位池塘中心区，水深 1.2～1.5m，底质为沙质底。

③ 三区：对虾养殖区，面积占总池塘面积的 3/10，位池塘的边缘环池塘堤岸水深0.6～1.8m，底质为泥沙质。在上述基本结构的基础上根据不同养殖鱼类的生物学特性和生态学特性其养殖池塘的结构具有各自的特点。

### 二、池塘设施

① 在每个养殖区之间用 20 目聚乙烯网片隔开。

② 设进排水口各 2 个（其中闸门式各一个，水管式各 1 个），进排水量每小时 35～45m$^3$，进排水口位置相对。

③ 增氧机：每 1/15hm$^2$ 设水车式 1000W/h 一台。

### 三、放养鱼类

① 东方鲀属：双斑东方鲀，菊花东方鲀。

② 鲷科：黄鳍鲷，黑鲷，平鲷。

③ 鮨科：花鲈，点带石斑鱼。

④ 髭鲷属：斜带髭鲷。

⑤ 胡椒鲷属：花尾胡椒鲷。

⑥ 乌塘鳢属：中华乌塘鳢，俗称鲟虎鱼、土鱼。

⑦ 大弹涂鱼属：大弹涂鱼，俗称跳跳鱼、花鱼。

⑧ 黄姑鱼属：鮸状黄姑鱼、双棘黄姑鱼。

⑨ 大黄鱼属：大黄鱼。

⑩ 拟红石首鱼属：美国红鱼。

### 四、混养操作

① 放养前池塘清塘，整塘消毒方法（详见第一章第五节）。

② 池塘底质按三个养殖区的要求建设，各区隔开网片加固。

③ 水，肥水培养生物饵料。

④ 肥水 7d 后放养花蛤苗，一次性放足；15d 后再放大规格鱼种；凡纳容对虾（南美白对虾），先在对虾养殖区内的仔虾培养小池培养 5～7d 后，再放开隔离保护网进入养殖区养殖。对虾放养可根据实际天气情况，先于鱼类放养或迟于鱼类放养。

## 五、日常管理

（1）有目的进排水　进排水的原则是保证水体氧气充足，生物饵料充足，水体水温稳定。根据以上 3 个目的控制每天的进排水量、次数和时间。如夏天每天 2 次，即每个潮汐都在进行进排水，秋季水温下降，进排水视水体三个条件而定，2～3d 进排水 1 次。

（2）投喂饵料　以给鱼投喂饵料为主，给虾投喂饲料为辅。鱼的残杂碎料和粪便给虾作饲料或肥水。花蛤不需投喂饲料。几种鱼类投料情况见表 4-1。

表 4-1　几种鱼类投喂情况

| 投料率/%　饲料名称　鱼类名称 | 鲜杂鱼 | 配合饲料 | 投料率/%　饲料名称　鱼类名称 | 鲜杂鱼 | 配合饲料 |
|---|---|---|---|---|---|
| 双斑东方鲀 | 12、10、8、6、5 | 2、1.5、1 | 点带石斑鱼 | 20、5 | 2、1.5、1 |
| 菊黄东方鲀 | 12、10、8、6、5 | 2、1.5、1 | 花鲈 | 12、5 | 1.5、1、0.8 |
| 黄鳍鲷 | 10、3 | 1.5、1、0.5 | 斜带髭鲷 | 12、5 | 1.5、1、0.8 |
| 黑鲷 | 10、3 | 1.5、1、0.5 | 花尾胡椒鲷 | 15、5 | 2、1.5、0.8 |
| 平鲷 | 10、3 | 1.5、1、0.5 | | | |

（3）投料注意事项

① 高温季节，每日投 2～3 次配合料，每周投喂 1～2 次鲜杂鱼料。

② 个体重 20g 以下幼鱼投饵料或投配合料，选择最大的投料率。个体重 250g 以上时投料率降到最低。

③ 每投料 5d 停料 1d，以利鱼类消化道排空，可提高鱼类对饲料的转化率。

## 六、健康养殖

通过鱼、虾、贝三种动物的混养，改变了单养鱼类时病害频繁出现的现状，在饲养管理中首先需做到饲料新鲜、质量有保证。其次做到科学投料，水温高、水体溶氧少于 5mg/L 时不投料或少投料。最后做到科学喂药，病因不明时不盲目下药，不使用已禁止使用的渔药。

## 七、案例 1——乌塘鳢养殖技术

### 1. 池塘环境条件

选择在河口地带或有淡水源的地方建造养殖池。水深 1.5m 以上，日进排水量应达 1/2 以上；底质为泥质或泥沙质，适宜于鱼钻洞穴居。池塘面积以 1/15～1/3hm² 为佳。池塘面积小，易于管理。若面积太大就会管理不便，特别是鱼病暴发时难以防治。

### 2. 挖沟和设置隐蔽物

在池底应挖有数条横沟和纵沟，沟宽 25cm、深 20～25cm，沟面铺盖水泥预制板或瓦片，以便鱼在侧壁钻洞穴居。亦可在池塘中投放大口径竹筒、塑料管、瓦罐等隐蔽物，供鱼栖息。在池内要搞好防逃设施，四周用 10 目（成鱼养殖）或 20 目（鱼种培育）筛绢网围栏，网埋深 1m 左右，进排水口应有两层网围栏。还应有管理房、饵料储存及加工器具、饵料台（框）及其他养殖工具等。

### 3. 苗种中间培育

将鱼种分成大的 25g/尾、中的 15g/尾、小的 10g/尾三种规格。中间培育池塘面积小，鱼苗放养密度比养成阶段大得多，投喂优质饵料，精心管理，促进鱼苗快速生长，以提高养殖成活率。放苗前 15d 暴晒池底 2 周以上，用生石灰全塘泼洒消毒（方法见第一章第六节）。肥水将塘内的水排干，安装闸网（用 60 目筛绢制成）后，注入新鲜海水 50～80cm，每 1/15hm² 施放复合肥 4～5kg 或尿素 3～3.5kg 和磷肥 0.3～0.5kg，培养基础饵料，待池水变成棕褐色或绿色、桡足类和端足类大量繁生时，即可放苗。乌塘鳢鱼种培育阶段的投饵量见表 4-2。

表 4-2　乌塘鳢鱼种培育的投饵量

| 体长/cm | 规格/(尾/kg) | 投饵率/% | 投饵量/(kg/10⁴尾) |
|---|---|---|---|
| 2～3 | 4800～2400 | 30～25 | 0.6～1.0 |
| 3～4 | 2400～1200 | 25～20 | 1.0～1.7 |
| 4～5 | 1200～600 | 20～17 | 1.7～2.8 |
| 5～6 | 600～200 | 17～14 | 2.8～7.0 |
| 6～7 | 200～100 | 14～12 | 7.0～12.0 |

每日投饵 2 次，早、晚各一次。池塘内设饵料台。鱼的摄食量与水温有密切关系，水温高摄食量大，水温低摄食量少。12 月份即进入越冬期，此时水温降至 13～15℃，摄食强度仅是旺盛时的 1/3，12℃ 以下基本不摄食。在越冬期间，水位要保持在 1.5m 以上，面积小的池塘应搭架用塑料薄膜遮盖保温，日换水量 1/5～1/4，3～4d 投喂一次饵料，投饵率为 1%～2%。到翌年 4 月份水温回升到 15℃ 以后，鱼逐渐恢复正常摄食。至 5 月份鱼种规格达到 60～80 尾/kg，可进入养成阶段。

### 4. 养成管理

水温回升到 15℃ 以上时，进入成鱼养殖阶段。放养密度：水较深的精养池放养（7.5～9.6）×10⁴ 尾/hm²；条件差、面积较大的池放养（3～4）×10⁴ 尾/hm²。

养成期的饵料主要为绞碎的小型蟹类、小杂鱼虾、贝类肉和面粉（鱼粉）混合制成的团状湿性饵料。每日投饵 1～2 次，投饵量为鱼体重的 8%～10%，以 2h 内吃完为宜。

夏秋季每天换水 1/4～1/2，添加适量淡水；冬春季每 2～3 天换水一次。水质理化指标要求：水温 13～30℃，盐度 10～18，pH 8.0～9.2，溶解氧 4.0mg/L 以上，氨氮 0.5mg/L 以下。

## 八、案例2——大弹涂鱼养殖技术

### 1. 池塘条件

① 每口池塘面积小的 0.1hm²，大的 1.3hm²，一般以 0.5～0.6hm² 为宜。面积太大管理不方便，且难以一次投足苗；面积太小不利于弹涂鱼栖息生长，影响单产的提高。

② 塘堤高 50～60cm，塘底应高于低潮线，且要平坦，以便施肥和晒底培养底栖硅藻。底质以软黏土为佳，底面呈泥油面，利于其做孔道和藻类繁殖。

③ 塘内挖十字沟或田字沟，沟深 30～40cm，沟宽视面积而定，一般设 2m，且与闸门连接，以利排水。每口塘设进、排闸门各一座，涨潮时进水深度不超过 30cm。要加一道围网以防逃逸及敌害动物侵入。设置天网（顶网），防止鸟类啄食大弹涂鱼。

**2. 清塘**

放苗前 15d 暴晒池底 2 周以上，用生石灰全塘泼洒消毒（方法见第一章第五节）。

**3. 底栖硅藻培养**

施基肥。每公顷施放粪肥 400kg、米糠 200kg 及碳酸钙 20～50kg。施肥时，应均匀地撒在池底，不要出现堆积。然后注入相对密度为 1.010～1.020 的海水。水深 15cm。为了促进硅藻的生长可同时泼洒水玻璃（含硅酸钠 27%）$30×10^{-6}$、三氯化铁 $3×10^{-6}$。经 3～5d 后，底藻逐渐繁殖起来，形成藻床，即可投苗。所形成的藻床以褐色硅藻及较嫩的蓝绿藻最好。

**4. 放苗**

在 5～7 月份盛产大弹涂鱼自然苗，渔民骑泥马下海用小网兜，利用大弹涂鱼逆水的习性捕取鱼苗。放养前，可先暂养 1～2d，也可直接投放。在投放入池前用聚维酮碘 2～3ml/$m^3$，浸浴 5～10min；或用青霉素 50g/$m^3$ 浸浴 5～10min。防止机械损伤而继发感染。放养密度：全长 3.5cm 左右的鱼，10 尾/$m^2$；全长 8cm 左右的鱼，5 尾/$m^2$；全长 11cm 左右的鱼，3 尾/$m^2$。

**5. 日常管理**

水深 15～20cm，保持水质清澈，让阳光能透入池底，以利用藻类进行光合作用，加速底藻发育繁殖。晴天多云时晒坪施肥，有利于底栖硅藻生长。施肥前先排掉池水，仅沟中留有积水，经晒池待池底晒龟裂后施肥。每 1/15hm² 用尿素 1.75kg、过磷酸钙 0.5kg、水玻璃 0.1kg，或每 1/15hm² 撒放米糠 10kg，或每 1/15hm² 施放鸡、鸭肥 140kg，加 0.1kg 水玻璃。定期引入咸淡水，一般每 15～20 天一次。苗小不宜晒坪。苗 5cm 以上可晒坪。施肥时防止流入大弹涂鱼的洞穴内而毒死大弹涂鱼。引入水质较肥、有丰富硅藻及蓝藻的海水，亦可采用人工接种的方式。池水调节在 3～30cm。大弹涂鱼是河口性鱼类，适宜低盐环境，池水盐度调节在 1.010～1.014。夏秋季换水每 3～4 天一次，春冬季每周换水一次。水温保持在 10℃ 以上。

## 九、案例 3——美国红鱼池塘养殖技术

**1. 池塘的环境条件**

① 水源充足，水质良好，不漏水，进排水方便的土池。至少每月进排水的时间在 15d 以上。

② 面积约 2hm²，水深 2～3m。池底的底质最好是壤土，其次是黏土和沙壤土。

③ 池堤、闸门和进排水渠道安全畅通。

④ 在放苗前 10d 清池消毒（详见第一章第五节）。

⑤ 池塘生物饵料培养，如浮游生物的优势种群，包括藻类、轮虫、枝角类、桡足类以及其他无脊椎动物，如藤壶幼虫、蟹类、软体类、多毛类和水生昆虫，这些生物在不同时间的出现为红鱼苗提供丰富的饵料。

**2. 鱼种放养**

① 鱼种规格：全长 10～12cm、体重 50～60g、体质健壮、体表鳞片完整。

② 密度：$(1.3～1.7)×10^4$ 尾/hm²。

③ 放养时间：选择在 3～9 月份，水温稳定在 20～32℃，在晴天、无风的下午或傍晚放鱼。

④ 准备工作：在池塘避风向阳的一个池角或池边围成一个小范围，并在上方预备 1～2 盏灯，夜间引诱浮游动物，有利于鱼种的集中驯化。3～5d 后，幼鱼能集中摄食时，即可把围网撤离。

**3. 养成管理**

① 养成期的饵料主要为绞碎的小杂鱼虾，日投料量为鱼体重的 8%～10%，或配合饲料，日投饵量为鱼体重的 1.5%～2.0%。以 2h 内吃完为宜，每日投饵 1～2 次。

② 夏秋季每天换水 1/4～1/2，添加适量淡水；冬春季每 2～3 天换水一次。水质理化指标要求：水温 13～30℃，盐度 10～18，pH 8.0～9.2，溶解氧 4.0mg/L 以上，氨氮 0.5mg/L 以下。

## 十、案例 4——黄鳍鲷池塘养殖技术

广东的潮安、澄海等韩江下游沿岸养殖业者有在池塘混养黄鳍鲷的习惯。目前广东的珠海、番禺和福建的厦门、漳州等地开展连片池塘养殖。在世界上一些水产养殖业比较发达的国家和地区，黄鳍鲷已成为养殖的主要品种。

**1. 池塘条件**

① 养殖场选择在沿岸、纳水方便、不受污染、防台风、抗海潮的地方造塘，尤以中潮线以下为宜，盐度在 0.2～21 的范围，pH 值在 6.8～7.8。

② 具备良好的排注水系统，排灌分流。

③ 养殖池配置有增氧机，功率 5～6kW/hm²。

④ 养成池面积 0.6～1hm²，蓄水深 2.8m；中间培育地面积 0.06～0.13hm²，蓄水深 1.2～1.8m，日换水量最大达 1/3。

⑤ 放养前池塘需晒塘、翻底、清塘、消毒和肥水。

**2. 养殖方式**

有池塘单养和池塘混养两种。

① 池塘单养 1 龄鱼：全长 5～8cm，放养密度为 $(4.5～5.5)×10^4$ 尾/hm²。

② 池塘单养 2 龄鱼：全长 15～16cm，放养密度为 $(2.25～2.7)×10^4$ 尾/hm²。

③ 池塘单养 3 龄鱼：全长 21～21.5cm，放养密度为 $(1.5～1.8)×10^4$ 尾/hm²。

④ 池塘混养：对象是摄食能力较强的尖吻鲈、花鲈、紫红笛鲷等鱼类。

⑤ 混养规格和密度：与篮子鱼混养黄鳍鲷全长 5～8cm，放养密度为 $(3～3.7)×10^4$ 尾/hm²；与尖吻鲈混养黄鳍鲷体长 10～12cm，放养密度为 $(0.9～1.2)×10^4$ 尾/hm²；尖吻鲈体长 12～14cm，放养密度为 $(1.5～1.8)×10^4$ 尾/hm²。与花鲈混养，黄鳍鲷体长 5～8cm，放养密度为 $(1.5～1.8)×10^4$ 尾/hm²；花鲈全长 10～12cm，放养密度为 $(1.5～2.5)×10^4$ 尾/hm²。与紫红笛鲷混养黄鳍鲷体长 10～12cm，放养密度为 $(0.9～1.2)×10^4$ 尾/hm²；紫红笛鲷体长 12～14cm，放养密度为 $(1.5～1.8)×10^4$ 尾/hm²。

**3. 养成管理**

白天投喂饲料，上午、下午各一次。杂鱼饲料系数为 8～10；浮性配合饲料，饲料系数为 2.5～27。根据鱼的数量、天气、水温、鱼类摄食及活动情况来调整投饲量。做好水质管

理，一周换水 2～3 次，换水量 15～20cm。及时开增氧机以防止缺氧。

**4. 病害防治**

在秋末冬初易发生头部和上下颌受伤、胸腹尾各鳍发红出血。原因是寄生虫本尼登虫寄生在鳍上，引起鳍条出血。防治药物在第一章第六节已详细说明。与黄鳍鲷性成熟季节性的冲动有关，1 冬龄全为雄性鱼，黄鳍鲷的头部和上下颌受伤达到 85% 左右。防治药物方法采用服用抗生素药物（第一章第七节已详细说明），具体操作方法是先将药物溶解于淡水中，然后将配合饲料放入药水中浸泡 5min，水量以饲料湿透且有弹性、药水不残留为宜。在配合饲料第 2、3 冬龄的黄鳍鲷其性腺已逐步转化为雌性鱼，黄鳍鲷的头部和上下颌受伤情况明显减少。

## 十一、案例 5——石斑鱼池塘养殖技术

目前国内的海南、广东和福建等省均开展斜带石斑、点带石斑、赤点石斑和鞍带石斑等多种石斑鱼池塘养殖，生产性的技术日臻成熟。

**1. 池塘条件**

① 面积：$1/3～2hm^2$，池深 1.8～3m，进口与排水口分别设在池的相对一端。

② 每 $1/5hm^2$ 设水车式增氧机 1 台。

③ 池塘底质为沙质或沙砾。

④ 没有生活和工业污染。

⑤ 纳潮方便，水质清新，日换水量可达 50% 以上。

**2. 放养**

① 鞍带石斑生长快，个体大，放养密度掌握在 $1×10^4$ 尾/$hm^2$。

② 斜带石斑和点带石斑放养密度掌握在 $2×10^4$ 尾/$hm^2$。

③ 赤点石斑放养密度掌握在 $3～4×10^4$ 尾/$hm^2$。

④ 苗种在放养前应进行鱼体驱虫和消毒处理。

⑤ 消毒方法：苗种到达养殖场地暂养 2h 恢复体力后，移入淡水池，水温控制在 22～24℃，水中溶氧量保持在 5mg/L 以上。常用高锰酸钾，浓度为 $5g/m^3$，药浴 5～10min，或福尔马林 $200～250ml/m^3$，浸泡 5～10min。避免石斑鱼因消毒死亡的技术关键一是水中溶氧量必须保持在 5mg/L 以上；二是水温控制在 22～24℃，水温太高必须用冰块降温后再使用。

⑥ 苗种放养最佳季节：海南最佳的放养时间为春节后水温在 20℃ 左右；广东最佳的放养时间为 3 月下旬，水温在 20℃ 左右；福建最佳的放养时间为清明过后 4 月中旬，水温在 20℃ 左右。

**3. 饲料与投喂**

有鲜杂鱼和配合饲料两种。鲜杂鱼投喂方法，36h 投喂一次，石斑鱼生长速度快、成活率高、产量高，可大大降低饵料系数。配合饲料投喂方法，投饵时间：早上 7～8 时或下午 5：30～6：30。鲜杂鱼投饵量为体重的 4%～5%，配合饲料投饵量为体重的 1.5%～2.0%。饲养过程中，根据鱼的生长情况和水温变化等适当调整投饵率。每次投饵点宜多不宜少，投饵量要保证 80% 的鱼吃饱。

**4. 养成管理**

保持稳定和良好的水质环境。每 20 天换水 1 次，换水量为 20～30cm，遇外界水质良好

时，可多换些。换水过程中要彻底排污，去除饵料残渣及鱼粪便。全池泼洒消毒，方法见第一章第七节"外用消毒剂"，在 1～2d 的时间内每隔 20h 再消毒一次。池水的透明度 60～80cm。严防池水长青苔，必要时用药物清除（见第一章第六节"对症下药"、"新药与特性"）。池塘养鱼在养殖期间大量死亡与缺氧有很大的关系，因此，养殖池应保持较深的水位，可根据池塘载鱼量适当开启增氧机，一般阴雨天下半夜开启 2～3h，晴天中午开启 1～2h。

### 5. 提高石斑鱼养殖成活率的技术关键

其一，在养殖过程中应严格控制个体大小差异。30～45d 大小筛选分池饲养。其二，做好病害的预防工作，定期（10～15d）喂药饵一次，每次 3～5d。高温期和农历的三、六、九月是石斑鱼的病发期，应交替喂药饵，疗程 30d。根据具体病情，对症下药治疗。其三，确保水质清新和水体的溶氧量在 4mg/L 以上。

## 十二、案例6——花鲈池塘养殖技术

### 1. 池塘条件

鱼池要求水源充足，交通、供电方便，不易受风暴潮或洪水的冲击。养殖池塘一般为长方形，面积 $1/3～3hm^2$，水深 1.5～2.5m。闲置虾池经加深等改造后，也可进行花鲈养殖生产。池塘进行清整与消毒（详见第一章第六节）。

### 2. 放养

在花鲈商品鱼养殖之前，先在池塘局部区域进行中间培育。花鲈苗种放养规格 3～5cm，鱼苗密度 $(2～3)×10^5$ 尾/$hm^2$。

### 3. 土池中间培育的技术要点

其一，保证池水中有丰富的生物饵料，如轮虫、桡足类、枝角类、糠虾类等浮游生物。其二，投喂鲜杂鱼前先用淡水冲洗干净，绞成肉糜后再行投喂。投饵工作只在白天进行，日投鲜饵量以鱼体重的 15%～20% 为宜。随着鱼苗的生长，饵料可逐渐由绞碎的鱼糜转为鱼糜与配合饲料混合制作的软颗粒饵料，日投饵量逐渐增大，但日投饵量与鱼体重的比例减少至鱼体重的 5%～10%。其三，定期换水，调节水质，水质理化要求达到 pH 7.9～8.3，溶解氧 5mg/L 以上，氨氮 0.02mg/L 以下。其四，鱼苗下池后，在一般的情况下，前 7～10d 不换水，7～10d 以后再进行换水。每天交换的水量以排注水 15～20cm 为宜。为了预防鱼病的发生，应定期对池水进行消毒。方法是每 $1/15hm^2$ 用生石灰 10～15kg，用水稀释后，均匀泼洒于池中，或在交换水时由进水口处缓缓加入。消毒工作应每隔 20d 一次。一般经 50～60d 培育，鱼苗便可长成全长 8～12cm 的鱼种，转入池塘商品鱼养殖。

### 4. 商品鱼养殖

池塘面积在 $1/3～3hm^2$ 的范围，池塘结构一般是鱼虾、花蛤混养型的结构。各地根据当地条件略有调整，有的仅有鱼虾混养，有的仅鱼花蛤或蛏混养。放养鱼种规格在全长 8～12cm 的范围，密度为 $(3～4.5)×10^4$ 尾/$hm^2$。饲料以配合饲料为主，饲料系数 1.2～1.3。养殖周期 240～360d，最早国庆节上市，最迟春节前后上市。上市规格为 400～600g/尾。单位产量 $(4～4.5)×10^4$ kg/$hm^2$。

### 5. 提高商品鱼养殖成活率的技术关键

其一，每 30～40 天大小筛选一次，分开饲养。其二，投料均匀，分 3 次投喂，兼顾小的摄食。其三，高温季节的投料量适量减少。其四，做好水质管理，每日换水量 20cm，水体最低溶氧量 3.5mg/L 以上。6～9 月份这 4 个月份注意做好疾病防治工作。

## 十三、案例 7——双斑东方鲀池塘养殖技术

### 1. 池塘条件与结构

福建闽南地区新型海水高产池塘，其结构分为三个不同深浅的养殖区：一区为鱼类养殖区，面积占池塘总面积的 2/5，水深 2～2.5m，底质为泥沙质；二区为花蛤养殖区，面积占池塘总面积的 3/10，位于池塘中心区，水深 1.2～1.5m，底质为沙质底；三区为对虾养殖区，面积占总池塘面积的 3/10，位于池塘的边缘环，池塘堤岸水深 0.6～1.8m，底质为泥沙质。

### 2. 鱼种放养

4 月下旬至 5 月中旬，幼鱼下塘。

① 规格：2.5～3.5cm/尾。

② 密度：$4.5 \times 10^5$/hm²，45 尾/m²。

### 3. 混养

对虾苗选择适宜时间放入。花蛤苗已在鱼苗放入前投入或已放养第二年。

### 4. 养成管理

平时投喂杂鱼和配合饲料，每天早、晚各投喂 1 次。高温期间逢小潮汛换水困难时只投喂 1 次。在固定的地方投喂饲料。每日换水 1～2 次，高温季节最好在下半夜换水。换水量依水质情况而定。定期泼洒生石灰水，水深 1m 的池塘每公顷用生石灰 150～225kg。

## 十四、案例 8——大黄鱼池塘养殖技术

### 1. 池塘条件

大黄鱼养殖池塘，平均水深在 3m 以上，换水条件要好。池塘面积以 1～3hm² 较好。养殖池最好选择在有淡水源的地方，以便调节水质。在池的浅滩及进水、排水闸门口均应用密网围拦。池底以沙质或沙泥质为好。

### 2. 鱼种放养

鱼种以 100g 左右的大规格为好，以便当年全部达到商品规格。鱼种放养密度为 $(1.05 \sim 1.5) \times 10^5$ 尾/hm²；50g 左右的鱼种密度为 $(1.35 \sim 1.95) \times 10^5$ 尾/hm²；密度太大会影响生长，密度太小会影响鱼的摄食。为清理、利用下沉池底的残饵与带动大黄鱼抢食，增加养殖效益，可混养少量底层鱼、虾、蟹、花蛤等。鱼种放养前应药浴 10min，药水成分为淡水＋甲醛，浓度为 230～250ml/m³。

### 3. 养成管理

平时投喂杂鱼和配合饲料，每天早、晚各投喂 1 次。高温期间逢小潮汛换水困难时只投喂 1 次。若水质不好又无法进水时，也可以暂停投喂 1～2d。应固定在靠排水口的地方投喂饲料，以便把残饵排出池外。投喂的速度要慢一些，时间要长一些。若未见鱼群上浮抢食或听不到水中摄食时发出的叫声，就不宜继续投喂。每日换水 1～2 次，高温季节最好在下半夜换水。换水量依水质情况而定。大暴雨后池塘表层的相对密度下降明显，换水时应先把表层淡水排出，待海区潮位较高时再进水。为改善水质与防病，每隔 10d 左右泼洒生石灰水 1 次，水深 1m 的池塘每公顷用生石灰 150～225kg。

## 【实习与实践】 海水鱼类池塘养殖技术技能

1. 鱼虾贝混养池塘建设技术技能。
2. 大黄鱼池塘养殖技术技能。
3. 双斑东方鲀池塘养殖技术技能。
4. 石斑鱼池塘养殖技术技能。

## 第二节 淡水鱼类池塘养殖模式

### 一、池塘结构

池塘底部的基本结构呈"龟背型"，这类池塘是一种改进型池塘，其优点是适应高产养殖与捕鱼操作。"龟背型"池塘模式见图 4-1。

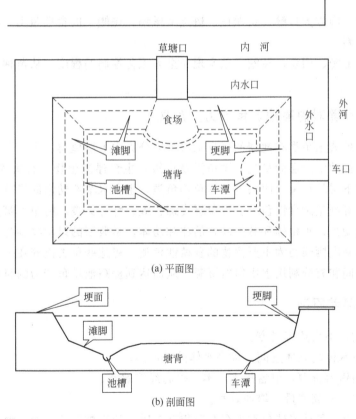

(a) 平面图

(b) 剖面图

图 4-1 龟背型鱼池结构示意图

### 二、淡水养殖鱼类的食性与摄食生物学特点

（1）鲢鱼与鳙鱼 鲢鱼、鳙鱼虽然都属滤食性鱼类，但鲢鱼以滤食浮游植物为主，鳙鱼以滤食浮游动物为主，在饵料上鲢鱼、鳙鱼是矛盾的。因为浮游植物是自养生物，通过光合

作用进行生产；浮游动物是异养生物，主要以浮游植物为食。鲢鱼抢食能力远比鳙鱼强，且池塘浮游动物的数量通常比浮游植物少，因此，鳙鱼放养太多将影响其生长。在生产上，同池放养鲢鱼、鳙鱼的比例一般（3～5）：1。但如投喂足量的商品饲料，尤其是粉状饲料，则鳙鱼的放养量可酌量增加。两者都生活于中上层。

（2）草鱼与青鱼　草鱼吃草，青鱼吃螺、蚬，前者为草食性，后者为肉食性。两者同池塘混养，上半年养草鱼，下半年养青鱼。青鱼上半年个体较小，食谱范围狭窄，只吃螺、蚬，且食量大，下半年水质较肥，青鱼较耐肥水。草鱼食量大，较喜欢清新水体，上半年利于草鱼生长，下半年草料质量差，不利于草鱼生长，主要养青鱼。青鱼生活于池塘的底层，草鱼生活于池塘的中下层。

（3）鲤鱼、鲫鱼、罗非鱼　均属杂食性，偏动物性。个体均较小，与青鱼、草鱼混养能清除残饵剩屑，有"打扫卫生"、改善水质的作用。罗非鱼成鱼则以摄食有机碎屑、丝状藻类和高等植物茎叶为主，也摄食浮游生物。

（4）淡水白鲳、巴西鲷　属杂食性，前者动植物性兼食，后者偏植物性。

（5）团头鲂、鲮　属食植性鱼类，前者主食嫩水草，后者刮食底栖附着藻类和底栖硅藻。

（6）长吻鮠、南方大口鲶、黄颡鱼、斑点叉尾鮰、斑鳢　肉食性鱼类，在人工饲养条件下，摄食配合饲料。

（7）鳗鲡、虹鳟、鲟鱼、黄鳝　已实现完全人工化控制的程度，从苗种到成鱼全过程使用配合饲料。

## 三、池塘鱼类混养对提高池塘鱼产力的意义

根据我国养殖淡水鱼类在池塘的栖息水层可以分为中上层鱼类、中下层鱼类及底层鱼类三种。生活在水体的中上层的鲢鱼、鳙鱼类及白鲫，主食浮游生物、有机碎屑、细菌团粒；生活在水体的中下层的草鱼、团头鲂、鳊鱼等鱼类，主食水草或幼嫩的旱草；栖息于水体底层的青鱼、鲤鱼等则是杂食性鱼类。青鱼摄食螺、蚬、蚌等贝类。鲤鱼、鲫鱼、罗非鱼摄食水生昆虫、摇蚊幼虫、水蚯蚓和各类动物的卵和幼体，是典型的以动物性为主要食物的杂食性鱼类。鲮鱼以刮底栖藻类为主要食物的食植性鱼类。将这些鱼类混养在一起，可以充分利用池塘各水层空间和充分利用水中饵料资源，从而达到提高池塘鱼产力的目的。

## 四、池塘鱼类混养原则

① 互为有利，不会危害对方。
② 充分利用水体的立体空间，提高水体的鱼产力。
③ 充分利用饵料资源，节省投入成本，提高经济效益。
④ 相互促进、提高产量、增加效益。

在混养过程中，各种养殖鱼类也存在着相互矛盾、相互排斥的一面。混养时要限制和缩小这种矛盾，不能随意混养，必须根据各种养殖鱼类的食性、生长情况、饲料来源、气候和池塘条件来决定混养类型，并确定主养鱼和配养鱼的放养密度、规格和放养时间等，这样才能达到相互促进、提高产量、增加效益的目的。如当地有较充裕的肥料，可考虑以鲢鱼、鳙鱼、鲮鱼、罗非鱼等为主养鱼；草资源丰富的地区，可考虑以草鱼、团头鲂和鳊鱼为主养鱼；螺、蚬资源较多的地区，可考虑以青鱼、鲤鱼为主养鱼。凶猛鱼类一般不与其他鱼类混

养，只有在池塘中野杂鱼较多或罗非鱼过度繁殖的成鱼塘中，才可混养一些经济价值高的凶猛鱼类，如鳜鱼、鲈鱼等，但在放养量上一定要有所限制。

## 五、鲢鱼与鳙鱼混养方式

（1）鲢小鳙大混养　以较小规格的鲢鱼（体重约50g）和较大规格的鳙鱼（体重250g以上）混养。

（2）鲢多鳙少混养　控制鳙鱼的放养比例，鲢、鳙比例为10：1。

（3）季节性调节主养鱼　夏季水温较高时，主养鳙鱼；其他季节主养鲢鱼。

## 六、草鱼与青鱼混养方式

（1）季节性调节主养鱼　在8月份以前主抓草鱼生产，使大规格草鱼在8月份左右达到上市规格，通过轮捕降低草鱼存塘密度，改善水质，促进留池鱼的生长。

（2）青鱼上半年主抓饲料的适口性，8月份以后抓青鱼的投喂工作，促进青鱼生长，从而缓和青鱼与草鱼在投喂和水质上的矛盾。

## 七、鲤鱼、鲫鱼、鳊鱼（或团头鲂）与青鱼、草鱼混养

（1）放大不放小，当年都上市　一般每放养1kg的草鱼种，可搭配13cm左右长的鳊鱼或团头鲂5～6尾；每放养1kg青鱼种，可搭配重20g左右的鲤鱼2～4尾，年底均可达上市规格。

（2）在商品饲料投喂充足的情况下，鲤鱼的放养量可增加1倍以上，同时每1/15hm$^2$可搭养10～15g的鲫鱼1000尾左右。

## 八、鲢鱼、鳙鱼与青鱼、草鱼、鳊鱼（或团头鲂）混养

一般高产养鱼塘，每1/15hm$^2$净产500kg的池塘，吃食性鱼类与滤食性鱼类比例大致为5.3：4.7；净产1000kg的池塘，两者比例为6.3：3.7。产量越高，滤食性鱼类所占的产量比例越小，这是由于浮游生物不可能按比例大量增长，有部分肥料和残饵没有得到充分利用，未参与池塘物质与能量循环的缘故。

## 九、罗非鱼与鲢鱼、鳙鱼混养

（1）交叉放养　上半年养鲢鱼、鳙鱼，下半年养罗非鱼。

（2）罗非鱼与鲢鱼、鳙鱼混养　上半年罗非鱼个体小、密度稀，对鲢鱼、鳙鱼影响小，此时抓好鲢鱼、鳙鱼的饲养，争取大部分在6～8月份达到商品规格上市。下半年罗非鱼个体增大，密度增加，此时集中抓好罗非鱼的饲养管理，降低鲢鱼、鳙鱼的放养密度，同时将达到上市规格的罗非鱼及时捕捞上市，到年底捕起大部分罗非鱼后，再增加鲢鱼、鳙鱼的放养量。

（3）控制罗非鱼的放养密度及繁殖　放养鱼种时，要根据池塘中各种饲养鱼类的放养量来确定罗非鱼的放养密度。在饲养过程中，将达到上市规格的罗非鱼及时捕捞上市，减少存塘量，以缓和罗非鱼与鲢鱼、鳙鱼混养的争食矛盾。

（4）增加投饲量和施肥量　根据池中存塘的密度和摄食情况，适当增加投饲量和施肥量，以加速浮游生物繁殖生长，缓和食物短缺的矛盾。

成鱼混养是一门学问。随着养殖鱼类品种的增多，鱼类之间的关系也日益复杂，只有通过认真实践，才能找到它们之间的最佳搭配，提高效益，增产增收。

### 十、池塘鱼类高密度养殖

池塘鱼类高密度养殖技术是在混养的基础上进行的。为此，池塘鱼类高密度养殖的技术性要求更高。具体要求综合考察以下几个方面：一是池塘条件；二是养殖管理者和养殖人员的技术素质；三是养殖苗种的种质标准；四是饲料质量与供应；五是资金保障。以上五个方面的条件缺一不可。

**1. 池塘条件**

池塘要有良好的水源，水位较深，淤泥较少，才可以适当密放。这是由于较深的水位水容量大，水质较稳定，排灌水方便，在紧急时可以随时加注新水，补充蒸发，调节水质。配备增氧设备。池塘具备良好条件是池塘鱼类密养的基础。

**2. 养殖管理者和养殖人员的技术素质**

应把养殖管理者和养殖人员的技术素质列入鱼类池塘高密度养殖综合考察的条件之一。以往曾忽略这点。不具有高素质的、懂专业的养殖管理者和养殖人员的单位，要进行鱼类池塘高密度养殖应慎重考虑。池塘养鱼是三分养、七分管，如果精心管理，再配合相应的设施，如投饵机、增氧机、水质改良机和注排水体系的灵活使用，就有可能加大放养密度。具体到某一口鱼池，放养多大放养密度才算合理并不是人为规定好的，而是需要反复实践多年，才能摸索出规律。所谓合理密放，具体表现在池塘产量较高、饲料系数较低、饲养成本低、经济效益高。

**3. 养殖苗种的种质标准**

在选择池塘高密度养殖鱼类的种类和品种时，首先调查了解亲本的来源、亲本是否符合国家所规定的达到苗种质繁育的技术标准要求；产地的底质和水质是否符合国家所规定水产养殖用水的标准；受精卵孵化、苗种培育全程的饵料和用药是否符合国家所规定水产育苗用药的标准；苗种的生长发育性状是否达到国家所规定的要求，等等。凡是早繁早育个体小、耗氧量高不耐密养、适应环境能力差易死亡、摄食量大生长慢、饲料转换率低、攻击性强、争食物争地盘的鱼类密养时应慎重选择。

**4. 饲料质量与供应**

有饲料的数量与质量的保证是密养的前提条件。鱼池鱼种放养量大了，食物的需求量也增大。食物量必须有足够保证，才能让鱼种长成上市规格。鱼的放养密度越大，饲料的投喂应越多；饲料的质量越好，鱼产量越高。为此，选择好饲料品牌和稳定的饲料供应商极为重要。

**5. 资金保障**

池塘高密度养殖是目前一项高投入、高产出、高效益和高风险的淡水池塘养殖方式。投入分为短期、中期和长期三种。一般池塘高密度养殖短投入周期为12～14个月，中投入周期为24～26个月，长投入周期为36～38个月。苗种资金约占总投入资金的1/5，饲料资金约占总投入资金的2/5，日常管理费资金约占总投入资金的1/5，预留的风险资金约占总投入资金的1/5。以往没有把该项目列入养殖技术范围来讲授，养殖管理者缺乏资金的统筹安排，导致池塘高密度养殖过程中因资金的不连续性或资金的不到位或资金安排的不合理性，影响池塘高密度养殖的效果。

### 十一、池塘高密度养殖模式

**1. 高密度养殖类型**

随着养殖技术的进步和市场需求的变化，目前淡水池塘高密度养殖类型分为滤食性鱼类主养类型，即主养鲢、鳙鱼类型；主养草鱼、鲂鱼类型；主养鲤、鲫鱼类型；精养鲤鱼类型；精养草鱼类型；主养罗非鱼类型；鲢、鳙与鲤鱼并重类型；鲢、鳙与草鱼并重类型。

### 2. 密养模式举例

商品鱼生产各地都有适合当地特点的密养模式，这里介绍以鲢、鳙鱼为主养，以草鱼、鲂鱼为主养和以鲤鱼为主养等模式，见表4-3。

表 4-3　1/15hm² 净产 1000kg 密养模式

| 净产量指标/kg | 放养 | | | | | 占总放养量百分率/% | | 成活率/% | 计划产量 | | | 轮捕 | 增重倍数 |
| | 主养鱼类 | 种类 | 尾重量/g | 数量/尾 | 重量/kg | 尾数 | 重量 | | 尾重量/g | 毛产量/kg | 净产量/kg | | |
| --- | --- | --- | --- | --- | --- | --- | --- | --- | --- | --- | --- | --- | --- |
| | 鲤 | 鲤 | 125 | 1300 | 163 | 57 | 75 | 90 | 800 | 936 | 773 | | 6 |
| | | 鲢 | 100 | 400 | 40 | 30 | 20 | 90 | 600 | 216 | 176 | | 5 |
| | | | 10 | 300 | 3 | | | 75 | 100 | 22 | 20 | 3次 | 8 |
| | | 鳙 | 100 | 100 | 10 | 13 | 5 | 90 | 650 | 59 | 48 | | 6 |
| | | | 10 | 200 | 2 | | | 75 | 100 | 15 | 13 | | 8 |
| | | 合计 | | 2300 | 218 | 100 | 100 | | | 1248 | 1030 | | 6 |
| 1000 | 草鱼 | 草鱼 | 125 | 1200 | 150 | 52 | 73 | 85 | 900 | 918 | 768 | | 6 |
| | | 鲢 | 100 | 400 | 40 | 30 | 21 | 90 | 600 | 216 | 176 | | 5 |
| | | | 10 | 300 | 3 | | | 75 | 100 | 23 | 20 | 2次 | 8 |
| | | 鳙 | 100 | 100 | 10 | 18 | 6 | 90 | 700 | 63 | 53 | | 6 |
| | | | 10 | 300 | 3 | | | 75 | 100 | 23 | 20 | | 8 |
| | | 合计 | | 2300 | 206 | 100 | 100 | | 100 | 1243 | 1037 | | 6 |
| | 罗非鱼 | 罗非鱼 | 50 | 2000 | 100 | 85 | 74 | 95 | 500 | 950 | 850 | | 10 |
| | | 鲢 | 100 | 350 | 35 | 15 | 26 | 90 | 750 | 236 | 201 | 3次 | 7 |
| | | 合计 | | 2350 | 135 | 100 | 100 | | | 1186 | 1051 | | 9 |
| | 鲢鳙与鲤鱼并重 | 鲢 | 100 | 700 | 70 | 52 | 50 | 90 | 600 | 378 | 308 | | 5 |
| | | | 200 | 250 | 50 | | | 95 | 550 | 131 | 81 | | 3 |
| | | | 10 | 350 | 4 | | | 75 | 200 | 52 | 49 | | 17 |
| 1000 | | 鳙 | 150 | 150 | 23 | 12 | 14 | 90 | 650 | 88 | 65 | | 4 |
| | | | 250 | 50 | 13 | | | 95 | 600 | 29 | 16 | 3次 | 2 |
| | | | 10 | 100 | 1 | | | 75 | 250 | 19 | 18 | | 18 |
| | | 鲤 | 100 | 800 | 80 | 32 | 32 | 90 | 750 | 540 | 460 | | 7 |
| | | 草鱼 | 100 | 100 | 10 | 4 | 4 | 85 | 800 | 68 | 58 | | 7 |
| | | 合计 | | 2500 | 250 | 100 | 100 | | | 1305 | 1055 | | 5 |
| | 鲢鳙与草鱼并重 | 鲢 | 100 | 850 | 85 | 52 | 60 | 90 | 600 | 459 | 374 | | 5 |
| | | | 400 | 250 | 100 | | | 95 | 650 | 155 | 55 | | 5 |
| | | 鳙 | 100 | 150 | 15 | 10 | 11 | 90 | 650 | 88 | 73 | | 6 |
| 1000 | | | 400 | 50 | 20 | | | 95 | 750 | 36 | 16 | 3次 | 2 |
| | | 草鱼 | 100 | 600 | 60 | 31 | 25 | 80 | 1000 | 480 | 420 | | 8 |
| | | | 350 | 50 | 18 | | | 90 | 1250 | 56 | 39 | | 3 |
| | | 鲤 | 75 | 150 | 11 | 7 | 4 | 90 | 750 | 101 | 90 | | 9 |
| | | 合计 | | 2100 | 309 | 100 | 100 | | | 1375 | 1067 | | 5 |

### 十二、高密度养鱼池日常管理

#### 1. 池塘管理要点

一是正确处理好改善池水的理化条件，为鱼类正常生长创造良好的生活环境与投饵施肥使鱼类得到充足的适口饲料的关系。池塘管理的关键就是处理好这一矛盾，使水质保持"肥、活、爽"，投饵保持"匀、足、好"。二是处理好鱼体与水体之间的关系。鱼体不断增长，水体的空间不断减小，水体中鱼的密度不断加大。及时捕大上市，补充小规格鱼种，保证适宜密度。三是贯彻以防为主，生态型健康养殖理念，不用药或少用药，严禁使用禁药或非兽用药或非水产用药。

#### 2. 一日管理案例

① 每天早、中、晚三次巡塘：黎明时观察鱼有无浮头现象及浮头程度，如发现浮头，须及时采取措施。中午或午后水温较高，应观察鱼的活动和吃食情况。傍晚时应检查全天吃食情况，有无浮头预兆。夏季天气突变时，鱼类易发生严重浮头，应在下半夜再巡视一次。

② 池内污物、残草等应随时捞出，发现死鱼也应及时捞起并查明原因，池边杂草等也应定期清除。

③ 池水注排量一般每 10 天或半个月注水一次，以补充蒸发消耗。夏季、秋季要保持高水位，使鱼类有较宽裕的活动空间。此外，还要根据降雨情况，做好防洪和防旱工作。

④ 饵肥种类、数量稳定：根据天气、水温、季节、鱼类生长和吃食情况，确定投饵施肥的种类和数量，做好全年饲料、肥料的投喂及分配计划等。培育和控制优良水质，根据池水的肥瘦进行池水的施肥与注排水工作。有机肥和无机肥的施用见第一章第五节"有机肥施肥方法"至"施用时要注意"。

⑤ 管理日记：记录各种鱼的放养、收获情况以及每天的投饵施肥、水质管理、病害防治措施等情况，以便统计分析和今后生产计划的制定。

⑥ 防止鱼类浮头和泛池：养鱼池塘有机物多，耗氧量大，当溶氧量低到一定程度，鱼类就会浮到水面，将空气和水一起吞入口内，即"浮头"。浮头是鱼类对缺氧的应急反应，吞入口内的空气在鳃内分散成很多小气泡，有助于鱼类的呼吸。但当水中溶氧量进一步下降时，鱼类就有可能窒息死亡。鱼类浮头前，可根据天气、季节、水温、水色、吃食等情况来预测。

若发现鱼类有浮头预兆，可采取以下方法预防：如果天气阴雨连绵，应在浮头前开动增氧机；水质过浓，应及时加注新水，增加透明度；估计鱼类可能浮头，要减少投喂量；夏季如果天气预报傍晚有雷阵雨，则可在晴天中午开增氧机。

鱼类浮头程度的轻重，可通过几个方面来判断：黎明时开始浮头为轻浮头，半夜或上半夜开始浮头则为重浮头；鱼在池中央部分浮头为轻浮头，整个池面都有鱼浮头为重浮头；鱼稍受惊动即下沉为轻浮头，受惊时不下沉为重浮头；鳊、鲂浮头，野杂鱼和虾在岸边浮头为轻浮头，草鱼、青鱼浮头为较重浮头，鲤鱼浮头为重浮头。

发生浮头时应立即采取增氧措施，大量加注新水或开动增氧机、水泵，且先用于抢救浮头严重的池塘。水泵加水时需平水面冲出，使水流冲得越远越好。抢救浮头不得中途停机，一般要待日出后方可停机或停泵。

⑦ 合理使用增氧机：增氧机具有增氧、搅水、曝气等综合作用。目前使用的增氧机有叶轮式、水车式、喷水式、射流式等多种多样的型号，应根据本地池塘条件及养殖方式来选

定合适的增氧机。由于增氧机可预防和减轻鱼类浮头，因此，装备有增氧机的池塘可提高放养密度，增加施肥、投饵量。合理使用增氧机，不但可以预防和减轻浮头，而且可以改善水质，加强池塘物质循环，促进浮游生物繁殖，有利于增加鱼产量。增氧机最适开机时间的选择和运行时间，应根据天气、鱼类动态以及增氧机的负荷等灵活掌握。一般采取晴天中午开，阴天清晨开，连绵阴雨半夜开，傍晚不开，浮头早开；天气炎热开机时间延长，半夜开机时间长，中午开机时间短，负荷面大开机时间长，负荷面小开机时间短。

## 十三、轮捕轮放与鱼类池塘混养和密养

### 1. 轮捕轮放在鱼类池塘混养和密养中的应用

① 鱼类的轮捕轮放是在池塘鱼类立体混养和密养的基础上发展起来的。通过鱼类的轮捕轮放提高池塘单位面积的鱼产量。

② 轮捕轮放是充分发挥混养与密养池塘功能的一项有效手段。通过捕大补小轮捕轮放等手段实现最高的池塘鱼产力作用。

③ 鱼类池塘混养在粗放型的情况下。如北方地区天然的池塘不需采取轮捕轮放的手段。如南方丘陵贫瘠的池塘也不需采取轮捕轮放的手段。城郊养鱼高产池塘，具备良好的商品鱼销售渠道和具备苗种补充的良好资源条件，才有可能应用轮捕轮放的技术。

④ 轮捕轮放在鱼类池塘混养和密养中的应用的原则：计划周密，产量提高安全可靠，鱼的品质有提升，经济效益有提高。市场调节性强，可产生良好的经济效益和社会效益。

### 2. 轮捕轮放的科学原理与优越性表现

(1) 轮捕轮放使鱼池在商品鱼养殖过程中始终保持较合理的密度，以利于鱼类生长 如果一年放一次鱼，到年底全部捕捞上市的话，就会出现前期因鱼体小，鱼池水体不能充分利用，后期又会因鱼已长成，其活动空间缩小，抑制了鱼体生长的现象。实行轮捕轮放技术后，前期可以多放一些大规格鱼种，等鱼体长大成商品鱼再及时将其捕捞上市，使池塘载鱼量始终保持在最大限度之下，处于动态平衡状态。这就相对延长和扩大了鱼池的饲养时间和空间，还可促使较小规格鱼种加速生长。

(2) 使商品鱼池混养鱼的种类、规格和数量进一步增加，从而提高饲料、肥料的利用率 利用轮捕轮放技术，有利于控制鱼类生长期的密度，从而缓解鱼类之间包括同种鱼类间在食性、生活和生存空间上的矛盾，实现交叉放养、交叉上市，发挥"水、种、饵、肥"的综合生产潜力。

(3) 可以为下一年培育数量多、质量好的大规格鱼种，保证商品鱼连年稳定高产 商品鱼池通过捕大补小，捕出符合上市规格的商品鱼后，又及时补放夏花鱼种，从而平衡了池塘载鱼量。套养的鱼种相对密度稀，在饵肥条件好的环境中生长快速，这样商品鱼池又兼作了鱼种池。在生产上市商品鱼的同时，池塘又为下一年准备好了大规格鱼种，这种一茬压一茬的放与捕，为池塘稳定高产奠定了物质基础。

(4) 做到活鱼均衡上市 一般来说，商品鱼大多在9～10月份集中上市。鲜鱼集中上市不仅市民无法接受，而且销售价格也受到很大影响。采取轮捕轮放就能比较好地解决这一难题。由于放养规格是多级的，所以在全年的每个月份都需要把达到商品规格的鱼捕捞上市，从而排开了上市时间，平衡了市场供应，销售价格也可以稳中求升，实现经济效益、社会效益双飞跃。

(5) 有利于资金周转 这个好处也是显而易见的。商品鱼有计划地全年上市，资金就可

以不断回笼。事实上，资金周转加速有利于扩大再生产，对减少流动资金数量、缩小贷款金额、减耗增收都有好处。

**3. 轮捕对象与时间**

（1）轮捕对象　主要是放养密度较大的鲢鱼、鳙鱼和养殖后期不耐肥水的草鱼。罗非鱼只要达到商品规格也是轮捕对象。青鱼、鲤鱼、鳊鱼因捕捞困难，一般不作为轮捕对象。

（2）轮捕时间　计划性轮捕，如计划轮捕间隔时间为30d、60d、90d。主要考虑在夏秋季节的6～10月份，水温较高，鱼生长快，要通过轮捕降低密度。11月份以后水温日渐降低，鱼生长转慢，除捕出符合商品规格的鲢鱼、鳙鱼、草鱼、鳊鱼外，主要应捕出易受低温致死的鱼类，如罗非鱼、淡水白鲳等。为了掌握轮捕的时间及数量，除经常观察池塘鱼类的浮头、摄食和生长情况外，还要了解在不同水温条件下几种主要养殖鱼类的净产量及各饲养阶段的增重比例，以此推断池塘最大载鱼量的出现时间，作为适时轮捕的依据。

**4. 轮捕轮放技术要点**

轮捕轮放多在天气炎热的夏秋季节进行，故又称捕"热水鱼"。因水温高，鱼的活动能力强，捕捞难度大。加之鱼耗氧量大，不能忍耐较长时间的密集，而捕在网内的鱼大部分要回池，如在网内时间过长则很容易受伤或缺氧窒息，因此要求捕捞操作细致、熟练、轻快。

（1）捕鱼前的准备　捕鱼前数天，要根据天气情况适当控制施肥量，以确保捕捞时水质良好。捕鱼前一天，应适当减少投饲量，以免鱼饱食后捕捞时受惊跳跃造成死亡。撒网捕鱼前还要将水面的草渣污物捞清，使操作顺利进行。

（2）捕鱼时间的确定　捕捞要求在一天中水温较低、池水溶氧较高时进行，一般多在下半夜、黎明或早晨捕捞。鱼捕出后及时上市。如鱼池中有浮头征兆或鱼正在浮头，则严禁拉网捕鱼。傍晚不能拉网，以免引起上下水层提早对流，加速池水溶氧消耗，造成鱼浮头。

（3）捕捞操作　鱼池水深、载鱼量大，目前大多数地区采用的人工下水踏纲捕捞的方法已不适应生产需求。江苏无锡、苏州等地区使用船只，采取类似湖泊捕捞的方法，效果较好。捕捞时，拉船不直接拉网，以竹篙代替人踏网纲，起网后，两只船就形成一个流动大网箱，使网内的鱼有较高的氧气条件，便于选鱼。此法捕获率高，劳动强度低，留塘或转塘的成活率高。如无船只，只能用下水踏纲拉网的方法捕捞。起网后，应立即用水泵向网箱内冲水，使网箱内形成水流，及时洗去网上和鱼鳃内的污泥和脏物，改善网箱内水质，以供选鱼用。

（4）捕捞后的处理　捕捞后，由于翻动池底淤泥使水质浑浊，同时鱼体分泌大量黏液，耗氧增加。此时应立即加注新水或开增氧机，使鱼有一段顶水时间，以利于洗净鱼体上过多的黏液，增加溶氧，防止浮头。在白天捕鱼，一般加水或开增氧机2h左右即可；在夜间捕鱼，加水或开增氧机一般要到日出后才能停泵停机。

## 【实习与实践】　淡水鱼类池塘养殖技术技能

1. 池塘混养模式

① 鲢鱼、鳙鱼、青鱼和草鱼混养。

② 鲤鱼、鲫鱼、鳊鱼（或团头鲂）与青鱼、草鱼混养。

③ 罗非鱼与鲢鱼、鳙鱼混养。

2. 池塘高密度养殖模式

① 分为滤食性鱼类主养大类型，即主养鲢、鳙鱼类型。

② 主养草鱼、鲂鱼类型。

③ 主养鲤、鲫鱼类型。

④ 精养草鱼类型；精养鲤鱼类型；主养罗非鱼类型。

3. 池塘轮捕轮放模式

① 四大家鱼轮捕轮放类型。

② 罗非鱼轮捕轮放类型。

③ 草鱼、鲤鱼轮捕轮放类型。

## 【思考题】

1. 简述海水鱼类养殖池塘的基本结构类型。

2. 简述海水鱼类池塘养殖设施。

3. 适宜海水池塘养殖的鱼类有哪些种类？

4. 采用混养模式有哪些优点？

5. 海水鱼类池塘混养的原则有哪些方面？

6. 淡水鱼类池塘混养的原则通常指哪些方面？

7. 淡水池塘五大混养类型的鱼类具有哪些方面的生物学特点？

8. 在淡水池塘进行商品鱼的密养应具备哪些条件？

9. 目前淡水池塘进行商品鱼混养有哪八大类型？

10. 商品鱼养殖采用轮捕轮放的生产方式，其前提条件是什么？

11. 商品鱼养殖轮捕对象与时间有哪些要求？

12. 商品鱼养殖采用轮捕轮放时应注意哪些事项？

13. 根据轮商品鱼轮捕轮放的特点，简述你的轮捕轮放生产作业的技术措施。

# 第五章 内陆水域鱼类增养殖技术

## 第一节 内陆水域概述

### 一、河流的特点

① 水生生物生命活动过程为河水提供大量的有机物及大气中不含有的极微量的气体成分，但生物过程对水中离子和气体成分作用比较弱，气体成分多以分子形式存在。此外，水中化学组成随水流过程变化及时间变化强烈。原因是江河水不仅与地表水之间有交换过程，而且与地下水有着密切联系，因而致使江河水化学成分复杂多样。

江河水系是人类社会主要供给水源，也是人类生产活动较多的场所，它被污染的机会多、途径多，污染物来源广，种类复杂，一旦遭受到污染就会严重影响人类生活和生产活动。

河流的水化学特征主要受降水量、河水的补给情况、流域内的地质、土壤、地貌等环境条件和人类活动等因素的影响。

② 东南沿海，由于雨量丰富，土壤常年在流水溶淋作用下，可溶解盐难以积累，河水矿化度低于 50mg/L，属于重碳酸盐类组或钙组水，是全国矿化度最低的地区。

淮河、秦岭以南的长江中下游广大地区矿化度在 100～200mg/L 以下，也为重碳酸盐水。

淮河、秦岭以北大部地区河水矿化度在 200～300mg/L，矿化度较大，除重碳酸盐型水外，也出现了硫酸盐型和氯化物型水。

黄土高原南部，河水矿化度约为 300～400mg/L，由于干旱和河套灌溉的影响，西北部上升到 500～1000mg/L；在甘、宁苦水区，由于含盐底层的影响，河水的矿化度可超过 1000mg/L。

西北内陆盆地由于干旱少雨，大气湿度小，蒸发量大，河水的矿化度均大于 1000mg/L，是全国矿化度最高的地区。但在山区垂直变化比较明显。从高处往低处，矿化度由 200mg/L 逐渐增加到 1000mg/L 以上，并随着矿化度的提高，河水中的 $SO_4^{2-}$、$Cl^-$、$Na^+$、$K^+$ 等离子也显著增加，多为硫酸盐型和氯化物型组水，磷酸盐等营养物质积聚也较多。

③ 秦岭、淮河以南，硬度的地区变化不大，在 1.5mmol/L 以下，属于软水区。秦岭、淮河以北，河水的硬度较高，地区变化较大，在 1.5～3.0mmol/L。

东北北部、东部以及新疆天山、阿尔泰山区的硬度较低。

外流河的河口段，由于潮汐的影响总硬度显著提高。苏北和华北沿海河流的总硬度均大于 3mmol/L，离子组成变化在重碳酸盐组水和氯化物钙组水之间。

④ 东南沿海红壤、黄壤地区的河水，因受土壤的影响，pH 值有时低于 7；往北逐渐升高，黄河水 pH 值在 7.4～8.9；但东北部山地、新疆阿尔泰山区，河水 pH 值在 6.5～7.0，

为微酸性水。

## 二、湖泊的自然条件

(1)我国有天然湖 $2.4 \times 10^4$ 多个。湖泊总面积 $7.425 \times 10^4 km^2$，占内陆水总面积的 42.2%。面积在 $1km^2$ 以上的湖泊 2800 多个，其中 $100km^2$ 以上的就有 100 多个。我国湖泊总的特点是：大部分与河流相通，面积不大，水较浅，有利于渔业生产。

(2)湖泊的形态　分为沿岸带、亚沿岸带、深水带三部分。

(3)湖泊的水环境特征　一是水流迟缓，湖水的换水周期长；二是矿化度较河流高；三是水质成分变化受湖泊面积大小影响；四是水生生物因素对水中气体及生物生成物质影响大。

(4)湖泊的生物学状况　一是湖泊中滋生大量水生维管束植物，这种湖泊称"草型湖泊"；二是湖泊中水生维管束植物大量破坏，水质过肥，湖泊中浮游藻类大量繁殖，致使水域富营养化，这种类型的湖泊称"藻型湖泊"。

(5)湖泊的生产性能状况　一是东北地区有机质分解缓慢，得以积累于土壤中，可随径流带入水体，因此水质较肥。二是淮河以北、黄土高原以东、东北南部，这一地区大中型水体富营养的占 25%，中营养水体占 75%，水的肥度不如东北地区。三是黄土高原，黄河含沙量是世界第一，该地区的水库也淤积严重，水体变浅迅速，水质浑浊，各种植物少，基本失去了渔业利用价值。该地区日照时数多，日照率高；降水少，蒸发量大，水中的矿物质含量较高。四是青藏高原区，由于地势高，大部分地区热量不足（4500m 的地区最热月平均温度不足 10℃），所以多为贫营养型水体。该地区只有耐寒、耐碱、杂食性和生长缓慢的裂腹鱼亚科和条鳅类可以生存。五是长江中下游地区，本地区水体虽然没有东北肥沃，但鱼类生长期长，水体众多，是我国最重要的产鱼区。六是华南地区，本地区温水性鱼类生长期长，适合网箱和投饵养鱼。七是西南区域，气候有多种类型，有高原也有盆地，由于山峦叠嶂，还出现许多小气候类型。该地区水体众多，适合于各种类型的渔业。

## 三、水库的自然条件与类型

水库根据水库所在地区的地貌、淹没后库床及水面的形态，分为以下 4 种类型：山谷河流型水库、丘陵湖泊型水库、平原湖泊型水库和山塘型水库。

(1)山谷河流型水库　建造在山谷河流上的水库。拦河坝常横卧于峡谷之间，库周群山环抱，岸坡陡峻，坡度常在 30°～40°以上；水库洄水延伸距离大，长度明显大于宽度；库床比降大，水位落差大；一般水深为 20～30m，最大水深可达 30～90m。

(2)丘陵湖泊型水库　建造在丘陵地区河流上的水库。库周围山丘起伏，但坡度不大，岸线较曲折，多库湾，洄水延伸距不很大，新敞水区往往集中在大坝前一块或数块地区；最大水深 15～40m，淹没农田较多，水质一般较肥沃。

(3)平原湖泊型水库　建造在平原或高原台地河流上或低洼地上围堤筑坝而形成的水库。库周围为浅丘或平原，水面开阔，敞水区大，岸线较平直，少湾汊；与山谷水库相比，单位面积库容较小，水位波动所引起的水库面积变化较大，常有较大的消落区；库底平坦，多淤泥，最大水深在 10m 左右。

(4)山塘型水库　是为农田灌溉而在小溪或洼地上修建的微型水库，其性状与池塘相似。

## 第二节　湖泊河流增养殖技术

### 一、银鱼大水面增殖技术

(1) 银鱼成体移植技术

① 银鱼成体产卵前移植。

② 水温低时移植，保证银鱼移植的成活率。

(2) 受精卵移植技术

① 人工授精获得大批量的受精卵。

② 在湖边建立受精卵孵化台或孵化箱。

③ 达到移植年限和密度。

④ 选择适宜的捕捞渔具与渔法。

### 二、鱼类增养殖技术

(1) "四大家鱼"增养殖技术　采用网箱培育大规格鱼种，轮捕轮放，提高养殖产量和鱼产量。

(2) 鲟鱼网箱养殖　采用室内培育苗种、网箱培育大规格鱼种和网箱商品鱼养殖技术。

(3) 草鱼网箱养殖　采用湖叉培育苗种、网箱培育大规格鱼种和网箱商品鱼养殖技术。

(4) 鲤鱼、罗非鱼网箱养殖　采用湖叉培育苗种、网箱培育大规格鱼种和网箱商品鱼养殖技术。

(5) 翘嘴红鲌网箱养殖　采用湖叉培育苗种、网箱培育大规格鱼种和网箱商品鱼养殖技术。

(6) 斑点叉尾鮰网箱养殖　采用网箱自然产卵，室内孵化，湖叉培育苗种、网箱培育大规格鱼种和网箱商品鱼养殖技术。

(7) 鲢、鳙鱼商品鱼网箱养殖　采用"游牧型"移动式，哪里的浮游动植物丰富就在哪里养。

## 第三节　水库增养殖技术

与湖泊增养殖相类似的，可进行银鱼的移植和进行网箱养殖（参见网箱养殖章节）。

小型水库的鱼类精养方式，可通过高密度放养、投喂精饲料、添加水质改良设备和具备精湛的养殖技术等综合技术提高水体的鱼产力。

### 【思考题】

1. 何谓内陆水域？内陆水域分为几种类型？
2. 河流、湖泊和水库有何特点？
3. 湖泊通过何种方式达到渔业增殖的目的？
4. 水库通过何种方式达到渔业增殖的目的？
5. 小型水库的鱼类精养方式是通过何种形式实现的？

# 第六章 稻田养鱼技术

## 第一节 稻田养鱼的特点与原理

稻田养鱼早在 2000 多年前的陕西汉中、四川成都就已盛行。在陕西、四川的东汉墓中出土的陶器中就有水田内养殖鲤、草鱼的模型。三国时期就有稻田养鱼的记载。

改革开放后，随着农村经济结构调整，稻田养鱼发展很快。1984 年全国 18 个省市组成了全国稻田养鱼技术推广协作组，在总结群众经验的基础上，根据生物学、生态学、池塘养鱼学和生物防治的原理，建立了"鱼稻共生"理论，使水稻种植和养鱼有机结合起来，进一步推动了全国稻田养鱼业的发展。近年来，稻田养鱼在我国发展很快，特别是我国的南方，如四川、湖南、广西等较为发达。在我国北方地稻田养鱼也方兴未艾，就是在气候寒冷的黑龙江省，稻田养鱼也出现了产量 1500kg/hm² 的记录。我国发展稻田养鱼的潜力很大，适宜稻田养鱼的面积约 $4.467 \times 10^9 hm^2$。

目前全国的稻田养鱼技术已有很大的进步，稻田养鱼的形式也比以往有所改进，并将池塘养鱼技术引入稻田，稻田养鱼技术逐步完善。如将窄沟浅窝改为宽沟养鱼、垄稻沟鱼、田头鱼凼等；改放养一种鱼类为多种鱼类、多规格的混养；改不投饵的粗养为投饵的精养；改饲养家鱼为饲养名特优水产品；改单一稻田种养模式为多元复合种养模式等。出现了成片"千斤稻、百斤鱼"的典型。目前大面积稻田养鱼的产量通常为 15～30kg，如实行精养，每公顷产量可达 750～1500kg。1997 年农业部在全国实施稻田养新技术的"丰收计划"，推广面积 $1.6 \times 10^5 hm^2$，平均每公顷产量 795kg，新增水产品 $9.277 \times 10^7 kg$，新增产值 24.7 亿元，新增纯收入人民币 13.2 亿元。

**1. 可增加淡水鱼的产量与产值**

稻田养鱼可发挥水田资源优势，使水田生态系统为人类创造更多的物质财富。特别是对促进内陆地区、山区淡水渔业的发展发挥了重要作用，使边远地区、山区人民也能吃到新鲜活鱼，改善人民生活。比如四川省 1998 年稻田养鱼面积已达 $35 \times 10^4 hm^2$（其中规范化稻田养鱼面积已实现"万顷工程"，达 1hm²），稻田养鱼的产量达 $8.5 \times 10^4 t$，占全四川省水产品产量的 1/4。

**2. 可改善环境卫生**

稻田是蚊子的滋生地。稻田中饲养鱼类，可消灭稻田中蚊子幼虫。据测定，体长 4～5cm 的草鱼每天要消灭 400 多条孑孓。因此，养鱼稻田中的库蚊比未养鱼稻田减少 60%～70%，摇蚊减少 72.2%～88.9%。消灭蚊子对于保障人畜健康和改善环境卫生具有重要意义。此外，鱼类还能消灭稻田中的螺类，体重 3.5g 的鲤鱼就能大量吞食钉螺，从而大大减少血吸虫病的中间媒介。

**3. 可调整农村产业结构、增加农民收入**

将水产养殖业引入种植区，不仅改变了农村的经济结构，而且增加稻田的经济效益，稳定了农民种粮积极性。因此各地农村将稻田养鱼当作富民工程来抓，作为农村增加收入奔小康、稳定农民种粮积极性的战略措施。

**4. 可利用环境条件**

养鱼稻田中，鱼类摄食田间杂草、虫害，翻动表土，有利于稻田通风和光照，减少水稻的竞争者，提高稻谷产量。

据初步统计，全国稻田常见的杂草有 30 多种以上。在一般情况下，稻田杂草每年要夺去 10% 的稻谷产量，最高可达 30% 以上。如消灭了稻田杂草，稻谷将增产 10% 以上。据测定，未养鱼的早稻稻田田间杂草是养鱼早稻田的 13.6～15 倍。养鱼早稻田在收割早稻时的杂草现存量为 300～435kg/hm²；而未养鱼早稻田尽管经过 3 次中耕除草，收割时的杂草现存量仍达 450～6517.5kg/hm²。

此外，稻田养鱼可消灭稻田中的虫害，减少病害。而且由于鱼类在稻田中的觅食活动，翻动稻田表土，改良土壤结构，加速肥料和有机肥料的分解，减轻腐根病，从而有利于稻田的通风和光照，抑制了植株的无效分蘖，使禾苗粗壮，根系发达，促进水稻生长，提高稻谷产量。

**5. 粪便肥田，促进了水稻的生长**

鱼类摄食稻田中的天然饵料和人工饵料，每天排出大量粪便。如每公顷稻田放养 $6 \times 10^3$ 尾草鱼种，以饲养 110d 计算，每公顷稻田的草鱼粪便量可达 $2.25 \times 10^3$ kg 左右，无异于田间施肥。而且鱼粪是一种含磷、含氮量高的优质肥料，其肥效与人粪、羊粪相似，优于猪粪，故养鱼稻田中的营养盐类含量比不养鱼稻田高得多。

**6. 稻田的生态环境为鱼类的栖息、生长创造了良好的条件**

稻田水浅，若没有水稻遮挡阳光，夏秋季节田水可达 40℃ 以上。而稻田中稻叶遮挡阳光，使水温受光热直接影响减小，有利于鱼类栖息。水稻光合作用产生大量氧气，使田水溶氧丰富；水稻又大量吸收营养盐类，清除水中二氧化碳和氨氮，净化水质；水稻的生态环境，也是水生昆虫、螺类等底栖动物生长繁殖良好的场所，可使鱼类获得更多的饵料；这些都有利于鱼类生长。

稻田生态系统中引入鱼类后，形成新的复合生态系统，其能量流动和物质循环发生了重大变化，其生物种群、群落密度也发生根本性变化。如上所述，在稻田生态系统中，田间的杂草由于中耕被拔除脱离原有的生态系统，造成养分损失，浪费了杂草所获得的日光能，相当数量的细菌、浮游生物、萍类以及部分底栖动物也因排水而流失，不流失的部分也只能在死后腐败分解作为肥料肥田，直接或间接地造成土壤肥分及光能的损失。从物质循环和能量流动角度看，是不可避免的自然现象，却是一种物质和能量的浪费。实行稻田养鱼，就能巧妙地利用复合生态系统中稻、鱼之间有利的一面，利用时间和空间的差异，缩小和缓和它们不利的一面，从而"截留"了原来浪费的物质和能量，并将它们转化为鱼产品供人们食用，同时又促进水稻生长和稻谷丰收。这就是稻田养鱼稻鱼双丰收的生物学原理。

# 第二节　稻田养鱼的条件与要求

## 一、稻田养鱼的基本条件

我国各地自然条件不同，水稻栽培制度各异。稻有单季、双季，田有肥沃、低洼、冷暖、冬闲水田之别。有的稻田只宜养鱼种，有的则可养成鱼。但养鱼稻田的基本条件是：水源必须充足，水质符合渔业用水标准；注排水方便，稻田土质保水能力强，渗漏少，大水不淹，天旱不涸；另外要求稻田土壤肥沃，以利稻田能繁育丰富的鱼类活饵料。

## 二、稻田养鱼的几种模式

因各地的自然条件不同，形成了多种类型的稻田养鱼。通常可分为稻鱼兼作、稻鱼轮作及冬闲田养鱼等。

### 1. 稻鱼兼作

① 双季稻兼作养鱼：早稻插秧后放养鱼种，养至晚稻插秧前收获（或早稻收割后收获）；晚稻插秧后再放养鱼种，养至年底（或晚稻收割后）收获。

② 单季稻兼作养鱼：水稻插秧后放养鱼种，养至年底收获。

### 2. 稻鱼轮作

① 早稻插秧后放养鱼种，养至年底收获，晚稻不再种植。

② 上半年养鱼而不种稻，直至晚稻插秧前收获，晚稻不再养鱼。

③ 早稻收割后放养鱼种，下半年不再种稻，养鱼至年底收获。

### 3. 冬闲田养鱼

山区梯田冬季往往蓄水，其目的是保证来年春季插秧时有水。因此在水稻收割后就将雨水积蓄起来过冬。如四川东部地区这种稻田特别多。目前多在稻收割后养鱼，并适当投喂，到来年插秧前将鱼捕起，大鱼供应市场，小鱼作鱼种，供水库放养用。一般收获鱼可达100kg左右，而且稻田可免耕插秧，少施肥料。

### 4. 全年养鱼

这是近年来发展起来的新类型。将过去稻田中临时性的窄沟浅溜改为沟溜合一的宽而深的永久性鱼沟。沟的形状依田块形状而定。这种类型称宽沟式稻田养鱼。其沟的面积不超过稻田面积10%，鱼产量可达50kg左右，而稻谷产量不减。

## 三、基础设施

养鱼稻田的基础设施主要有两个方面：一是保证鱼类有栖息活动、觅食成长的水域；二是有防止鱼类逃跑的拦鱼设备。

### 1. 加高加固田埂

不养鱼的稻田田埂通常低矮而单薄，而且不牢固。要用来养鱼，必须加高、加宽、加固。饲养鱼种的稻田，田埂应加高至0.5～0.7m或以上，饲养成鱼的稻田田埂应加高至0.7～1m；田埂宽0.4～0.5m，并捶打结实，不塌不漏。

### 2. 开挖鱼溜和鱼沟

鱼溜（又称鱼凼）是指养鱼稻田的田边或田中央挖成方形或圆形的深注，以供鱼类在夏季高温、浅灌、烤田（晒田）或施肥和施放农药时躲避栖居，同时也有助于鱼类的投饵和捕捞。鱼沟是纵横于稻田、连接鱼溜的小沟，其作用与鱼溜相同。稻田中鱼溜、鱼沟的大小、深浅与养鱼产量的高低密切有关。以往鱼溜、鱼沟面积为稻田面积的3%～5%。随着稻田养鱼的发展，目前鱼溜有逐渐扩大的趋势，这种做法对于养鱼无疑是有利的，但占用稻田面积过多，会影响水稻产量。因此鱼溜面积的设定应以不影响水稻产量为前提。通常鱼溜、鱼沟面积不超过稻田面积的10%。

① 鱼溜：为永久性田间工程。占总面积5%～8%，深0.65～1m，方形或圆形。方形

$2\sim3m^2$，圆形直径 $3\sim4m$。鱼溜一般设在注水口或排水口处或在田中央，切忌选在田角和经常过往行人的田埂边。在田埂边开挖鱼溜，离田埂应保持 0.8m 以上的距离，以防止田埂坍塌。根据各地经验，$2/15hm^2$ 以下稻田可设鱼溜 2~3 个，$2/15hm^2$ 以上至少设 4 个鱼溜。

② 鱼沟：为临时性田间工程。一般占总面积 2%～3%。深 0.5m，宽 0.3m。其形状根据稻田形状、大小而定，有"十"字形、"井"字形、"日"字形、"田"字形等。鱼沟的作用是供鱼类寻食、栖息和能顺利进入鱼溜和进入大田的通道。鱼沟通常需每年在插秧（或直播、抛秧）前开挖好。如田块较大或较长，应顺长轴开挖中心沟。田埂边的鱼沟应在离田埂 1.5m 处开挖。鱼溜和鱼沟的布设图见图 6-1。

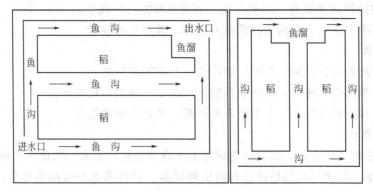

图 6-1　鱼溜和鱼沟的布设图

鱼溜和鱼沟主要有以下作用：在稻田施肥、施放农药、浅灌、烤田（晒田）时，为鱼类提供一个安全宽敞的避难所；在夏季 40℃ 高温时，为鱼类提供一个降温避暑地；若采取投饵喂养，鱼溜可充当最佳食场；是聚集鱼的最佳场所，便于捕捞。

宽沟式稻田养鱼，实质上是以深沟代鱼溜。其面积占总面积 8%～10%，沟宽 1.5～2.5m，深 1.5～2.0m，长度则依田块而定。开挖方法和护坡要求同鱼溜。如稻田一侧为河沟，往往靠河沟一侧为土地利用率低的河滩，则可将河滩地加深，靠河沟一侧筑堤加高，形成宽沟式稻田养鱼。其面积依滩地大小而定。稻田与鱼沟模式图见图 6-2。

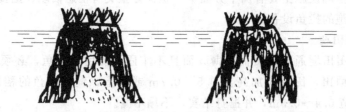

图 6-2　稻田与鱼沟模式图

**3. 进、出水口的拦鱼设备**

进、出水口开设在稻田相对两角的田埂上，可使田内水流均匀流转。在田埂的进、出水口都要安装拦鱼栅，以防止逃鱼。拦鱼栅可用竹箔、聚乙烯网片、铅丝等编成，做成圆弧形，凸面朝田内，以增加过水面积。栅的高低及孔隙大小视水位、鱼体而定，以不逃鱼为标准。

为使水稻在不同生长发育阶段保持所需的水深，在排水口设"平水缺"，即在排水口处用砖砌，宽 30cm 左右，平铺砖始终与田间的水面相平。这样在加水或雨季田间过多的水可从平水缺流出，以避免水位过高浸没田埂造成逃鱼事故。"平水缺"做好后，还需安装拦鱼栅。

**4. 避暑棚**

稻田水位浅，尽管开挖了沟溜，但在夏秋烈日下，水温最高可达 39～40℃，以致鱼类难以忍受。因此，必须在鱼溜之上搭设遮阴棚，以防止水温过高。遮阴棚以竹木为架，棚高 1.5m，棚的面积占鱼溜面积 1/5～1/3。如鱼溜设在稻田中央，棚架上覆以稻草帘；如鱼溜设在田埂一侧，则可种植丝瓜、扁豆、刀豆、南瓜等藤瓜豆类，既可为鱼类遮阴、降温，又可提高稻田的综合利用效益。

# 第三节　稻田养鱼技术

## 一、稻田水质调节

### 1. 水位与水温调控

稻田水浅，水温受气温影响远比池塘大，昼夜温差明显，在非插秧季节，稻田的水深为 15～20cm，冬水田为 50～70cm。在插秧季节水深仅 3～6cm，最深不超过 10cm。插秧后，随着水稻管理的进行，稻田浅灌烤田、时干时湿的时间约有 30～40d，这对养鱼极为不利。由于水浅，夏秋季烈日照射之下，有时水温可高达 40℃，即使水稻长得十分茂盛，直接受阳光照射影响较小，但稻田水温的变化仍比池塘大得多。

### 2. 流水量的调节

稻田的水质管理实行浅水勤灌，有时每天白天加水、夜间放水，即打"跑马水"。故水体的交换量相对比池塘大。

### 3. 溶氧量的调控

由于水浅，水体交换量大，水生动物少而水生植物多，大量植物光合作用产氧，加以大气中氧的溶入较多。因此稻田不会像池塘那样经常会出现水体缺氧，影响鱼类生长乃至危及生存。稻田中的溶氧一般都有能满足鱼类需要。据广西桂平对养鱼稻田的早、晚稻田水测定表明，5～10月份共 6 个月的水稻生长期中，田水溶氧均在 3.2mg/L 以上，从未出现因水体缺氧造成鱼类活动不正常的现象。

## 二、稻田生物特点与调节

稻田中浮游生物量少，而水生植物、丝状藻类、底栖生物和水生昆虫多。

稻田的生态系统中，受人为生产活动影响很大，特别是施肥。如插秧前耕、耙水田，大施底肥，插秧后追肥，田水中的腐屑多，并有一定数量的营养盐类。它们不仅为水稻的生长提供了充足的养分，而且也为杂草、底栖生物的生长创造了良好条件，由于稻田采用浅水勤灌，加以大量植物对营养盐类的利用，水质比池塘瘦得多。水源中各种浮游生物进入稻田后，由于环境骤变而影响到它们的生存和繁殖。稻田浅水高温，光照条件好，则是许多水生维管束植物（如稗草、荆三棱、鸭舌草、金鱼藻、轮叶黑藻、水芋、满江红、槐叶萍、小茨藻等）和丝状藻类（如水绵、刚毛藻等）的良好生长环境。底栖动物（如摇蚊幼虫、多毛类以及螺类等）在稻田中植物繁茂和有机碎屑多的条件下，也大量繁生。此外，这种生态环境也是水稻的害虫（如螟虫、稻苞虫、稻飞虱、稻叶蝉、蓟马等）和其他水生昆虫（如水蜈蚣、红娘华、蜻蜓幼虫等）良好的繁育场所。

稻田致病菌少，稻田养鱼的鱼病较少。由于稻田中的水经常交换和流动，溶氧高，使水质保持清新，这种生态环境就不利于致病菌的繁育和感染，加以鱼类放养密度较稀，鱼体新陈代谢正常，它们对致病菌的抵抗能力也加强，因此鱼病就大大减少。

### 三、鱼稻种养殖品种的选择

**1. 水稻品种的选择**

由于各地自然条件不一，稻田养鱼的水稻的品种也各有特色。其原则是：宜选择生长期较长、茎叶粗壮、耐肥、耐淹、抗倒伏、抗病虫害、产量高的水稻品种。

**2. 养殖鱼类的选择**

根据稻田中的水质特点，稻田中宜以饲养草食性鱼类（如草鱼、团头鲂、鳊鱼）和底栖的杂食性鱼类（如鲤、鲫、罗非鱼、胡子鲶等）为主，搭配少量滤食性鱼类（鲢、鳙鱼），也可搭养泥鳅、乌鳢、田螺、幼蚌等，也适宜以饲养河蟹、青虾等甲壳类为主，搭配少量滤食性鱼类。

### 四、鱼种放养

由于各地稻田养鱼技术水平、饲养鱼类、栽培技术以及鱼产量不同，其鱼类放养的可塑性较大。

**1. 鱼苗养成夏花**

通常放养 $(3\sim6)\times10^5$ 尾/hm²。

**2. 夏花养成鱼种**

在完全依靠天然饵料的情况下，放养量为 $15000\sim30000$ 尾/hm² 夏花，草鱼、团头鲂占70%，鲤、鲫鱼各占10%，鲢、鳙鱼各占5%。或罗非鱼夏花占50%，草鱼、鲤、鲂、鲢共占50%。可产鱼种 $15\sim25$ kg。若投饵，放养量不变，产量可翻一番。

**3. 鱼种养成至食用鱼**

最好在深水田或冬闲田中饲养商品鱼，因为这类稻田相对较深，对养成个体较大的商品鱼较为有利。通常放养 $8\sim15$ cm 的鱼种 $4.5\times10^3$ 尾/hm² 左右，产量 750kg/hm² 左右。高产养鱼稻田可放养 $8\sim15$ cm 的鱼种 $7.5\times10^3\sim1.2\times10^4$ 尾/hm²。产成鱼 $(1.5\sim2.25)\times10^3$ kg/hm²。

**4. 稻田培育大规格草鱼种**（$13\sim20$ m）

利用早、晚稻双季田培育大规格草鱼种约4个月。在早稻田中每 1/15hm² 放养草鱼夏花鱼种 $2\times10^3$ 尾，直到晚稻收获前，可收获 $13\sim20$ m 的鱼种 $10^3$ 尾左右。而在一季早稻田饲养，放养 3.3m 草鱼夏花 1300 尾，饲养到7月中旬收鱼，可收规格较小的 $10\sim16$ m 鱼种 $300\sim500$ 尾。在一季晚稻田饲养以草鱼为主，放养 $3\sim5$ cm 草鱼种 $10^3$ 尾，混养鲤 200 尾、鲢 200 尾及鳙 200 尾，可收获 13m 以上的草鱼 $1.1\times10^3$ 尾，及商品鲤 $30\sim40$ kg。

**5. 日常管理**

① 鱼种放养宜早不宜迟：应该在不影响禾苗生长的前提下尽量早放，目的是延长鱼类生长期。通常是早稻放养鱼苗或夏花，可在整田或插秧后立即放鱼，原因是这时鱼体小，活动力弱，不致造成浮秧。如若放养 10m 左右鱼种，则需在插秧后，待秧苗返青后再放鱼，以避免因鱼的活动造成浮秧损失。晚稻田养鱼，只要稻田结束后就可投放鱼种。

放养时应注意运鱼器与稻田的温差不能太大，要在3℃之内，可以在运鱼器中逐渐加入稻田的热水，使二者十分接近后，再把鱼种放入稻田内。

② 投饵施肥应精心到位：稻田中杂草、昆虫、浮游生物、底栖生物等天然饵料较多，

每公顷可形成 150～300kg 的天然鱼产量。但要达到 $1.5 \times 10^3 kg/hm^2$ 以上的鱼产量，必须采取投饵施肥的措施。稻田养鱼以投饵为主，特别是以投喂商品饲料为主。食场设在鱼溜或鱼沟内，每天投喂一次。日投饵率控制在鱼体重的 1％～3％，投饵时间在 8:00～9:00 或 15:00～16:00。施肥以粪肥为主，不宜施用化肥或绿肥。粪肥须经过腐熟发酵后泼洒全田，但不宜施入沟、溜内。施肥量可按池塘施追肥量的 1/3～1/4。

## 五、稻鱼兼顾措施

浅灌和烤田是水稻高产栽培的一项重要技术措施，但这些措施对鱼类生长不利。反之，鱼类需要水量较多、水位稳定的环境，又不利于水稻生长。

### 1. 浅灌细流

水稻对水位的要求是前期水浅，中后期适当加深水位。前期限水浅，此时鱼体也小，对鱼的活动影响不大；以后，随着水稻生长和鱼类的长大，而田水水位也相应加深，基本符合鱼类活动要求。因此稻田浅水勤灌对鱼类影响不大。

### 2. 烤田不误养鱼，鱼入鱼沟、鱼溜

在水稻栽插 30d 后进行烤田。有时要将稻田晒得水稻浮根泛白，表土轻微裂开，促进水稻根系向土层深处发展，保持植株健壮，防止倒伏，提高产量。烤田对田中鱼类不造成影响的办法是将鱼引入鱼沟、鱼溜内，定时向鱼沟、鱼溜注入新水，并隔天投放一些牛粪，以解决鱼类饵料不足，或投喂配合饲料。做法：在晒田前整理好鱼沟、鱼溜，把沟、溜内淤积的浮泥清到田面或田外，并调换新水，以保持沟、溜通畅，水质清新，以利鱼类正常生长。

通过稻田养鱼生产实践，将鱼沟、鱼溜与进排水口相互配合，采用流水养鱼的办法让稻田沟、溜中的水适当流动起来，既不影响水稻生长的技术要求，又满足稻田里鱼类生长的需求。

轮作施肥，稻鱼两不误。稻田追肥主要是施用氨态氮肥，对鱼类影响较大。施肥前通常要求降低稻田水位，而且施肥量大（通常 150～300kg/hm²），施肥后田水肥分浓度高，对鱼类生长造成明显威胁。为解决这一矛盾，可采用分段间隔施肥法，即一块稻田分两部分施肥，中间相隔 2d 左右。这样一部分田施肥时鱼即自然地游到另一部分田中回避，待到另一部分田块施肥时，鱼又向施过肥的部分转移。

### 3. 稻田施放农药与养鱼的矛盾及解决方法

稻田养鱼，鱼摄食了部分害虫，减少了虫害，但毕竟不能完全消灭虫害，特别是细菌性病害（如稻瘟病、纹枯病等）。因此稻田施药杀灭病害是稻作所不可缺少的。但农药中绝大多数对鱼是有毒甚至是剧毒的。因此必须解决好这一矛盾，解决的方法如下。

① 生物防治：我国稻田病虫害的天敌种类较多，如稻田蜘蛛是水稻二化螟、稻纵卷叶螟、稻飞虱、稻叶蝉等害虫的最大天敌。

② 选用高效、低毒、低残留、广谱性的农药：养鱼稻田禁止选用对鱼类有剧毒的农药。应选用对病虫害高效、对鱼类低毒及低残留的农药。通常多选用水剂或油剂农药，少选用粉剂农药。稻田中饲养草食性鱼类后，一般不需要用除草剂。

③ 掌握农药正常使用量和对鱼类的安全浓度：根据各类农药对稻田中主要养殖鱼类的毒性，选用合适的农药。

④ 做好回避措施：施放农药前，先疏通鱼沟、鱼溜，然后加深田水水位或使田水呈微流水状态，施农药时以便于鱼类回避并降低和稀释药液浓度。

⑤ 合适的施用方法：施用粉剂宜在早晨有露水时喷洒；水剂、油剂宜在晴天下午 16:00

左右洒。喷洒时，喷嘴或喷头向上，采用弥雾状、细喷雾，以增加药物在稻株上的黏着力，避免粉、液直接喷入水中。这样既能提高防止病虫害的效果，又可减少药物对鱼类的危害。下雨前不要喷药，以免雨水将稻株上的药物冲入田水中导致鱼中毒。施药后，如发现鱼类中毒，必须立即加注新水，甚至边灌边排，以稀释水中药物浓度，避免鱼类中毒死亡。

## 六、日常管理

### 1. 水质管理

养鱼稻田的水质管理，既要满足水稻的生长，又要考虑鱼类生长的需要。在可能的情况下，应尽可能加深水位。一般在水稻栽插期间要浅水灌溉，返青期保持水位 4～5cm，以利活株返青。分蘖期更需浅灌，可保持田水水位 2～3cm，以利提高泥温。至分蘖后期，需深水控苗，水位保持 6～8cm，以控制无效分蘖发生。水稻在拔节孕穗期耗水量较大，稻田水位应控制在 10～12cm 或更深一些。在水稻扬花灌浆后，其需水量逐渐减少，水位应保持在 5cm 以上。水稻成粒时，还应升高水位，以利鱼类生长。在收获稻谷时，可逐渐放水，将鱼赶入主沟或鱼溜中。收稻时，应采用人工收割，并运至田外脱粒。收获后要及时灌满水，以利鱼类生长。

### 2. 安全管理

稻田养鱼的日常管理最关键的是防漏和防溢逃鱼，因此必须经常巡视田埂及检查栏鱼网栅，特别是大雨天，要及时排水，注意清除堵塞网栅的杂物，以利排水畅通。稻田中田鼠和黄鳝都会在田埂上打洞，往往会造成漏水逃鱼，应细致检查，发现后及时堵塞。另要注意清除损害鱼苗的田鳖、水斧虫、水蜈蚣等敌害生物。在收获前，稻田水很浅，鱼又相对集中在沟、溜中，所以要防止鸟类、兽类的捕食。

## 七、捕鱼技术

捕鱼前数天，应先疏通鱼沟、鱼溜，挖去淤泥。然后缓慢放水，使鱼集中在沟、溜中，然后用手抄网等网具在沟溜中捕鱼。捕出的鱼放入盛水的桶中，然后送往事先放在池塘或河沟的网箱中，以清洗鱼鳃内残存的泥沙。如在未割稻的情况下捕鱼，必须在晚间放水，而且放水速度要慢，防止鱼躲藏在稻株边或小水洼内，难以捕捉。在水源困难和不便排水的稻田或冬水田中，可用鱼罩或其他工具捕捞。

### 【思考题】

1. 我国稻田养鱼模式有几种类型？
2. 在稻田养鱼中如何选择适宜当地养殖的鱼类品种？
3. 对稻田养鱼的水质有何特殊的要求？
4. 稻田养鱼，鱼苗养至夏花的放养密度是多少？
5. 稻田养鱼，夏花养至鱼种的放养密度是多少？
6. 稻田养鱼，鱼种养至食用鱼的放养密度是多少？
7. 稻田培育大规格草鱼种的放养密度是多少？
8. 稻田养鱼，如何解决稻鱼水位矛盾？
9. 稻田养鱼，如何解决稻田施肥、施农药的矛盾？
10. 稻田养鱼，稻鱼管理应注意哪些方面的问题？
11. 稻田养鱼，捕鱼时应注意哪些方面的问题？

# 第七章 海淡水网箱鱼类养殖技术

## 第一节 网箱养鱼的高产原理和优缺点

### 一、网箱养鱼高产的原理

网箱养鱼就是在较大水体中，设置用纤维网片、金属网片等材料制作成的一定形状的箱体，箱内水体可以通过网目不断与外界交流，从而形成一个"活水"养鱼的好环境。实际上网箱养鱼就是把大型水体优越的自然条件同小型集约化精养方法有效地结合起来，是一种高产高效的养殖方式，其高产原理主要有以下几方面。

① 在风浪、水流和箱鱼等的作用下，网箱内、外水体不断得以交换。据日本淡水区研究所对网箱水流量日变化的研究表明，网箱中的水体日交换量可达 100%。所以在整个养殖期间，箱内水体始终保持清新、活爽。

② 在整个养殖过程中，箱内无鱼体排泄物和残渣剩饵的积累，故网箱在放养密度较大的情况下也不会发生缺氧和水质恶化。

③ 由于网箱内、外水体的不断交换，大水面中的天然饵料如浮游生物、腐屑和细菌等能源源不断地为箱内的滤食性鱼类、杂食性鱼类提供饵料补给。

④ 网箱容量小，限制了鱼体的激烈活动，减少了能量消耗，同化作用增强，饵料系数降低，有利于促进鱼体的生长，缩短养殖周期。

### 二、网箱养鱼的优点

① 网箱箱体能有效地保护养殖鱼类免受凶猛性鱼类的危害，也无大水面养鱼容易发生逃鱼的问题，从而大大提高了成活率。

② 网箱养鱼不占耕地，可节约大量农田用地和资金。

③ 利用网箱养殖名贵的海水鱼类或养殖池塘环境条件不宜养殖的种类，或养殖名贵的淡水鱼类或普通的食用鱼类，其放养密度大，产量高，单位面积产量为池塘的 10 倍以上，可获得较高的经济效益。

④ 具有灵活机动、饲养管理方便等优点，如遇不利因素可随时将网箱拖移到水质更好的水域养殖。

### 三、网箱养鱼的缺点

① 存在高风险，如受台风等自然灾害的影响较大。

② 由于网箱置于自然的水域中，尤其在台风洪水季节容易受到其他物体的撞击而损坏，导致网破逃鱼，造成经济损失。

③ 当鱼发生病害后，消毒防治操作不方便。

④ 海上交通工具靠船只，比陆地上不方便，给饲料和商品鱼运输带来不便。

## 第二节 网箱建设的基础知识

### 一、浮式渔排的种类

国内通常把网箱养殖场所称为渔排。

① "单位排"：渔排有大小之分，常见有 24 口、36 口、48 口为一个排。

② "组合排"：由几个"单位排"组合成的大渔排称为"组合排"。"组合排"通常由 2～4 个"单位排"组成。

③ "网箱养殖区"：由几个"组合排"相对集中在同一个养殖区域内，称为"网箱养殖区"。通常由 2～4 个"组合排"组成养殖区。养殖区的大小看该区的网箱可容纳量而定。

### 二、浮式渔排的选点和合理布局

#### 1. 渔排的选点

① 浅海网箱养殖选在港湾内，避风浪，水质符合 NY 5052 标准要求。潮流畅通，流速在 50cm/s 以内，水深要在 9m 以上，保证在最低潮时，箱底距离海底在 2m 以上。水温 3～31℃，盐度 14～33，透明度在 0.4～1.2m。远离滩涂架设渔排，避免夏季、冬季退潮后滩涂温差变化对网养鱼类的影响。

② 淡水网箱养殖选择在底部无杂物，风浪小，水质符合 NY 5051 标准要求，水深要在 8m 以上，透明度在 0.8～1.5m。远离排洪口、支流交汇处或洪水期间杂物集聚区。

③ 深水网箱养殖选在港湾外，风浪较小，海流流速在 100cm/s 以内；水质符合 NY 5052 标准要求。底部平坦，潮流畅通，水深要在 20m 以上，保证在最低潮时，箱底距离海底在 4m 以上。水温 3～31℃，盐度 14～33，透明度在 1.0～1.5m。远离岛屿或礁石或航道设渔排，避免不可预测的因素造成网破鱼逃。

#### 2. 渔排合理的布局

① 养殖区内"组合排"的布局：浅海网箱或淡水网箱渔排的网箱框数，一般为 96 口为一个"组合排"，"组合排"的形状长方形。组合排之间纵向间隔以 40～60m 为宜，横向间隔以 30～40m 为宜。深水网箱两口为一组或四口为一组。每口网箱相距 100～150m。每组网箱相距 500～1000m。

② 渔排位置的合理布局：浅海网箱长方形的渔排，顺潮水布局是第一原则；其二是避风浪布局；其三是避水流不畅布局；其四是避开航道布局。淡水网箱虽不受潮汐的影响，但在江河或库湾电站也会受流速的影响，可参考浅海网箱的布局原则。深水网箱的布局原则是底部平坦，易于固定，海流流速小，不影响交通。

### 三、浮式网箱制作

#### 1. 网箱的箱体材料

① 合成纤维网衣：合成纤维材料有锦纶（PA）、聚乙烯（PE）等。目前浅海网箱、淡水网箱大多是合成纤维网衣。生产上使用最普遍的是聚乙烯，因为它具有强度大、耐腐蚀、耐低温、吸水性低、价格便宜（为锦纶价格的 40% 左右）等优点。

② 金属网衣：由金属材料制作而成，网衣价格贵，箱体重，操作不方便。我国辽宁省

生产制作的金属网衣已用于深水网箱。

③ 聚乙烯网衣制作方式：有手工编织和机器编织两种。手工编织的网衣，在每个网目连接点有个结眼。机器编织的网衣有两种类型，一种在每个网目连接点有个结眼，另一种在每个网目连接点没有结眼。目前用于养殖个体大的成鱼或亲鱼所使用的网箱网衣多采用机器织的有结眼网片缝制而成，其特点是牢固性好。用于饲养个体小的苗种的网箱网衣多采用机器织的无结眼网片缝制而成，其特点是网片平整，不易伤到鱼苗的皮肤，但牢固性较差，容易断线，造成网破逃鱼。

**2. 浮式网箱形状与规格**

① 网箱形状：浅海网箱和淡水网箱大多为长方形和正方形网箱，少数用圆形。深水网箱多数为圆形或蝶形。由专门网箱生产供应商量身定做，并提供售后服务和装配技术培训。

② 箱体规格：目前我国用于浅海、淡水养殖的网箱有 3 种，大型的水体 1800～3000m³，中型的水体 48～128m³，小型的水体 12～27m³。大型网箱一般面积在 300～500m²，网箱高度 5～8m；中型网箱一般面积在 64～128m²，网箱高度 5～8m；小型网箱一般面积 9～16m²，网箱高度 1.5～3m。生产上采用 25m×20m×6m（3000m³）或 15m×20m×6m（1800m³）；8m×4m×4m（128m³）或 4m×4m×3m（48m³）和 3m×3m×3m（27m³）或 3m×2m×2m（12m³）规格的网箱。我国用于深水网箱养殖的网箱有三种，大型的水体 800～1000m³，中型的水体 450～550m³，小型的水体 250～350m³。

③ 网目大小：浅海、淡水养殖的聚乙烯网箱的网目规格分别为 0.5cm、1.0cm、1.5cm、2.0cm、2.5cm、3.0cm、3.5cm、4.0cm、4.5cm、5.0cm、6.0cm 和 7.0cm。网绳直径为 3（股）×3（丝）、3×4、3×5、3×6、3×7、3×8、3×9、3×10、3×11、3×15、3×20。用于深水网箱养殖的聚乙烯网箱的网目规格分别为 2.0cm、2.5cm、3.0cm、3.5cm、4.0cm、4.5cm、5.0cm、6.0cm 和 7.0cm。

在整个养殖阶段，最好能随着鱼体的长大，定期更换相应较大网目的网箱，以增加网箱内、外水体的交换量。

④ 网箱开口形式：浅海、淡水养殖的聚乙烯网箱的箱口有敞开式和封闭式两种。养殖滤食性鱼类和漂架式设计的网箱大多为封闭式。需要投喂饲料的网箱留有一个投喂饲料口，喂完后，将该口封闭。为避免逃鱼或避免鸟类吃鱼，平时网箱口用盖网封闭。

**3. 浮式网箱的框架**

① 杂木：一般以红木、松木或其他组合型材料，宽 30～40cm，厚 6～8cm，制作成浮式网箱框架（图 7-1）。浅海、淡水养殖通常采用的。

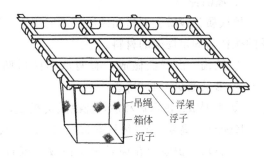

图 7-1　浮式网箱框架

② 金属：用为不易生锈的金属材料制作，见图7-2。

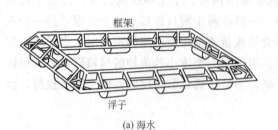
(a) 海水

(b) 淡水

图 7-2  两种金属材料制作的网箱框架

③ 高密度聚乙烯（HDPE）：用高密度聚乙烯（HDPE）为材料，圆柱形，网箱框架的底圈为 2～3 道 250mm 直径管，用以网箱成形和浮力，人可在上面行走。上圈用 125mm 直径管作为扶手栏杆，上下圈之间也用聚乙烯支架。国内目前使用的周长为 50～60m，而国外已用 90～120m 周长。常见于重力式聚乙烯深水网箱，见图7-3。

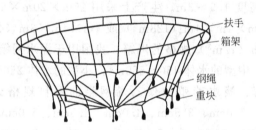

图 7-3  重力式聚乙烯深水网箱模式图

## 四、浮子与沉子

（1）浮子  两种。一种浮力为 65～95kg/粒，为硬质棱形空心的塑料浮子。另一种浮力为 180～250kg/粒，为塑料浮箱或浮筒。

（2）沉子  两种。一种水泥模块，圆柱形，直径 20cm，高度 30cm，重量 10kg/粒。另一种鹅卵石或粗沙装袋，重量 10kg/粒。

## 五、浮式渔排固定材料

浅海、淡水养殖渔排固定材料由锚和绳子两项组成。深水网箱的固定材料有专门配套或指导制作，在这里不再叙述。

### 1. 锚的种类

依底质为沙质、泥质和硬质的不同类别，选用毛竹做的桩或钢铁铸成的锚或钢筋水泥做成的砣作为固定框架的材料。

① 铁锚：由铸铁做成，有两爪和四爪两种，爪叶片长 100～150cm，爪叶片宽 40～60cm，每只重 50～100kg。

② 水泥墩：由水泥和沙石浇灌成的模块，形状锥形，下部面积 100～150cm²，上部面积 80～100cm²，高度 1m，每只重 300～500kg。风浪小或流速小的海区适当减小水泥墩的重量。

③ 石块：由原始花岗岩加工而成。沉石的形状与水泥墩略同，重量也参考水泥墩的重量。

④ 毛竹：选用成熟的毛竹。直径 10～12cm，取靠根部 200～250cm，一端削成斜口，另一端系牢锚索。底质为沙质或软泥层厚的，一般用毛竹打桩固定。

**2. 锚绳的种类**

浅海、淡水养殖网箱材料选用 4500～5000 丝聚乙烯胶丝缆绳或 6500～7000 丝尼龙绳。调整锚绳的适宜长度，需经过多次的大小潮水调整后才能最后定下来。深水网箱的锚绳材料，在这里不再叙述。

## 六、浮式渔排箱体结构与名称

（1）箱体  浅海、淡水养殖网箱由前后左右和底部 5 片网片缝合成。这些网片统称为网衣。深水网箱的箱体材料在这里不再叙述。

（2）网纲  前后左右四片侧网的缝合处用聚乙烯胶丝绳加固，这条绳称"侧纲"，自上而下走向，共四条；侧网连接底网的纲称底纲，与底纲相对的加固网口的纲绳称上纲。

（3）盖网  用于防止养殖鱼类从网箱口逃逸，用来盖住网箱口的网片成为盖网。

## 七、浮式渔排箱体网目与网线规格

国内常见的浅海、淡水养殖网箱的网目与网线规格成正比的关系，见表 7-1。

表 7-1  鱼类养殖网箱的网目大小与绳线粗细对照表

| 网目/cm | 网线规格/丝 | 网衣形态 | 网目/cm | 网线规格/丝 | 网衣形态 |
|---|---|---|---|---|---|
| 0.5 | 6 | 机编无结 | 3.5 | 42 | 机编有结 |
| 1.0 | 9 | 机编无结或有结 | 4.0 | 45 | 机编有结 |
| 1.5 | 15 | 机编有结 | 4.5 | 48 | 机编有结 |
| 2.0 | 24 | 机编有结 | 5.0 | 54 | 机编有结 |
| 2.5 | 30 | 机编有结 | 5.5 | 57 | 机编有结 |
| 3.0 | 36 | 机编有结 | 6.0 | 60 | 机编有结 |

## 八、浮式渔排箱体固定方式

浅海、淡水养殖网箱箱体的悬挂方式根据当地水流速的大小分为两类。

（1）"软箱"  流速在 35cm/s 以内的海区，一般把网箱直接挂在框内，然后箱底的四个角用沙袋固定，使网箱充分张开；或在箱底用比网箱底稍小的镀锌管框撑开。这种网箱的箱体会随涨退潮稍有变形，故称之为"软箱"。

（2）"硬箱"  在流急海区，把网箱上下四角张挂在用镀锌管焊成的六面体框架上，这种网箱的箱体任凭涨退潮流速也不会变形，故称为"硬箱"。这种网箱既可挡流，又可保持网箱形状，有利于鱼栖息，可避免鱼体被网箱擦伤。

## 九、其他附属设备

（1）小艇  用作交通和运载饲料、鱼苗等，海水网箱养鱼，多用装有艇尾机的快艇。

（2）洗网机  采用清洗汽车的高压水泵（水枪）清洗网箱。将换下的网箱放在渔排上或在陆上吊挂后冲洗。

## 第三节 浅海网箱鱼类养殖技术

### 一、浅海网箱养殖生产模式

(1) 单养 网箱中只放养 1 个品种。单养的网箱在投饲、管理等操作上都比较简便。

(2) 套养 网箱中以一种鱼类作为主养品种，适当搭配一些其他品种。

(3) 轮捕轮放 捕大留小，保持养殖密度。

### 二、根据养殖对象的生态习性选择放养种类

(1) 温水性鱼类 指适宜在水温 6～32℃的水域生活的鱼类，如青石斑鱼、鲑点石斑鱼、六带石斑鱼、黑鲷、斜带髭鲷、花尾胡椒鲷、杜氏鰤、花鲈、大西洋庸鲽、鲻、鲹等。

(2) 暖水性鱼类 指适宜在水温 18～34℃的水域生活的鱼类，如军曹鱼、点带石斑、斜带石斑、千年笛鲷、紫红笛鲷、鞍带石斑、云纹石斑、卵形鲳鲹、浅色黄姑鱼、双棘黄姑鱼、红鳍笛鲷、美国红鱼、鮸、三线矶鲈、星斑裸颊鲷、半滑舌鳎等。

(3) 冷水性鱼类 指适宜在水温 2～22℃的水域生活的鱼类，如牙鲆、大菱鲆、红鳍东方鲀、大西洋牙鲆、石鲽、欧洲鳎等。

(4) 广盐性鱼类 指适宜在盐度 0～33 的水域生活的鱼类，如花鲈、黄鳍鲷、美国红鱼等。

### 三、根据养殖对象的生长特性选择放养种类

(1) 当年上市 花鲈、卵形鲳鲹、鮸状黄姑鱼、浅色黄姑鱼、黑鲷、斜带髭鲷、花尾胡椒鲷、美国红鱼、杜氏鰤、军曹鱼、点带石斑、斜带石斑、千年笛鲷、紫红笛鲷、红鳍笛鲷、漠斑牙鲆、篮子鱼、大菱鲆、大西洋牙鲆、石鲽、欧洲鳎、半滑舌鳎等。

(2) 第二年上市 大黄鱼、真鲷、赤点石斑、鞍带石斑、云纹石斑、黄鳍鲷、许氏平鲉、双斑东方鲀、斑竹鲨、双棘黄姑鱼等。

(3) 第三年上市 青石斑鱼、鲑点石斑鱼、六带石斑鱼、三线矶鲈、橘黄东方鲀等。

### 四、案例 1——杜氏鰤养成的技术要点

对一种鱼类的养殖，其一必须了解放养鱼类的生态习性，尤其是鱼类对生活环境条件的适应性程度；其二是必须了解鱼类的生物学特性，尤其是鱼类对食物的择食性，以及摄食的方式和鱼类生长发育的周期，了解它的生长特点和规律，以及鱼类最佳的生长年龄；其三是掌握放苗和养殖的技术（其他鱼类不再重述）。

#### 1. 生态习性

杜氏鰤为暖水性洄游鱼类，有南北间季节性洄游的现象。从春季至夏季从南向北索饵洄游。自秋季至冬季从北向南产卵洄游。其产卵场位于南沙、中沙和西沙群岛。受精卵在产卵场孵化，然后发育成仔稚鱼。幼鱼开始从产卵场向海南岛、香港、台湾、福建以北洄游，秋季到达日本海区，然后成鱼从日本南下返回热带海域。

① 杜氏鰤对温度的适应范围比较高，其生存的水温为 9～33℃，适温为 20～30℃，最适温为 26～28℃。低温致死的水温界限为 6℃以下。摄食的水温范围 14～30℃。水温 30℃

以上摄食不活泼；32℃时，游泳异常。26～30℃有利于全长15cm的幼鱼生长，免受病毒的危害。冬季水温为6～16℃时，杜氏鰤摄食减少，个体重下降，仅为原体重的3/4左右。但不死亡。

② 杜氏鰤对盐度适应范围比较窄，属外海高盐鱼类，生活适宜的盐度范围为28～36；盐度在28以下，摄食下降；盐度为12时，可存活10h；在淡水中可活20～30min。生长的适宜盐度范围为30～38，最适为32～35。溶解氧在4mg/L以上时，生活正常；在3～4mg/L时，摄食下降；杜氏鰤生长的较适宜pH值为7.8～8.4。

**2. 食性与生长**

① 33～34d，幼鱼已能摄食鱼肉糜；成鱼能摄食蓝圆鲹、鲐鱼等。至今为止驯化杜氏鰤摄食人工配合饲料尚未研究成功。

② 杜氏鰤生长速度快，春季3～4月份投放苗种，到年底，鱼体重就可达到1～2kg；养殖2冬龄，体长为65～68cm，体重可达3.5～5kg；3龄鱼体长可达74～91cm，体重为10～13kg；4龄鱼，体长为96～116cm，体重可达14～18kg。

**3. 养殖方式与设施**

① 养殖方式：海上网箱单养。

② 设施：网箱长方形、方形的或圆形的大网箱。规格的大小为4m×4m×5m两口连网或3.5m×3.5m×5m四口连大网箱，也用深水网箱进行养殖。

**4. 养殖海区环境条件的选择**

① 杜氏鰤养殖的海区周年水温变化应在6～31℃。最佳范围在20～30℃。

② 杜氏鰤适宜的海水盐度为26～33，养殖海区应没有大量淡水流人和工农业污水排入。

③ 大潮低潮时水位要在7m以上。海区的潮流要畅通，流速在15～50cm/s的范围，水质清新。杜氏鰤是靠视觉索饵的鱼类。如果水浑，透明度低于0.6m时，杜氏鰤不摄食，所以海区的透明度最好在1m以上。

**5. 苗种来源**

每年的1～3月份，海南岛有健康的杜氏鰤天然苗出售。

**6. 放养密度**

杜氏鰤网箱养殖密度主要根据海区潮流畅通与否以及鱼体大小而定。不同鱼体大小的放养密度参照表7-2。在水流畅通的地方，放养密度为10kg/m³；而潮流缓慢的内湾，养殖密度最好控制在7kg/m³。

表7-2　杜氏鰤的养殖密度参照表

| 密度/(g/尾) | 密度/(尾/m³) | 密度/(kg/m³) | 密度/(g/尾) | 密度/(尾/m³) | 密度/(kg/m³) |
| --- | --- | --- | --- | --- | --- |
| 1～5 | 250～140 | 1～2 | 250～450 | 30～25 | 7～9 |
| 10～20 | 120～100 | 2～3 | 500～600 | 20～15 | 8～9 |
| 30～100 | 90～60 | 4～7 | 600～1000 | 12～10 | 8～10 |
| 150～200 | 50～45 | 6～9 | 1000以上 | 8～6 | 7～10 |

**7. 饲料与投喂**

① 饲料种类：新鲜或冷冻的蓝圆鲹、鲐、沙丁鱼等为主。

② 投喂方法：冷冻鱼投喂时要先解冻，腐败变质、脂肪氧化的小杂鱼不宜投喂，以免引起病害发生。杜氏鰤为凶猛肉食性鱼类，喜在水面抢食，下沉到底部的饲料不摄食。一

般幼鱼的投饲量为体重的 20%～30%，1～3 龄成鱼的投饲量为体重的 3%～10%。投饲量一般控制在鲕鱼不到水面抢食，即可停止投喂。幼鱼个体小，饲料鱼需绞成肉糜后投喂，每天投喂 3～4 次。随着幼鱼的增大，将饲料鱼切成碎断后投喂，每天上午、下午各喂 1 次。2～4 龄成鱼，饲料鱼不需切段，整尾投喂，每天投喂 1 次即可。

## 五、案例 2——美国红鱼养成的技术要点

### 1. 生态习性

① 美国红鱼为广温性鱼类，水温的适应范围为 2～34℃，最佳生活水温 22～30℃。水温是影响红鱼新陈代谢最重要的环境因子之一。对水环境的溶解氧要求高。水中溶解氧在 7.0mg/L 以上时，生育和日摄食量正常。

② 美国红鱼为广盐性鱼类，对盐度的适应范围很广，成鱼可在 5～35 的盐度中正常生长发育，经淡化后可在纯淡水中养殖。养殖最佳盐度在 12～22；幼鱼发育最佳盐度为 22～28；幼鱼全长小于 12cm 时，不宜进行淡化养殖。

### 2. 食性与生长

① 食性：红鱼为肉食性的杂食鱼类，在天然水域，可食水生动物种类近百种，成鱼主要摄食各种小型鱼类（如龙头鱼、黄鲫、皮氏叫姑鱼、带鱼幼鱼等）、虾类（如对虾、鹰爪虾）、蟹类及摄食糠虾类。幼鱼主食桡足类、糠虾、磷虾等浮游动物。经驯化可摄食配合饲料。

② 生长：雌雄性的美国红鱼其生长速度没有明显的区别。全长 20～50mm 的幼鱼生长慢，成活率低。随着个体的长大，生长速度也加快；当全长达到 130～150mm 的范围时，生长发育明显加快，而且体宽、体高都有明显增长。人工养殖的当年苗，经 180d 网箱养殖，个体重可达到 1200g 左右；2 年体重达到 3～4kg；3 个体重达到 6～8kg，性腺已发育成熟。产卵后的亲鱼，仍能生长 1～1.5kg/年。从第四年起，红鱼的生长缓慢。为此最佳的养殖时间是 1～3 年。

### 3. 养殖方式与设施

① 养殖方式：海上网箱单养。

② 设施：通常做的网箱规格为 4m×4m×4m、12m×12m×5m、16m×16m×6m；围垦区水域，无水流，网箱规格为 25m×25m×8m。

### 4. 养殖海区环境条件的选择

红鱼网箱养殖水环境无浪或浪小、无污染、少量淡水流经的水域；水深度在 6～12m 的范围，底质平坦，无污泥；水流慢而缓，在 5～35cm/s，最佳的为 10～20cm/s。全长 20～50mm 的幼鱼养殖水环境的水流在 5～10cm/s 为宜。全长 50～120mm 幼鱼养殖水环境的水流在 10～15cm/s 为宜。120mm 以上幼鱼和成鱼养殖水环境的水流在 15～35cm/s 为宜。根据水的流速情况，决定每口网箱的大小，一般水流缓的网面积可大些，网深度也略深些。流速在 5～35cm/s，最适为 15～25cm/s；水质的透明度在 25～120cm，最佳为 50～80cm；水的盐度在 14～33，最佳为 16～24；水温在 6～33℃，最佳在 18～28℃。

### 5. 苗种放养

网箱放养幼鱼选择体质健壮、无伤无病的大规格苗。放养的时间选择在小潮时，网箱内水流缓，宜在早、晚放苗。放入网箱前先用淡水加聚维酮碘 2～4ml/L 的浓度浸泡消毒 5min。放养红鱼的密度不宜太大。适宜的放养量，红鱼苗生长快，且不易生病，成活率高。

红鱼放养规格与放养密度见表 7-3。

表 7-3　红鱼苗网箱养殖放养规格与密度参照表

| 规格/mm | 尾/m³ | 规格/mm | 尾/m³ | 规格/mm | 尾/m³ | 规格/mm | 尾/m³ | 规格/mm | 尾/m³ |
|---|---|---|---|---|---|---|---|---|---|
| 40～50 | 60～70 | 60～70 | 40～50 | 80～90 | 30～35 | 100～110 | 26 | 150～230 | 13 |
| 50～60 | 50～60 | 70～80 | 35～40 | 90～100 | 32 | 110～150 | 19 | 230 以上 | 8～13 |

### 6. 饲料及投喂

（1）饲料种类　小杂鱼、配合饲料和预混料等三种饲料。

（2）投喂方法

① 小杂鱼喂养全长在 5～8cm 的幼鱼，杂鱼需用 3mm 孔径的绞肉机绞成肉糜；喂养全长 16～20cm 成鱼，杂鱼用 8cm 孔径的绞肉机加工；喂养全长 21cm 以上个体，杂鱼用 1cm 孔径绞肉机加工成肉糜状，骨刺少的杂鱼也可用刀切成小块投喂。幼鱼或大规格鱼种，小杂鱼经绞细后拌入些植物性的预混料，充分拌匀后，再投喂。每日投喂 3 次。投喂量占体重的 15%～20%。

红鱼吃料凶猛，应防饲料沉底流失。投料 3 遍，保证个小体弱能吃到料。

② 配合饲料投喂方法：浮性配合料，日投料量占鱼体重的 1%～1.5%。随着水温升降适当调整投料量。浮性料在投喂前先用淡水浸泡 5～8min，颗粒小的浸泡时间短，颗粒大的浸泡时间长些。投喂浮性料前准备好投料区，防止浮性料随水流漂走。用 40 目/cm² 的聚乙烯筛绢网在箱内围成圆形或长方形或正方形的投料区，面积占箱内面积的 1/2～1/3。日投喂 4～5 次。

③ 预混料投喂方法：混合料系指杂鱼料和植物性料混合后的一种饲料。一种是饲料厂配好预混料，主要成分有植物性的豆粕、玉米粉、黏合剂、矿物质和维生素等。另一种为养殖户自配的植物性料，主要成分有花生饼、玉米粉、次面粉三种粉状料，加入杂鱼料，经绞肉机绞成软颗粒状，再投喂。

（3）投料注意事项　在 5～10 月份水温较高时，在 20cm 以上的成鱼，可每天投饵一次，每天的投饵量为鱼总体重的 1.5%～2.0%；在 10～15cm 的中苗，日投饵量可为鱼体重的 8%～15%，可分早、晚 2 次投喂。4～8cm 的小苗，日投饵量可为鱼体重的 20%～25%，分 3～4 次投喂。11～12 月份及翌年 3～4 月份，隔天投饵一次，视鱼摄食的情况酌情增减投喂量。冬季水温较低时，基本不投饵。

### 7. 分级饲养

全长 5～8cm 的红鱼，养殖到体重 600～1200g 的商品鱼，需 180～210d 的时间。在整个饲养过程中，要进行规格分选，一般 15～30d 分选一次（结合换网时间同步进行）；分选出不同规格的鱼分开饲养。

### 8. 换网

红鱼网箱换网时间依网目大小而定，0.5cm/目的网箱每 7～10 天换网一次，1cm/目网箱每 10～15 天换网一次。3.5cm 以上网目的网箱每 30～40 天换网一次。换网切忌动作太猛，以免鱼受惊动而蹦跳；忌操作不当，网衣压伤鱼，引起发炎死亡；准备工作要充分，避免换网时间太长造成鱼群过密而缺氧浮头。

通常采用单养模式的鱼类还有鮸状黄姑鱼、双棘黄姑鱼、浅色黄姑鱼、军曹鱼等。这些鱼类的共同点是生长快、个体大、口裂大、性凶猛。

### 六、案例3——大黄鱼养成的技术要点

#### 1. 生态习性

① 大黄鱼在不同的地理分布上表现出一系列不同的形态与生态特征，我国沿海的大黄鱼可明显分为岱衢族、闽一粤东族和硇洲族三个地理种群。

② 大黄鱼属于暖温性鱼类。适温范围在 8～32℃，最适的生长温度为 20～28℃。养殖的大黄鱼水温下降至 13℃以下或高于 30℃时，摄食就明显减少。水温高于 26℃时就会影响胚胎的正常发育。

③ 大黄鱼属于广盐性的河口鱼类，适应盐度为 6.50～34.00（即相对密度 1.005～1.026），最适盐度 24.50～30.00（即相对密度 1.018～1.023）。在盐度高于 34 的海域，大黄鱼较难养好。

④ 海水的 pH 在 7.85～8.35 适合大黄鱼生活。

⑤ 大黄鱼对溶解氧含量的要求一般在 5ml/L 以上，其溶解氧的临界值为 3ml/L，而稚鱼的溶解氧临界值为 2ml/L。

⑥ 大黄鱼对光的反应敏感，喜弱光，厌强光。在海区中大黄鱼于黎明与黄昏时多上浮，白天则下沉。养殖大黄鱼及其稚鱼、幼鱼，在光线突变时，常引起窜动，甚至跳出水面。

#### 2. 食性与生长

① 食性：大黄鱼为肉食性鱼类。据分析，其摄食的天然饵料生物达上百种，在不同的发育阶段，摄食的种类不同。50g 以上的大黄鱼主要摄食各种小鱼以及虾、蟹类；50g 以下的早期幼鱼以小型甲壳类为主；稚鱼则以桡足类为主。人工养殖的大黄鱼从稚鱼阶段起，均可摄食人工配合颗粒饲料。

② 生长：同龄的大黄鱼个体间的差别较大。就各年龄段的生长速度而言，体长在 1 龄前增长很快，从 2 龄开始，增长就明显减慢，而体重的增加在 6 龄前均较明显。

同龄的大黄鱼，雌鱼的生长速度明显比雄鱼快，尤其在性成熟时更显著。我国三个地方种群的大黄鱼，以岱衢族生长最慢，但寿命最长，可高达 30 龄；硇洲族的生长最快，但寿命最短；闽一粤东族的生长速度居上述两者之间。

大黄鱼的生长快慢同水温、饵料质量及在水体中的密度与群体大小等有关。在较适的温度范围内，水温愈高，摄食量愈大，生长也愈快。试验表明，在室内水泥池的 7℃水温条件下，大黄鱼尚可偶尔少量摄食。

#### 3. 养殖方式与设施

① 养殖方式：海上网箱单养。

② 养殖设施：网箱的设置与规格养殖网箱的规格与网目大小随着鱼的长大而改变。养殖网箱的深度一般在 3.5～4.0m，有的可达 6m，网眼大小为 20～50mm。为避免鱼体擦伤，网衣材料选择质地较软的无结节网片为好。

③ 网具配套：网箱的设置与规格养殖网箱的规格与网目大小随着鱼的长大而改变。养殖网箱的深度一般在 3.5～4.0m，有的可达 6m，网眼大小 20～50mm。为避免鱼体擦伤，网衣材料选择质地较软的无结节网片为好。详见表 7-4。

#### 4. 养殖海区环境条件的选择

养殖环境水质符合海水养殖水质标准。环境无噪声，水流速度缓，约在 40cm/s 以内。避台风，浪小，且具有一定的涨落潮差的海区。

表 7-4　大黄鱼商品鱼养殖网具配套

| 项目内容 | 长×宽×深/m³ | 网衣形态、网目/cm | 鱼种规格/cm |
|---|---|---|---|
| 小规格苗种网箱 1 | 8.0×4.0×4.0 | 无结网网目,2.0～3.0 | 60～80 |
| 中规格苗种网箱 2 | 8.0×8.0×5.0 | 有结网网目,3.5～4.0 | 120～140 |
| 大规格苗种网箱 3 | 16.0×16.0×6.0 | 有结网网目,5.0～6.0 | 200 以上 |

#### 5. 鱼种的放养

① 鱼种选择体形匀称、体质健壮、体表鳞片完整、无病无伤的鱼种。

② 鱼种运输一般在水温下降到 16～18℃时的秋季或 13℃以上的春季进行。活水船运输要选择暖和且风浪小的天气进行。24h 以上的活水船运输的鱼种,密度即 30kg/m³。

③ 鱼种选择在小潮汛期间放养。

④ 鱼种放养前需消毒,用含有氯或含有聚维酮碘消毒剂的淡水对鱼种进行浸浴消毒。

⑤ 放养密度,见表 7-5。

表 7-5　大黄鱼放养密度参考表

| 密　　度 | 25g/尾 | 50g/尾 | 100g/尾 | 150g/尾 | 200g/尾 | 250g/尾 |
|---|---|---|---|---|---|---|
| Ⅰ密度/(尾/m³) | 50 | 40 | 30 | 20 | 15 | 10 |
| Ⅱ密度/(尾/m³) | 75 | 65 | 55 | 45 | 35 | 25 |
| Ⅲ密度/(尾/m³) | 0 | 0 | 80 | 60 | 50 | 40 |

注:Ⅰ内湾或围垦区型,水流 0～5cm/s;Ⅱ港湾型,水流在 5～15cm/s;Ⅲ港外型,水流在 30～50cm/s。

#### 6. 饲料与投喂

① 冰鲜杂鱼或配合饲料。

② 投喂:大黄鱼不同季节冰鲜杂鱼或配合饲料的投料方法见表 7-6、表 7-7。

表 7-6　大黄鱼不同季节的冰鲜杂鱼料的投料方法参照表

| 项目内容 | 春季 12～22℃ | 夏季 22～31℃ | 秋季 15～25℃ | 冬季 3～15℃ |
|---|---|---|---|---|
| Ⅰ类规格日投料次数与投料量 | 4～5,4%～8% | 3～4,7%～5% | 4～5，10%～6% | 2～3,4%～3% |
| Ⅱ类规格日投料次数与投料量 | 3～4,4%～6% | 2～3,6%～5% | 3～4　7%～5% | 2～3,3%～2% |
| Ⅲ类规格日投料次数与投料量 | 2～3,3%～5% | 1～2,5%～4% | 2～3,6%～4% | 1～2,3%～2% |

注:Ⅰ类规格体重在 25～100g/尾;Ⅱ类规格 100～200g/尾;Ⅲ类规格 250g/尾以上。

表 7-7　大黄鱼不同季节的配合饲料的投料方法参照表

| 项目内容 | 春季 12～22℃ | 夏季 22～31℃ | 秋季 15～25℃ | 冬季 3～15℃ |
|---|---|---|---|---|
| Ⅰ类规格日投料次数与投料量 | 4～5,1.5% | 3～4,2% | 4～5,2.5% | 2～3,1% |
| Ⅱ类规格日投料次数与投料量 | 3～4,1.6% | 2～3,1.7% | 3～4,1.8% | 2～3,1% |
| Ⅲ类规格日投料次数与投料量 | 2～3,1.3% | 1～2,1.5% | 2～3,1.6% | 1～2,1% |

注:Ⅰ类规格体重在 25～100g/尾;Ⅱ类规格 100～200g/尾;Ⅲ类规格 250g/尾以上。

#### 7. 换网与分级养殖

大黄鱼养殖日常管理中换网与定期把大小不同规格分开养殖极为重要。换网与挑选分鱼一般安排在一起进行。其方法见表 7-8。

#### 8. 捕鱼收获注意事项

① 食用鱼收获前要对所用药物的休药期的期限进行确认。

表 7-8　大黄鱼商品鱼养殖定期换网与大小分级时间表

| 项目内容 | 春季/(d/次) | 夏季/(d/次) | 秋季/(d/次) | 冬季/(d/次) |
|---|---|---|---|---|
| Ⅰ类规格 | 45 | 25～30 | 30～35 | 45～60 |
| Ⅱ类规格 | 60 | 45 | 50 | 60 |
| Ⅲ类规格 | 60～70 | 60～90 | 60～70 | 80～90 |

注：Ⅰ类规格体重在 25～100g/尾；Ⅱ类规格 100～200g/尾；Ⅲ类规格 250g/尾以上。

② 收获前 1d 停止投料。

③ 在夜间捕鱼，光照度在 0～50，或天文大潮捕鱼，鱼体色呈现金黄色。

④ 捕鱼装箱操作方法：捕起的大黄鱼，倒入桶内或船舱内，一层鱼一层冰。经闷与速冻 20min 后，不同规格分别称重装箱，每箱 3～4 层，每箱 10kg 或 15kg。以冷藏车运输。

## 七、案例 4——真鲷养成的技术要点

### 1. 生态习性

真鲷为近海暖水性底层鱼类，栖息于水深 30～100m 且水质清新、盐度较高的海区，底质以礁石、沙砾或海藻丛生的海区为多见。真鲷生活的最适水温为 20～28℃，18℃以上食欲旺盛，14℃时食欲不振，4℃以下死亡。夏季 30℃以上时活动无力、体虚弱。真鲷能忍耐的最低溶解氧为 1.5mg/L。福建及广东沿海的真鲷种群没有明显的南北近海洄游，主要为东西向的浅海移动，冬天进入较深海区越冬，产卵期到沿海生殖。闽南产卵场在厦门刘五店至五通海区，产卵期为 10～12 月份，为秋季生殖。闽中海区的真鲷，产卵期为 2～4 月份，为春季生殖。

### 2. 食性与生长

① 食性：在稚鱼期摄食桡足类、端足类、糠虾类；随着成长而捕食小型虾类、多毛类；达 1 龄鱼以上时，主要捕食虾蟹类、乌贼等软体动物、棘皮动物、小鱼等。

② 生长：天然状态下满 1 龄鱼的尾叉长 14cm，2 年 19cm，3 年 24cm，4 年 28cm，5 年 32cm，6 年 36cm，7 年 39cm，8 年 42cm。10 龄以下生长较快，10 龄以上生长缓慢，最大个体可达十余千克。寿命 20 年以上。在人工养殖状态下，1 周年体重可达 0.5kg，体长达 25～29cm；18 个月体重为 0.8～0.9kg，体长达 30cm 以上；3 龄体重达 1.3～1.4kg，体长 37～40cm。

### 3. 养殖方式与设施

① 养殖方式：海上网箱单养或套养石斑鱼。

② 养殖设施：网箱的设置与规格养殖网箱的规格与网目大小随着鱼的长大而改变。养殖网箱的深度一般在 4～5.0m，网眼大小 20～50mm。网衣材料选择有结网片为好。

### 4. 养殖海区环境条件的选择

真鲷养殖的生长适温为 17～28℃。13℃以下摄食停止，29℃以上摄食量变化大，易发生生理性疾病。死亡低温为 4℃，但在水流急的海区水温 7～8℃可导致死亡。真鲷对低盐度海水适应性较强，盐度低至 16 短期内也不会死亡，但在低盐度条件下耗氧量显著减少，摄食不旺盛。适合真鲷养殖的海区必须具备如下条件：水深为网箱深度 2 倍以上；水流适度，潮流交换畅通；水温年变化在 12～28℃；无洪水径流，无工农业生产污水和生活污水；台风影响小，无赤潮发生；饲料鱼来源方便且无航运影响。

**5. 苗种放养**

① 放苗季节：秋季 9~12 月份，水温 18~26℃；春夏季 3~5 月份，水温 18~26℃。

② 放苗规格：3~5cm，体重 5~7g，或 7~10cm，体重 12~25g。

③ 放苗密度：3~5cm，体重 5~7g，30~40 尾/m³，或 7~10cm，体重 12~25g，15~25 尾/m³。

**6. 饲料及投喂**

① 饲料：杂鱼和配合饲料两种。

② 投喂：真鲷的体重分别为 2~25g、25~70g、70~80g、80~90g、90~120g、120~300g、300~450g、450~500g、500g 以上时，其杂鱼的投饲率分别为 20%~15%、15%~12%、12%~10%、10%~6%、8%~5%、6%~4%、5%~3%、4%~2%、3%~1%。其配合饲料（干重）的投饲率分别为 4%~3.5%、3.5%~3%、3%~2.5%、2.5%~2%、2%~1.5%、1.5%~1.2%、1.2%~1%、1%~0.8%、1%~0.5%。

**7. 投料注意事项**

① 设投料台，可有效地减少浪费。

② 杂鱼料质量要新鲜，配合料的动物性蛋白 16%~20%，粗蛋白总量 36% 以上。

③ 夏秋高温季节的 6~10 月份减少投喂鲜杂鱼，多投配合饲料。

④ 防止细菌性肠炎病和烂鳃病。

**8. 分级饲养**

调整养殖密度大小个体分开养殖：随着真鲷的生长及时调整养殖密度和网箱的网目，见表 7-9。

表 7-9 不同规格真鲷养殖密度及网目

| 个体重量/g | 养殖密度/(尾数/m³) | 网目/cm | 个体重量/g | 养殖密度/(尾数/m³) | 网目/cm |
|---|---|---|---|---|---|
| 4~5 | 70~60 | 0.8 | 300~350 | 22~18 | 3.0 |
| 10~15 | 60~50 | 1.0 | 500~550 | 15~14 | 4.0 |
| 21~25 | 50~40 | 1.0 | 750~800 | 12~10 | 4.0 |
| 31~50 | 40~30 | 1.5 | 1000~1100 | 8~7 | 5.0 |
| 100~150 | 30~25 | 2.0 | 1500~1600 | 6~5 | 6.0 |
| 200~250 | 25~22 | 2.5 | 2000~2100 | 4~2 | 6.0 |

**9. 换网**

定期更换网箱。换网时间的长短根据网目大小和附着物多少而定。一般是鱼苗网网目 1cm 以内的 7~15d 换一次，网目 3cm 以上的 25~35d 换一次。换网的目的是检查网箱的安全性，同时根据鱼体的个体大小差别程度，决定是否大小分网养殖。换下的网衣可用高压水枪冲洗，也可经日晒、拍打，除去附着物后备用。

**10. 病害防治**

真鲷养殖的常见病害有细菌性病、寄生虫病、营养性病和病毒性病。大多数细菌性鱼病是属于体表破损而导致细菌侵入的继发性疾病，因此鱼病的防治应以防为主，预防要从日常管理和养殖环境改善两个方面着手。鱼苗养殖换网时的操作要细心，避免鱼体擦伤脱鳞及眼睛受伤；控制放养密度，保持优良的网箱养殖环境；结合换网定期对鱼体寄生虫进行处理；每日认真观察鱼摄食及活动状况，及时发现异常情况；投喂优质饲料及做好网具及工具的消毒，防止病从口入。改善养殖环境，确保水流畅通。药物使用方法见第一章第七节。

## 八、案例5——石斑鱼养成的技术要点

### 1. 生态习性

石斑鱼养殖场地的底质以岩石或沙质为佳，远离强浪与急流而又无污染源的场所，不宜超过0.5m，流速不宜超过75cm/s。网箱底离海底2m以利水的流通，而网箱的深度一般是2～4m，设箱的水深应在大潮最低水位5m以上。海区水环境的水温保持在9～32℃（其中鞍带石斑鱼22～30℃，点带石斑鱼20～31℃，云纹石斑鱼16～31℃，赤点石斑鱼12～31℃，青石斑鱼9～31℃，斜带石斑鱼适宜水温为16～31.5℃、最适宜为20～29℃；低于14℃时，体重0.25kg以下几乎不摄食，体重0.25kg以上食欲减退；12℃时几乎潜伏不动；11℃时维持3d以上，体重0.25kg以下出现死亡；水温高于32.5℃，食欲减退）。溶解氧稳定在3.8～7mg/L，盐度在11～41（其中鞍带石斑鱼的成鱼和幼鱼会出现在河口半咸水水域，成鱼后有海底掘洞穴居的习性，白天经常栖息于珊瑚礁洞穴或沉船附近或是在珊瑚及沿岸礁岩浅水水域，喜石砾底质、海水流畅的海区，是广盐性珊瑚礁鱼类，在盐度11～41的海水中都可以生存，最适盐度为25～35，盐度低于5会死亡，在淡水中最长可忍耐15min。斜带石斑鱼是广盐性鱼类，盐度14～41可以生活，20.33最适宜。盐度高，生长慢，且容易寄生寄生虫。在淡水中最长忍耐时间为15min）。

### 2. 食性与生长

① 食性：鞍带石斑鱼为中下层底栖鱼类，性凶猛，地域性强，成鱼不集群，夜间觅食，主食甲壳类（尤其是龙虾）、海胆、鱼类、小海龟甚至是小鲨鱼，摄食方式皆为一口吞下，成鱼通常有鱼肉毒素。人工养殖可采用新鲜杂鱼及小虾，切成片投喂，有时添加海水鱼配合饲料。鞍带石斑鱼的仔鱼、稚鱼、幼鱼摄食微型、小型的浮游动物，成长后仍保持肉食性。当水温降至20℃时食欲减退，降至18℃以下则停止摄食、不游动。喜光线较暗区域，在网箱养殖时喜沉底或在网片折皱处隐蔽，体色随光线强而变浅、弱而变深。其他种类的石斑鱼虽属凶猛性，但由于个体对其他鱼类的攻击性较弱。石斑鱼对环境病害抵抗力极强，但个性凶猛，必须分级放养，以免自相残食。

② 生长：鞍带石斑鱼生长快速，从6cm左右的鱼苗养到1kg，只需7～8个月，1kg以后生长速度更快，只需再养一年就可长到3～6kg。据记载，野生捕获的个体最重可达280多kg。点带石斑鱼和斜带石斑鱼当年苗人工养殖180～240d，体重达到900～1200g，2年体重达到1500～2500g；云纹石斑鱼当年苗人工养殖180～240d，体重达到1200～1500g，2年体重达到3000～4000g；赤点石斑鱼当年苗人工养殖180～240d，体重达到150～200g，2年体重达到450～500g；青石斑鱼当年苗人工养殖180～240d，体重达到120～150g，2年体重达到350～400g。

### 3. 养殖方式与设施

① 养殖方式：鞍带石斑鱼成鱼采用单养的方式；鞍带石斑鱼苗种采用与二龄真鲷混养的方式；云纹石斑鱼、点带石斑鱼和斜带石斑鱼、赤点石斑鱼、青石斑鱼的苗种采用与大规格的一龄真鲷、花鲈、卵形鲳鲹、美国红鱼、斜带髭鲷混养或与二龄的大黄鱼混养；二龄石斑鱼与二龄真鲷混养的方式；花鲈、卵形鲳鲹、美国红鱼、斜带髭鲷、大黄鱼混养。

② 混养分为以石斑鱼为主养鱼或以真鲷、花鲈、卵形鲳鲹、美国红鱼、斜带髭鲷、大黄鱼为主养鱼两种方式。

③ 设施：聚乙烯丝线编织的网箱，规格与其他鱼类用的网箱相同。

**4. 养殖海区环境条件的选择**

养殖海区的环境应具备如下条件：避风条件好，波浪不大，不受台风袭击，以沙质底、砾质底、礁石质底为好，低潮时水深应在 7m 以上。潮流畅通，流速适中，网箱内流速保持在 20～75cm/s 为好；水温 9～28℃，适宜盐度 11～41，pH 7～8，溶氧量在 5mg/L 以上。

**5. 苗种放养**

① 养殖密度：体重 50g 以下的石斑鱼苗，一般放养密度为 60～70 尾/$m^3$；体重 50～100g 的鱼苗的放养密度为 20～30 尾/$m^3$；体重 250g 以上的鱼苗的放养密度为 10～25 尾/$m^3$；养成期间视鱼体生长和水质条件，合理调整养殖密度，通常养殖密度控制在 7～8kg/$m^3$ 以内。作为主养鱼可混养 15% 左右相同个体大小的真鲷、黑鲷、黄鳍鲷等鲷科鱼类，花鲈等鮨科鱼类，美国红鱼、双棘黄姑鱼等石首鱼科鱼类。

② 与其他鱼类为主养鱼、石斑鱼为配养鱼的放养方式时，苗种放养的原则是，两者共存，互为有利，即使在能够混养的种类中，由于个体大小相差太大都会影响养殖的效果。石斑鱼作为配养鱼，体重 50g 以下的石斑鱼苗放养的数量控制在 1～2 尾/$m^3$。体重 250g 以上的石斑鱼放养的数量控制在 0.5～0.3 尾/$m^3$。体重 1500g 以上的石斑鱼放养的数量控制在 0.1～0.2 尾/$m^3$。主养鱼类的真鲷、花鲈、美国红鱼、大黄鱼等抢食会带动石斑鱼的摄食。还可混养一些篮子鱼，作为"清道夫"，有利于保持网箱的清洁。

③ 放养的规格整齐，无伤病。

④ 养殖生产安排：闽南沿海是 3～12 月份，广东、广西和香港、台湾沿海是 2～12 月份，海南是 1～12 月份，浙江是 5～10 月份。根据石斑鱼生产的季节安排放苗养殖。

**6. 饲料及投喂**

(1) 饲料　杂鱼和配合饲料两种。

(2) 投喂　苗种放入网箱当天可摄食饲料。鞍带石斑鱼、云纹石斑鱼、点带石斑鱼和斜带石斑鱼对环境的适应性极强，4～6h 即可摄食。当天的投料量约为常量的 50%。

① 软颗粒饵料的投喂方法：由预混料与杂鱼混合绞碎后，经颗粒饵料机加工后冰鲜冷藏，或加工后马上投喂。根据需要拌进防治病害的药物及维生素、鱼油等营养物质。软硬程度应以手抓不沾手、紧捏可以成团为度；颗粒大小应根据鱼体的大小有所不同。15～20cm 的鱼可摄食粒径 5～10mm 的饵料。成鱼饵料的粒径可达 20～30mm。颗粒太小，石斑鱼不喜摄食。石斑鱼饵料中粗蛋白的适宜含量，大体范围为 40%～55%。不同种类各不相同，赤点石斑鱼为 40%～50%，青石斑鱼为 51%～55%，鲑形石斑鱼为 40%～54%。脂肪的适宜含量为 8%～10%。

② 小杂鱼的正确投饵方法：将鲜度好的沙丁鱼、鲐鱼、鲲鱼、玉筋鱼切成适宜的大小投喂。因饵料鱼种类不同，饵料系数波动在 5～12。

**7. 投料技术的改进**

① 根据水温的高低决定日投喂饲料的次数，有一定的季节性规律，一年分为三个阶段，冬季水温在 6～16℃ 的范围；春季和秋季水温在 17～26℃ 的范围；夏季水温在 27～31℃ 的范围。冬季 5～6d 一次；春季和秋季 1～2d 一次；夏季 2～3d 一次。

② 改进型投料法：采用 2d 一次或 3d 一次投料法。实践证明石斑鱼的生长速度快，争食力强，饲料转换率高，成活率高。第二种采用隔天投料法，夏季采用此方法时其效果与第一种相同，具有较强的争食力。但在春季和秋季采用此方法时其效果稍差于第一种的效果。

第三种采用连续 3d 投料、停料 1d 的方法。此种方法用于生长旺季，水温适宜、潮水流速适宜的情况下采用。饲养鞍带石斑鱼、云纹石斑鱼、点带石斑鱼、斜带石斑鱼采用此方法，既不影响上述几种石斑鱼的生长，又节省饲料。

③ 冬季水温较低时，基本不投饵。冬季水温在 9～12℃，赤点石斑鱼、青石斑鱼在天气比较暖和的时候还会少量摄食，可 3～4d 或 6～7d 酌情投饵一次。

**8. 日常管理**

① 每天应对各个网箱进行巡视检查，注意观察鱼的活动情况。正常情况下，石斑鱼会沉在网箱底部，清晨和傍晚会在水面悠然自得地游动，看到人影就迅速沉下。如果无力地游于网边，受惊动也反应迟钝，或狂游、跳跃等，都是不正常的表现。应该捞起或拉网检查，判明情况，采取对策。

② 防止缺氧：定期清除网箱上附着的污损生物，以保持网箱内外水流畅通。

③ 定期分级大小分开养殖：保持同一网箱内石斑鱼鱼体规格的一致。因为鱼类具有大鱼压倒小鱼生长的作用和饥饿时自相残食现象，使网箱内石斑鱼大小均匀。

④ 定期检查网箱的破损情况，确保安全生产：特别是台风到来之前，更应加强防御，做好安全工作。

## 【实习与实践】 浅海网箱鱼类养殖技术技能实习

1. 浮式渔排的选点与合理布局。
2. 浅海网箱结构与配套设施。
3. 浅海网箱鱼类养殖——苗种放养技术技能。
4. 浅海网箱鱼类养殖——商品鱼健康养殖技术技能。

## 第四节　淡水网箱鱼类养殖技术

### 一、养殖类型

**1. 生态型养殖**

① 定居型：利用水体中的天然生物饵料野杂鱼类，采用不投饵或少投配合料。放养翘嘴红鲌、斑点叉尾鲴利用水体中的小鱼小虾等生物。这是一种稀放粗养的方式，虽然产量低，但投资省、风险低、效益稳。

② 游牧型：没有固定的位置，时间长短取决于水体中的天然浮游动植物量的丰富程度。如养殖鲢、鳙等滤食性的鱼类。另一种情况是季节性的游牧，受水位或水流等因素的影响，随时移动渔排，以利于鱼类生长。

**2. 精养型网箱养殖**

完全依靠投饵的方法进行高密度人工饲养。这是一种高投入、高产出、高效益的养殖方式。采用机械化自动化定时、定量、定点投喂饲料或手工定时、定量、定点投喂饲料。

**3. 商品活鱼围养网箱养殖**

渔民在天然捕捞时，对未达到上市规格的鱼，或虽达到上市规格但遇到鱼价低、市场滞销时，把这部分渔获物围养于网箱中并进行投饵喂养，待到节假日市场鲜鱼畅销、价格上扬时将上规格的箱鱼分期分批起水上市。这种养殖方式没有规范的养殖标准，很像古代柬埔寨渔民原始的那种"笼式暂养"，是从事天然捕捞渔民所采用的一种养殖形式。

## 二、养殖生产模式

（1）单养　网箱中只放养 1 个品种。单养的网箱在投饲、管理等操作上都比较简便。

（2）混养　网箱中以一种鱼类作为主养品种，适当搭配一些其他品种。目前多以鳊、鲂等刮食性鱼类作为搭配品种，以利用其刮食、清除箱壁上的藻类等附着物。

（3）轮捕轮放　捕大留小，保持养殖密度。

## 三、养殖对象选择的原则

① 养殖鱼种：网箱养殖鱼种经济效益高，时间段，见效快，资金周转快。利用网箱为湖泊、水库等大水面培育大规格鱼种，以达到"就地培育、就地放养"的目的；直接为网箱养成提供适应性强的优质鱼种。

② 养殖商品鱼：利用网箱养殖市场需求的各种规格和品种的商品鱼。

③ 选择能适应当地水域生态环境生活的品种。

④ 苗种来源方便，体质好的品种。

⑤ 商品鱼养大后，有好的销售渠道、有订单生产或可加工出口的品种。

⑥ 具备两高一优、经济效益高的品种。

## 四、放养密度设计

### 1. 生态型鱼类的放养密度

鲢、鳙放养密度以网箱设置区域内水体中天然生物饵料的多寡及养殖周期、出网规格等方面因素为依据。

① 生产上常根据经验公式进行估算，即 $N = F \div (G_2 - G_1) \div P$。式中，$N$ 为放养密度，尾/m²；$F$ 为网箱的估计鱼产力，可参考水库养鱼中的鱼产力进行估计，kg/m²；$G_1$ 为放养鱼苗或鱼种的体重，可参考池塘养殖中"鱼种体长与体重关系"表进行换算，g/尾；$G_2$ 为出箱时的尾重，g/尾；$P$ 为成活率。

② 第一年参考临近水域的网箱放养密度，通过实际饲养的情况再进行逐年调整。

### 2. 精养型鱼类的放养密度

高密度人工投料养殖商品鱼。这种养殖方式的放养密度要从养殖品种、出箱规格、饲养技术、管理水平等方面来考虑。将国内淡水网箱鱼类养殖高产的放养密度资料列出，以供参考，见表 7-10。

## 五、放养注意事项

① 池塘培育的鱼种，在出塘前要拉网锻炼 3 次，并要在运输前于布箱中吊养 1～2d，以适应网箱的密集生活环境。

② 新网箱要在鱼种入箱前 7～10d 先安装好，让网衣附着藻类后变得光滑些，可避免鱼种表皮摩擦损伤。

③ 鱼种在入箱时要过筛选别，大小规格应分箱放养。特别是肉食性鱼类，如果在一个网箱中规格相差过大，会发生大小相残而降低成活率。每个网箱的放养量都要一次性放足，

表 7-10 国内淡水网箱养殖鱼类的放养密度及单产水平

| 鱼类品种 | 放养密度/(尾/m²) | 放养规格/(g/尾) | 饲养天数/d | 出箱规格/(g/尾) | 净产量/(kg/m²) |
|---|---|---|---|---|---|
| 草鱼 | 12~16 | 350~500 | 180~360 | 2200~2500 | 22~28 |
| 鲢、鳙(套养) | 2:8 | 150:250 | 360~400 | 550:1300 | 4~8 |
| 鲟鱼(3种规格) | 16;12;8 | 150;250;500 | 360~400 | 1650;2750;3850 | 24;30;27 |
| 斑点叉尾鮰 | 60~70 | 25~30 | 230~270 | 385~400 | 22~28 |
| 倒刺鲃 | 80~90 | 10~15 | 280~300 | 270~300 | 21~27 |
| 翘嘴红鲌 | 30~40 | 50~100 | 370~400 | 950~1300 | 29~32 |
| 长吻鮠 | 50~40 | 50~60 | 210~270 | 1000~1500 | 32~36 |
| 罗非鱼 | 50~60 | 40~60 | 90~120 | 500~600 | 27~32 |
| 鲤鱼 | 60~80 | 40~60 | 365~400 | 450~660 | 29~32 |
| 黄颡鱼 | 120~150 | 25~30 | 290~360 | 200~250 | 18~22 |
| 大口鲶 | 25~35 | 90~100 | 210~240 | 1100~2500 | 35~37 |
| 三角鲂 | 80~100 | 50~80 | 365~395 | 250~350 | 25~28 |

以免因放养时间不同步而引起生长参差不齐。

④ 放苗时要进行鱼体消毒，以杀灭鱼体身上的病原体，预防病害的发生。

⑤ 放苗时要注意水温的温差。运苗容器中的水温与网箱中水体的水温相差不可大于 2℃。

## 六、饲料的选择

### 1. 饵料的种类

目前用于网箱养鱼的饵料主要有配合颗粒料和辅助料两大类。

① 配合颗粒料：浮性膨化料和慢性沉降性颗粒饲料两种。浮性膨化料有利于鱼类的摄食和吸收，在投喂过程中营养损失少，且不会因下沉而造成浪费，目前网箱养鱼多采用浮性膨化料。饲养肉食性鱼类的饲料中粗蛋白含量要求在 36% 以上，对于其他鱼类，饲料中粗蛋白含量要求达到 26% 以上。一般饵料系数在 1.2~1.3。全价饲料的饵料系数在 1.0~1.1。

② 辅助料：青菜、浮萍、嫩草等青饲料和小型野杂鱼。青饲料是作为草食性和杂食性鱼类如草鱼、鳊鱼、倒刺鲃等的辅助性饵料。小型野杂鱼是作为肉食性鱼类的辅助性饵料。

### 2. 驯食

定时、定点投喂，经 3~4d 的投喂驯化，鱼能按时到饲料台摄食。投喂前划动水面，待鱼群到水面游动后再投料，可减少饵料浪费，缩短投饵时间。

## 七、投料量与投喂注意事项

### 1. 投料量

① 第一次投饵量的确定：一般参考以往的经验或书本的数据。通常分为三类，即苗种阶段的投料量占体重的 12%~30%（鲜料）或 3%~4%（配合饲料干重）；第二类即亚成鱼阶段的投料量占体重的 5%~8%（鲜料）或 2%~2.5%（配合饲料干重）；第三类成鱼或亲鱼阶段的投料量占体重的 3%~4%（鲜料）或 0.7%~1.5%（配合饲料干重）。

② 灵活调整日投料量：日投料量的调整方法是一项实践性很强的技术。如上所述的三

个阶段的投料量不是一成不变的，还应根据当天水温等生态环境和鱼类摄食现状而定。以斑点叉尾鮰的网箱养殖日投料为例，在不同水温和鱼体重的情况下斑点叉尾鮰的日投饵率，见表7-11。

**表 7-11　在不同水温和鱼体重网箱养殖斑点叉尾鮰的日投饵率**

| 水温/℃ | 不同鱼体重的日投饵率(配合饲料干重)/% | | | | | |
| --- | --- | --- | --- | --- | --- | --- |
| | 50～100g | 101～200g | 201～300g | 301～700g | 701～800g | 801～900g |
| 6～16 | 1.4 | 1.3 | 1.2 | 1.1 | 0.8 | 0.5 |
| 17～20 | 2.0 | 1.8 | 1.5 | 1.2 | 1.1 | 1.1 |
| 21～26 | 2.8 | 2.2 | 1.8 | 1.5 | 1.2 | 0.9 |
| 27～30 | 3.0 | 2.3 | 1.9 | 1.6 | 1.3 | 1.0 |
| 31～32 | 3.2 | 2.5 | 2.0 | 1.7 | 1.4 | 1.0 |

③ 日投喂次数：鱼类摄食配合饲料经4h已消化完成，可进行第二次投喂。鱼类消化吸收的快慢与当天的水温有关，如斑点叉尾鮰在水温为18～30℃，消化完成的时间为4h。各种因素综合考虑，苗种日投喂4～5次，亚成鱼2～3次，成鱼1～2次。

**2. 投喂注意事项**

① 投喂速度要掌握"慢、快、慢"的原则。即投喂初期，箱鱼未全部上浮集中抢食，此时投喂的速度要慢些，投撒的量要少些；待鱼群全部上浮抢食时，投喂的速度可快些，投撒的量也相对要多些；待大部分鱼群吃饱（吃饱的鱼群会自动离开食场下潜箱底）后，抢食激烈程度明显减弱，食场中只剩下个体小、抢食力弱的小部分群体，此时投饵速度要慢，投撒量也要少些。

② 寒流天气水温急剧下降或雷雨闷热天气会影响鱼类的食欲，要适当减少投饵量。

③ 鱼的摄食量随着水温的升高而增加。在高温季节，鱼的摄食量大增，但此时应控制投饵量，只能让鱼吃八分饱，过分饱食会引发肠炎、肝炎、肾炎等疾病的发生。在鱼病流行季节，可采用减餐、减量的方法，以缓解病情、减少死亡量，待病愈后再恢复正常投饵。

## 八、日常管理

**1. 严防逃鱼**

要经常检查网箱有否破损，如果有破损应及时修补。若网箱内鱼类摄食明显减少或活动不正常，就可能是箱破鱼逃所致。

**2. 防止敌害袭击**

大水面野杂鱼类繁多，其中不乏大口鲶、鳡鱼等大型凶猛性鱼类。这些鱼类在饥饿时会冲撞袭击网箱而造成网箱破损。可在网箱设置区的外围用网拦或刺网进行围拦；若网箱设置在库湾内，只要将库湾口围拦起来即可。

**3. 及时调整锚绳，防止网箱变形**

一般大中型水库水位不稳定，特别是汛期和枯水期水位升降波动较大，容易造成锚绳松弛，引起网箱移位、变形。应及时调整锚绳的松紧，确保网箱有效养殖面积和规定的箱距。

**4. 定期换箱**

网箱在水中放置一段时间后，网目会被藻类等污物附着而堵塞，从而影响网箱内外的水体交换。因此应定期用备用的网箱换下网目被堵塞的旧箱（可直接在水中进行带水操作），把换下的旧箱统一集中在一起，用洗网机洗干净后晾干备用。

**5. 病害的预防**

病害预防应坚持"以防为主、防重于治"的原则。目前在生产上常用的预防方法有以下两种（参照第一章第六节）。

① 漂白粉挂袋：用60目的筛绢做成网袋，每袋装100g漂白粉和等量的干沙子，每箱挂2～4袋。由福建省渔药厂生产的"白片"亦是有机氯制剂，能杀灭水体中的细菌、霉菌和病毒。对鱼类细菌性疾病有较好的预防效果。挂法同上，每片重50g，一片可吊挂4～5d。

② 泼洒法：在病害流行季节，对网箱水体直接泼洒生石灰溶液，防病效果亦佳。由于网箱中的水体是流动的，药物泼洒后容易扩散流失，因此采用全箱泼洒时，生石灰的用量应比池塘用量高3～5倍。

## 九、案例1——建鲤网箱养殖技术

**1. 放养季节、规格与密度**

(1) 放养季节　4～5月份，水温20～24℃的范围时投苗。

(2) 放养规格　全长4～5cm，体重3～5g，或全长8～11cm，体重50～70g。

(3) 放养密度　放养全长4～5cm，体重3～5g，800～900尾/m³。放养全长8～11cm，体重50～70g，5～10kg/m³。

**2. 养殖周期、起捕规格与单位水体的产量**

(1) 养殖周期　为8～10个月；从4月初放苗，10月底捕鱼，或从5月初放苗，12月底捕鱼。一般采用分批捕捞销售，捕大留小，将小的集中饲养，30～60d后再销售。

(2) 起捕规格　大的1500g/尾，小的450g/尾。

(3) 单位水体的产量　单口网箱最高产量为900～1000kg，单位产量为25～28kg/m³。

**3. 饲料与投喂**

(1) 饲料　养殖全程仅用膨化配合饲料一种。根据个体大小配制4种颗粒直径大小不同饲料。

(2) 投喂

① 根据个体大小，投喂次数和投喂量有所区别。叉长7～10cm，体重15～20g，日投喂次数3～4次，投喂配合饲料量（干重）占体重的4%～5%；全长8～11cm，体重50～70g，日投喂次数2～3次，投喂配合饲料量（干重）占体重的2%～3%；叉长16～25cm，体重450～600g，日投喂次数2次，投喂配合饲料量（干重）占体重的1%～1.5%。

② 苗种阶段的配合料，应先用淡水浸泡3～5min后再投喂，防止苗种暴食致胃胀破死亡。

**4. 日常管理**

(1) 定期换网　40～45d换网一次。换适宜的网目、干净的无破损的安全网箱。

(2) 定期分级　在换网的同时进行，根据个体大小分开，一般是挑出数量小的那一部分。

**5. 小网箱养殖技术**

(1) 位置设置　流水条件好，无风浪。溶氧量昼夜5mg/L以上。

(2) 密度　25～30kg/m³或50～200尾/m³。

(3) 饲料与投喂量　配合饲料，投喂配合饲料量（干重）占体重的1%～1.5%。

(4) 日常管理　40～45d 换网一次。换适宜的网目、干净的无破损的安全网箱。在换网的同时进行，根据个体大小分开，一般是挑出数量小的那一部分。

## 十、案例 2——翘嘴红鲌网箱养殖技术

### 1. 养殖特点、养殖关键与苗种放养

(1) 养殖特点　集群性、杂食性、贪食性和生长快的特点。

(2) 养殖关键　做好放苗、投饵、防逃、防病四项管理工作。

(3) 苗种放养

① 放养季节：2～3 月份，水温 5～10℃的范围时投苗。

② 放养规格：全长 8～15cm，体重 50～70g。

③ 放养密度：放养全长 8～15cm，体重 60～100g，120～150 尾/m³。

### 2. 养殖周期、起捕规格与单位水体的产量

(1) 养殖周期　为 11～15 个月；从 2 月初放苗，11 月底捕鱼，或从 3 月初放苗，至第二年 3 月底捕鱼。一般采用分批捕捞销售，捕大留小，将小的集中饲养，30～60d 后再销售。

(2) 起捕规格　大的 600g/尾，小的 450g/尾。养殖 15 个月体重可达 1000g 左右。

(3) 单位水体的常量　单口网箱最高产量为 900～1000kg，单位产量为 25～28kg/m³。

### 3. 饲料与投喂

(1) 饲料　养殖全程使用膨化配合饲料、杂鱼、蚕蛹或活杂鱼等。

(2) 投喂　根据个体大小，投喂次数和投喂量有所区别。体重 60～100g，120～150 尾/m³，日投喂次数 3～4 次，投喂配合饲料量（干重）占体重的 1.2%～5%；投喂杂鱼饲料量占体重的 1%～7%。叉长 16～35cm，体重 250～1000g，日投喂次数 2 次，投喂配合饲料量（干重）占体重的 1%～1.5%。

### 4. 日常管理

(1) 定期换网　30～45d 换网一次。换适宜的网目、干净的无破损的安全网箱。

(2) 定期分级　在换网的同时进行，根据个体大小分开，一般是挑出数量小的那一部分。

## 十一、案例 3——香鱼网箱养殖技术

### 1. 养殖特点、养殖关键与苗种放养

(1) 养殖特点　适应性强，水温 8～30℃，食植性兼杂食性，生长快，4～5 个月体重达 100g。

(2) 养殖关键　做好放苗、投饵、防逃、防病四项管理工作。

(3) 苗种放养

① 放养季节：3～4 月份，水温 14～23℃的范围时投苗。

② 放养规格：全长 4～4.5cm，体重 4～7g。

③ 放养密度：全长 4～4.5cm，体重 4～7g，150～180 尾/m³。

### 2. 养殖周期、起捕规格与单位水体的产量

(1) 养殖周期　为 11～12 个月。

(2) 起捕规格　大的 100～150g/尾。

（3）单位水体的产量　单位产量为 $5\sim8kg/m^3$。

**3. 饲料与投喂**

（1）饲料　养殖全程使用膨化配合饲料，加入 $3\%\sim5\%$ 的鱼油；不需加入添加剂。

（2）投喂

① 根据个体大小，投喂次数和投喂量有所区别。日投喂次数 $2\sim4$ 次，投喂配合饲料量（干重）占体重的 $0.8\%\sim4\%$。

② 防止饲料浪费：香鱼有咬料现象，应注意控制投料量。

**4. 日常管理**

（1）定期换网　$30\sim45d$ 换网一次，换适宜的网目、干净的无破损的安全网箱。

（2）定期分级　在换网的同时进行，根据个体大小分开，一般是挑出数量小的那一部分。

（3）病害防治　香鱼的病害主要有寄生虫性的病害，常见的有小瓜虫、车轮虫等，其次有细菌性的疾病。采用生态防治方法，以防为主，控制养殖密度。有关防治方法与药物见第一章第七节。

## 十二、案例4——斑点叉尾鮰网箱养殖技术

**1. 放养季节、规格与密度**

（1）放养季节　$3\sim5$ 月份，水温 $20\sim24℃$ 的范围时投苗。

（2）放养规格　全长 $8\sim12cm$，体重 $20\sim35g$，或全长 $12\sim15cm$，体重 $40\sim60g$。

（3）放养密度　放养全长 $8\sim12cm$，体重 $20\sim35g$，$300\sim350$ 尾$/m^3$。放养全长 $12\sim15cm$，体重 $40\sim60g$，$15\sim200kg/m^3$。

**2. 养殖周期、起捕规格与单位水体的产量**

（1）养殖周期　为 $12\sim16$ 个月；从 3 月初放苗，第二年 3 月底捕鱼，或从 5 月初放苗，第二年 9 月捕鱼。

（2）起捕规格　小的 $1000g/$尾，大的 $1500g/$尾。

（3）单位水体的常量　单口网箱最高产量为 $1200\sim1500kg$，单位产量为 $30\sim35kg/m^3$。

**3. 饲料与投喂**

（1）饲料　养殖全程仅用膨化配合饲料一种。根据个体大小配制 5 种颗粒直径大小不同饲料。

（2）投喂　根据个体大小，投喂次数和投喂量有所区别。全长 $8\sim12cm$，体重 $20\sim35g$，日投喂次数 $3\sim4$ 次，投喂配合饲料量（干重）占体重的 $3\%\sim4\%$；或全长 $12\sim15cm$，体重 $40\sim60g$，日投喂次数 $2\sim3$ 次，投喂配合饲料量（干重）占体重的 $2\%\sim3\%$；叉长 $16\sim25cm$，体重 $450\sim600g$，日投喂次数 2 次，投喂配合饲料量（干重）占体重的 $9\%\sim1.2\%$。

**4. 日常管理**

（1）定期换网　$30\sim35d$ 换网一次，换适宜的网目、干净的无破损的安全网箱。

（2）定期分级　在换网的同时进行，根据个体大小分开，一般是挑出数量小的那一部分。

（3）病害防治　斑点叉尾鮰的病害主要有寄生虫性的病害，常见于幼鱼，有小瓜虫、车轮虫等；其次有细菌性的疾病，主要有肠道细菌性疾病和柱形病。采用生态防治方法，控制

养殖密度,以防为主。有关防治方法与药物见第一章第七节。

## 【实习与实践】 淡水网箱鱼类养殖技术技能实习

1. 浮式渔排的选点和合理布局。
2. 淡水网箱结构与配套设施。
3. 淡水网箱鱼类养殖——苗种放养技术技能。
4. 淡水网箱鱼类养殖——商品鱼健康养殖技术技能。

## 第五节 深海网箱鱼类养殖技术

深海大网箱是指海区深度大于 20m 使用的养殖大网箱,这里的"深海"并不是海洋地理学上的概念,而只是相对于浅海网箱养殖的一个概念。英名为"offshore cage",有的人将其直译为"离岸网箱"或"离岸养殖"。通常在深海网箱中养殖游泳性较强的海洋鱼类,如军曹鱼、杜氏鰤、卵型鲳鲹、真鲷、鞍带石斑鱼、云纹石斑鱼、双棘黄姑鱼、美国红鱼、花鲈等。

深海网箱是一种全新的养殖方式与设备,它充分地结合了当代的计算机技术、新材料技术、防腐蚀技术、防止污损技术及抗紫外线技术等高新技术。深海抗风浪网箱打破了传统网箱的养殖的弊端,使养殖鱼类的生活环境更接近于野生状态下的生态环境,有效地提高鱼类的品质,大幅度地提高了网箱养殖的经济效益。

至今,全世界上已有 10 多个国家开发出深海网箱养殖设备,如挪威、智利、美国、日本、俄罗斯、加拿大、希腊、土耳其、西班牙、澳大利亚等。从目前的技术成熟度、使用情况及普及程度来看,挪威的深海网箱养殖技术最为先进,而且配建设备也最为齐全,如全自动分鱼机、自动吸鱼泵、全自动投饵机、水下鱼体测量仪、工作船只、养殖区雷达监视系统等。

2005~2007 年中石油海南深水网箱鱼类养殖基地在海南的陵水、三亚、临高、金牌等海区开发建设 200 多口深水网箱,每口养殖容量在 $550\sim750m^3$,是国内深水网箱养殖数量最多的基地之一。国内沿海各省南至广东、福建、浙江,北至山东、河北、辽宁等,都相继建设深水网箱鱼类养殖基地。

### 一、国内深海网箱引进与建设的类型

(1) 全浮式重力网箱 海南,浙江舟山、普陀、瑞安、苍南,广东的深圳、汕头、珠海、湛江,山东荣成、威海及福建厦门、泉州、惠安、福鼎、连江等地相继引入该类网箱。
(2) 升降式重力网箱 广东的深圳、福建的泉州等。
(3) 碟形网箱 浙江引进了美国制造的碟形网箱。

### 二、几种深海网箱布设外视图

(1) 全浮式重力网箱 见图 7-4~图 7-7。
(2) 碟形网箱 见图 7-8、图 7-9。

图 7-4　浮绳式深海网箱

图 7-5　广东湛江的深海网箱

图 7-6　海南陵水的深海网箱

图 7-7　挪威的深海网箱

图 7-8　碟形网箱海区布设

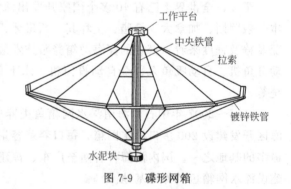

图 7-9　碟形网箱

## 三、养殖品种的选择

（1）从生态习性方面考虑　第一考虑水温环境的适应性，放养当地的品种一般都能适应夏季高温和冬季的低温。放养外地的品种应先了解该鱼适温范围。第二考虑盐度的适应性。

（2）生物学特性方面考虑　一是生长特点和个体大小方面，一般选择生长快、个体大的品种；二是食性与摄食方式方面，肉食性鱼类，经驯化后能摄食配合饲料，因饲料有来源保证又利于生态环境的保护，可使养殖产量高、经济价值高、品质优、市场销路好。

## 四、苗种的放养

（1）选择适宜的规格　军曹鱼 250g 以上，卵形鲳鲹 25g 以上，杜氏鰤 500g 以上；真鲷

25g 以上；鞍带石斑鱼、云纹石斑鱼、双棘黄姑鱼、美国红鱼、花鲈等鱼类都放养 500g 以上的个体，其成活率高。

（2）选择适宜的季节　掌握在水温 20～26℃ 的季节放苗，福建、广东在清明前后 10d 左右放苗是最佳的季节。在 10 月份至翌年 1 月份，海南各海区风浪大，不宜放苗。北方放养的是冷水性的鱼类，一般选择在冰雪消融、水温较稳定后放苗。

（3）选择健康的苗种　健康苗种的标准有以下几个方面：一是苗种规格整齐、肥瘦适中；二是无细菌性或寄生性疾病引起的后遗症，如运动器官损伤、鳞片不完整、呼吸器官受伤；三是无畸形苗或体色发黑的苗。

（4）苗种放养前工作　用淡水加高锰酸钾（5～10g/m³）浸浴消毒 15min。

## 五、苗种的饲养与日常管理

（1）投喂全价的配合饲料　苗种阶段配合饲料动物性蛋白要求达到 40% 以上。在没有专门的配合饲料的情况下投喂杂鱼，也要选择肉多、营养成分高的杂鱼作为饵料，如蓝圆鲹等。

（2）投喂次数　配合饲料 2～3h 投喂 1 次，杂鱼饲料 3～4h 投喂 1 次，每天至少 3 次。

（3）日常管理　摄食过程的观察，其一看摄食量变化、摄食速度的变化，潜水员检查网箱的安全情况。其二发现网箱的网目堵塞、非换网箱不可的情况下，应及时换网。其三发现有病害发生时应及时治疗。海南中石油深水网箱鱼类养殖基地养殖的卵形鲳鲹其苗种阶段的主要病害是本尼登虫，未治疗前的每日死亡率达到 8%～12%，治疗后的死亡率降至 0.5%～0.6%。7 月份的高温季节发生链球菌病和弧菌病，未治疗前的每日死亡率达到 3%～5%，治疗后的死亡率降至 0.2%～0.5%。

## 六、成鱼的饲养与日常管理

（1）投喂全价的配合饲料　亚成鱼阶段配合饲料动物性蛋白要求达到 20% 以上，总蛋白要求达到 36% 以上。

（2）投喂次数　配合饲料每天 2 次；杂鱼饲料每天 1 次。

（3）日常管理　与苗种的管理基本相同除此之外，潜水员加强网箱的安全检查，防止网破逃鱼，定期挂敌百虫，防止本尼登虫的大量繁殖而危害卵形鲳鲹。真鲷、花鲈、美国红鱼、双棘黄姑鱼一般不发生本尼登虫的疾病。杜氏鰤、鞍带石斑鱼、云纹石斑鱼也会被本尼登虫寄生。一般虫体数量少时对鱼类虽有危害，但不会造成死亡。

## 七、国内深海网箱养鱼存在的问题与改进的建议

（1）存在的问题　国内深水网箱鱼类养殖的经济效益不高或没有营利。海南、福建、广东、浙江等省的深水网箱鱼类养殖都存在同样的问题。从网箱设置的地点看问题，有一些地方，选点没选准，不能抗台风，不能抵御大海潮激流的影响，造成网破逃鱼或鱼不生长或鱼死亡率高。从放养品种看问题，有一些地方选鱼没选准，造成鱼生长慢或鱼死亡率高或鱼销售量不好。最关键的是养殖技术普遍不成熟，后续的技术措施没有跟上，以及后续的配套的设备没有跟上。目前国内深水网箱设施的造价偏高，为降低养殖成本，勉强进入养殖。遇到失败后又全部退出。

（2）改进的建议　加强技术培训，提高深水网箱鱼类养殖的从业技术水平；加大深水网

箱鱼类养殖业的扶持力度。

## 八、案例1——卵形鲳鲹养殖技术

**1. 放养季节、规格与密度**

(1) 放养季节　3~5月份，水温20~24℃的范围时投苗。

(2) 放养规格　叉长7~10cm，体重15~20g，成活率为75%~85%。如果放养叉长3~5cm，体重5~12g，其成活率仅为42%。

(3) 放养密度　叉长7~10cm，体重15~20g，90~100尾/m³。

**2. 养殖周期、起捕规格与单位水体的产量**

(1) 养殖周期　海南三亚、陵水、临高、金牌的养殖周期为8~10个月；从3月初放苗，10月底捕鱼，或从3月初放苗，12月底捕鱼。因为有的海区11月至第二年2月的风浪大，不利于养殖管理。少数的留到过年时候捕捞销售。

(2) 起捕规格　大的600g/尾，小的380g/尾，平均508g/尾。

(3) 单位水体的常量　单口网箱最高产量为35670kg，单位产量为62kg/m³；单口网箱最低产量为25958kg，单位产量为51.9kg/m³。

**3. 饲料与投喂**

(1) 饲料　养殖全程仅用膨化配合饲料一种。根据个体大小配制5种颗粒直径大小不同、其营养成分不同的卵形鲳鲹专用饲料。

(2) 投喂

① 根据个体大小，投喂次数和投喂量有所区别。叉长7~10cm，体重15~20g，日投喂次数3~4次，投喂配合饲料量（干重）占体重的5%~6%；叉长13~14cm，体重150~200g，日投喂次数2~3次，投喂配合饲料量（干重）占体重的2%~3%；叉长16~25cm，体重450~600g，日投喂次数2次，投喂配合饲料量（干重）占体重的1%~1.5%；叉长25cm，体重1500g，以上日投喂次数1~2次，投喂配合饲料量（干重）占体重的0.8%~1.0%。

② 根据海况调整投喂次数和投喂量　风浪高达1m以上，为养殖人员安全起见，不投料。遇到连续几天海况不好，最长达3~5d未能投料。风平浪静后，投料次数比正常的增加1~2次，总投料量比正常的增加1%~1.2%，即每一次的投喂量增加0.3%~0.4%。防止一次性增加投喂料而导致卵形鲳鲹暴食死亡。

③ 苗种阶段的配合料应先用淡水浸泡3~5min后再投喂，防止苗种暴食致胃胀破死亡。

**4. 日常管理**

(1) 定期换网　40~45d换网一次，换适宜的网目、干净的无破损的安全网箱。采用套网的方式换网，先将带有鱼的旧网箱移到网箱的一侧，留出1/3的空间，将新网箱的1/3先固定在旧网箱解下来的1/3的空位置上，新网箱的另2/3从旧网箱的底部绕过。为使新网箱能便捷快速地从旧网箱底部通过，将带有鱼的旧网箱移到新网箱内，应收起旧网箱约2/5的网衣。

(2) 定期分级　在换网的同时进行，根据个体大小分开，一般是挑出数量小的那一部分。

(3) 定期防治　卵形鲳鲹的主要病害有寄生虫性和细菌性两种。

① 寄生虫性：主要是本尼登虫，寄生季节为全年性，5~10月份较为严重，繁殖快，

数量大，被感染率达 100%。对苗种阶段的卵形鲳鲹危害性最大，从被寄生至死亡的时间为 7~10d。主要病理变化表现为体色变黑、消瘦、眼睛、体表皮肤肌肉、鳍条等处破损，其次是在鳃部可检出隐核虫。寄生季节为 7~9 月份，被感染率达 30%~35%。防治方法是定期在网箱内挂晶体敌百虫或福建宁德生产的"蓝片"和"白片"，主要成分是敌百虫、硫酸铜等。

② 细菌性：链球菌病和弧菌病。发生季节，海南 5~11 月份，福建、广东 6~10 月份。发病率达 15%~25%。叉长 7~10cm、体重 15~20g 发病率低；叉长 13~14cm、体重 150~200g 发病率达 10%~15%；叉长 16~25cm、体重 450~600g 发病率达 15%~25%。对叉长 13~14cm、体重 150~200g 的大规格鱼种的卵形鲳鲹危害性最大，从症状出现至死亡的时间 5~7d。主要病理变化表现为体色变白、尾柄尾鳍基部红肿和 1~2 个出血点，其次在胸鳍基部和鳃盖登出都出现肉芽出血患处。内部器官检查，肝脏颜色变土黄色，带有红点，比正常的稍大，肌肉出现轻微出血，严重时肉芽出血患处内部的肌肉颜色变黄。胆囊变大，比正常的大一倍以上。预防措施：青霉素和氟苯尼考轮换投喂。剂量按头饲料重计算法 2~3g/kg，或按鱼体重计算法 1~1.5g/kg，一个疗程 7~10d。患病高峰期，两个疗程间隔 7~10d；非患病高峰期，两个疗程间隔 12~15d。亲鱼按鱼体重计算法采用肌肉注射法进行预防，青霉素剂量为 8 万 U/kg。

(4) 定期安检　潜水员每天到水下检查网箱的安全和鱼的活动情况。

## 九、案例 2——军曹鱼养殖技术

### 1. 放养季节、规格与密度

(1) 放养季节　3~5 月份，水温 20~24℃时投苗。

(2) 放养规格　先在浅海网箱养殖 25~30d，放养时全长 8~10cm，体重 60~100g/尾。投放大网箱的苗种，全长 15~20cm，体重 200~300g/尾。

(3) 放养密度　全长 8~10cm，体重 60~100g/尾，放养 26~36 尾/m³；全长 15~20cm，体重 200~300g，放养 12~15 尾/m³。体重 500~1000g/尾，放养 8~10 尾/m³；体重 500~1000g/尾，放养 8~10 尾/m³；体重 1000~2000g/尾，放养 5~6 尾/m³；体重 3000g/尾，放养 4 尾/m³；体重 4000g/尾以上，放养 1~1.5 尾/m³。

### 2. 养殖周期、起捕规格与单位水体的产量

(1) 养殖周期　海南三亚、陵水、临高的养殖周期为 8~10 个月；从 4 月初放苗，11 月底捕鱼，或从 3 月初放苗，12 月底捕鱼。因为有的海区 11 月至第二年 2 月的风浪大，不利于养殖管理。少数的留到过年时候捕捞销售。

(2) 起捕规格　大的 8000g/尾，小的 5000g/尾。根据市场需求而定起捕规格。在市场销售的一般为 2~2.5kg/尾。

(3) 单位水体的常量　单口网箱最高产量为 38500kg，单位产量为 67.5kg/m³；单口网箱最低产量为 29580kg，单位产量为 59.2kg/m³。

### 3. 饲料与投喂

(1) 饲料　养殖全程用膨化配合饲料、软性饲料和鲜杂鱼三种。250g 以下可用膨化配合饲料，250g 以上一般用青鳞鱼、玉筋鱼和蓝圆鲹等小杂鱼投喂，或预混料加小杂鱼加鱼油维生素等添加剂加工成软性饲料。

(2) 投喂

① 根据个体大小，投喂次数和投喂量有所区别。全长 8～10cm，体重 60～100g，日投喂次数 2～3 次，投喂配合饲料量（干重）占体重的 5%～6%，投喂杂鱼料量（湿重）占体重的 25%～30%；全长 15～20cm，体重 200～300g，日投喂次数 2～3 次，投喂配合饲料量（干重）占体重的 2%～3%，投喂杂鱼料量（湿重）占体重的 15%～18%；叉长 16～25cm，体重 450～600g，日投喂次数 2 次，投喂配合饲料量（干重）占体重的 1.5%～2%，投喂杂鱼料量（湿重）占体重的 8%～10%；叉长 25cm，体重 1500g，以上日投喂次数 1～2 次，投喂配合饲料量（干重）占体重的 0.8%～1.0%。

② 根据海况调整投喂次数和投喂量：风浪高达 1m 以上，为养殖人员安全，不出海投料。遇到连续几天海况不好，最长达 5～7d 未能投料。风平浪静后，投料次数比正常的增加 1～2 次，总投料量比正常的增加 1%～1.2%，即每一次的投喂量增加 0.3%～0.4%。防止一次性增加投喂料，导致军曹鱼暴食而死亡。

③ 苗种阶段的配合料应先用淡水浸泡 3～5min 后投喂。

④ 注意事项：做软性饲料时，应注意杂鱼和预混料的比例，两者比例在 7:3 左右。否则会因营养不良导致生长慢，严重时可导致死亡；应注意杂鱼料的鲜度，防止鱼料变质或配合料发霉变质。

**4. 日常管理**

（1）定期换网　海南 40～45d 换网一次；广东湛江 25～30d 换网一次。定期更换网目适宜干净的网线牢固安全的网箱。采用套网的方式换网，先将带有鱼的旧网箱移到网箱的一侧，留出 1/3 的空间，将新网箱的 1/3 先固定在旧网箱解下来的 1/3 的空位置上，新网箱的另 2/3 从旧网箱的底部绕过。为使新网箱能便捷快速地从旧网箱底部通过带有鱼的旧网箱，应收起旧网箱约 2/5 的网衣，避免网衣太长影响换网操作。

（2）定期筛选分箱　在换网的同时进行，一般 15～20d 筛选分箱一次；结合换网，必要时用淡水浸浴鱼苗，或用 $100 \times 10^{-6}$ 或 $200 \times 10^{-6}$ 甲醛溶液浸泡 5～8min。

（3）定期防治　军曹鱼很少疾病，主要是本尼登虫的寄生而发病，全年性寄生；结合换网，必要时用淡水浸浴鱼苗，或用 $100 \times 10^{-6}$ 或 $200 \times 10^{-6}$ 甲醛溶液浸泡 5～8min。

（4）定期安检　潜水员每天到水下检查网箱的安全和鱼的活动情况。

# 【实习与实践】 深水网箱鱼类养殖技术技能实习

1. 深水网箱的选点和合理布局。
2. 深水网箱结构与配套设施。
3. 深水网箱鱼类养殖——苗种放养技术技能。
4. 深水网箱鱼类养殖——商品鱼健康养殖技术技能。

## 【思考题】

1. 简述网箱养鱼的高产原理和优点。
2. 何谓渔排、单位排、组合排、养殖区？
3. 浮式渔排是如何选点的？如何设置较为合理？
4. 简述浮式渔排箱体的结构与名称。
5. 简述浮式渔排箱体网目与网线规格。

6. 浅海网箱鱼类养殖有哪几种类型？

7. 分别列举 10 种以上三种不同生态习性的养殖鱼类名称。

8. 简述杜氏鰤养成的技术要点。

9. 简述大黄鱼养成的技术要点。

10. 简述石斑鱼养成的技术要点。

11. 淡水网箱鱼类养殖有哪几种类型？

12. 淡水网箱鱼类生态型养殖有哪几种类型？养殖有哪几种类型？

13. 淡水网箱养殖鱼类选择的原则是什么？

14. 简述罗非鱼养成的技术要点。

15. 简述翘嘴红鲌养成的技术要点。

16. 何谓深海网箱？

17. 如何选择深水网箱鱼类养殖品种？

18. 简述卵形鲳鲹养成的技术要点。

19. 简述军曹鱼养成的技术要点。

# 第八章 高密度集约化鱼类养殖技术

## 第一节 高密度集约化鱼类养殖技术的养殖模式

高密度集约化鱼类养殖技术是特指采用高新的科学技术手段充分利用土地资源、水利资源、鱼类苗种资源、鱼类饲料资源、鱼类养殖设备资源和鱼类养殖技术人才资源，以达到鱼类增产、经济效益增收、节省能源投入、减少环境污染目的的一种养鱼技术。

**1. 流水养鱼模式**

① 利用自然水资源：多是利用山区自然落差的流水在小水体中进行养鱼，具有节能、节地、节饲料、节工、投资小、收效大等优点。我国流水养鱼主要利用冷泉水、水库底层水养殖冷水性鱼类，见图8-1。

② 温流水养鱼模式：充分利用工厂余热水进行鱼类高密度集约化养殖的一种形式，其主要特点是温水水量必须充足，用过的水不再重复使用，配有调温及增氧等设施，见图8-2。

图 8-1 利用自然水资源自流水养鱼

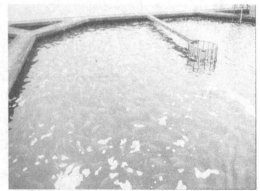

图 8-2 温流水养鱼

**2. 静水养鱼模式**

具有投资大、集约化程度高、养殖效率高、功能多、管理方便、水环境易于控制、可人为控制温度和光度等特点，一般用来养殖经济价值较高的鳗鱼、鲟鱼等鱼类，见图 8-3。

(a) 水泥池　　　　　　　　(b) 太阳能增氧机　　　　(c) 水车式增氧机

图 8-3　静水养鱼

**3. 封闭循环流水养鱼模式**

这是充分利用土地资源、水利资源、鱼类苗种资源、鱼类饲料资源、鱼类养殖设备资源等优势条件建设室内鱼类养殖场进行鱼类高密度集约化养殖的一种形式，见图 8-4。

图 8-4　封闭循环流水养鱼

# 第二节　高密度集约化流水养鱼技术

## 一、择址条件

高密度集约化流水养鱼要达到高产高效的目的，在选择养鱼场址时，要求有良好的水源、充足的水量，同时考虑鱼种、饵料、交通、市场和饲养管理的方便程度等其他条件。

**1. 水源**

流水养鱼常用的水源有水库水、江河水、山泉水及发电厂的尾水。不论用哪一种水，都应考虑枯水期能否保证有水的问题，另外还应注意是否与农田灌溉争水。最有利且适宜推广的是"借水还水"，即利用自然落差的引水方式。

### 2. 水温

鱼类的摄食与生长都与水温有密切的关系。在确定流水养鱼的品种后，一定要选择水温适宜该种鱼生长的水域建立流水养鱼场。比如流水养鲤，就应选择在水温常年保持在 15～30℃ 的水源地建场，因为鲤鱼属于温水性鱼类，在水温 25℃ 时生长最适宜。若是饲养冷水性鱼类虹鳟，那就应在常年水温保持在 13～20℃ 的冷水水源地建场。饲养罗非鱼的适宜水温是 24～32℃。流水养草鱼的适宜水温是 15～28℃。

### 3. 水量

高密度集约化养鱼形式，在放养早期，鱼体小，摄食强度小，不易缺氧，流量可控制在每小时水量交换一次，随着鱼体长大，可增加到每小时交换 2～5 次。流水池应尽量做到交换水量大而流速小，以利于保持水质清新、溶氧充足，且不会因水交换量大而导致过大的能量消耗。在流水养殖的主要鱼类中，虹鳟鱼、香鱼的耗氧量较高，鲤鱼、鲶鱼、罗非鱼、草鱼等鱼类的耗氧量较低。

### 4. 水质

养鱼用水必须符合我国养鱼水质标准。对水源的各项指标认真检测分析，以确保养鱼安全。

### 5. 其他条件

① 注意在同一水系中上游建立的流水养鱼场状况。若在上游建有多处流水养鱼场，那么下游水中溶氧量会大大减少，水中污物增多，水质下降，产量就没有保障。

② 水源中落叶等漂浮物与悬浮物也不宜过多。

③ 充分估计到可能出现的洪水、大风灾害对场址的影响。在考察选址时，还要勘察水源与兴建鱼池处的水位落差，要求必须有一定落差，且能自流引水。

## 二、流水养鱼的方式

### 1. 河道网拦养鱼

河道网拦养鱼是在水流不息、水位相对稳定的渠道、溪流、河道内两头或边坡一侧设置金属网拦或聚乙烯网拦而形成一定的养鱼水体。该水体的溶氧量充足，适宜高密度集约化养鱼。通过人工投放优质苗种、投饵和精心管理达到增产增收的目的。

### 2. 依地形建流水池养鱼

利用水源的自然落差，直接将天然水源引入鱼池，实行自流排灌，不再回收重复使用。流水养鱼池结构简单，依地形建造，池形没有严格要求，能方则方、能圆则圆，占地少，投资小。

### 3. 温流水养鱼

利用工厂排出的冷却水或温泉水等稳定热水源。经过人工调节水温、人工增氧后，水温和溶氧量都达到养鱼的要求。国外对温流水养鱼十分重视，国内处于起步阶段，各地发展不均衡。

## 三、流水养鱼池的规模确定

根据常年的水流量确定养鱼池的可容纳量，计算公式如下：

$$S = 每小时排放水量 \div 预定水深 \times 要求更换一次水的间隔时间$$

以养殖草鱼为例，某水源流量为 200L/s，要求 1.5～2h 池水更换一次，水深 0.8m，则

$S=0.2 \times 3600 \div 0.8 \times (1.5 \sim 2) m^2 = 450 \sim 600 m^2$。

该场地最大养鱼池的可容纳量为 $450 \sim 600 m^2$。

## 四、流水养鱼池种类与排列

### 1. 流水养鱼池种类

有鱼种池、成鱼池、亲鱼池和蓄养池四大类。

### 2. 流水养鱼池的排列方式

见图 8-5。

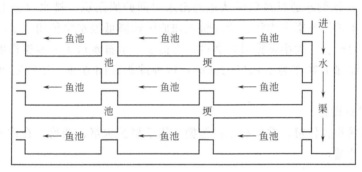

图 8-5　并联式排列与串联式排列

① 并联式排列：水源流水通过渠道直接引入池内，每个流水池都有单独的进水口、排水口。由于每个池子水系独立、水质相同，所以单产较高，池鱼不易患病，但造价较高，用水、用工也大。

② 串联式排列：除第一口鱼池是引入水源以外，第二口鱼池是利用上一个鱼池的废水，池池相串，在建造上用水、用工、投资都比较少。其缺点是一个鱼池比一个鱼池水质差，单产也明显较并联低，更为不利的是，只要一个鱼池患病，一串池都难免受害。所以有条件还是兴建并联流水鱼池为好。

## 五、流水养鱼池的面积、形状、深度

### 1. 鱼池的面积

鱼种池、成鱼池、亲鱼池和蓄养池面积分别为 $20 \sim 50 m^2$、$60 \sim 120 m^2$、$150 \sim 200 m^2$、$250 \sim 300 m^2$。

### 2. 鱼池的形状

流水养鱼池的形状分别为长方形、正方形、圆形、不规则形、三角形、梯形和龟甲形等7种。

① 国内多数流水养鱼池为长方形切角：长方形鱼池容易布局，对地面利用率高，水体交换比较均匀，结构简单，操作方便，能在水体交换量大的情况下仍有缓流区，能在小水体内通过较大流量，对鱼类生长发育有利。

② 圆形流水鱼池：底部为锥形坡底，有利于在中心排污，但是由于池水在交换中容易形成较大旋涡，鱼在顶水逆流中体力消耗太大，所以并不理想。另外，圆形池建造比较困难，对地面利用率也低。

### 3. 流水鱼池深度

鱼种池、成鱼池、亲鱼池和蓄养池深度分别为 $0.8 \sim 1.0 m$、$1.2 \sim 2.0 m$、$1.8 \sim 2.5 m$、

1.8～3.0m。池水可随鱼体长大逐渐加深。鱼池底部要有一定倾斜度，其意义在于能使水底的水完全交换和放干池水，比降一般为 0.3%～0.5%。

## 六、进排水口与拦鱼设施

### 1. 进排水口

① 进水口：流水鱼池的水是由引水渠道引入，每个鱼池进水口数量应根据鱼池的形状、宽度设置 1～2 个或多个。长方形的鱼池以鱼池宽度泻入鱼池，这样既有利于增氧，又可降低流速，减少鱼体逆水的体力消耗。

② 排水口：鱼池的水通过拦鱼栅从鱼池出水口回归原渠道。排水口分上、下两个排水口，下排水口主要是作为集中排污、清洗鱼池和放干或降低池水水位用。平时水由上排水口排出。上排水口的形状、大小依据需要和过水量而定，下排水口为一圆锥形的铁球或水泥卵石砂浆制成的仿圆球形物作为下水口的闸阀，这种球阀起闭方便、经济实惠，适宜生产上应用。

### 2. 拦污、拦鱼设施

在进水口用网片、竹帘、铁丝制成拦污栅，用于拦截水草、杂物。在排水口内侧安装鱼栅，用于防止鱼外逃。

## 七、流水养鱼的附属设施

流水养鱼场除了最基本的鱼池设施外，还包括有管理房、生产用具、机械设备等附属设施。机械设备方面主要有粉碎机、搅拌机、造粒机和投饵机等。生产用具包括鱼筛、拽网和小捞海等。

## 八、流水养鱼放养与管理技术

### 1. 放养

① 放养时间：鱼种以放养当年第一批鱼早苗为好。放养时间鲤鱼在 4～6 月份；草鱼略晚，在 5～7 月份。

② 放养规格：鱼苗、鱼种、成鱼放养规格分别为 2.2～2.5cm、7～12cm、18～20cm。鲤鱼、草鱼和罗非鱼等三种鱼的放养规格分别为 30～80g/尾、50～100g/尾和 25～35g/尾。

③ 放养密度：在流水用鱼苗应适当稀放，培育鱼种的放养量为 1000～1500 尾/m²，成鱼养殖以重量计为 7.5～15kg/m²。

### 2. 饲养管理

流水养鱼高产高效益的秘诀就是做好二管、六防和二营销工作。

① 管好水：流水养鱼的管水主要就是控制流量。春季水温上升，流量由小加大，每天交换 3～4 次，慢慢增大到 10～15 次。夏季是鱼类旺食季节，鱼池流量加大到每小时交换 1～2 次。秋季是鱼类长膘季节，流量应适当降低，一直到捕捞前半个月，流量掌握在每天交换 4～5 次。冬季水温在 8℃以下时，一般流量可以减少到每天水体更换 2～3 次。

② 喂好料：一是掌握鱼苗、鱼种、成鱼、亲鱼各个不同生长阶段的鱼类对饲料营养的需求量，及时做好饲料调整转换工作。二是鱼苗、鱼种、成鱼、亲鱼各个不同生长阶段的适口饲料调整转换工作。颗粒料的直径一般是按鱼体体重而定，鱼体重 25～100g，投喂直径为 2mm；鱼体重 100～250g，投喂直径为 4mm；鱼体重 250～600g，投喂直径为 6mm；鱼

体重 600g 以上，投喂直径为 8mm。三是鱼苗、鱼种、成鱼、亲鱼各个不同生长阶段的颗粒料投喂量（干重）分别为体重的 3‰～4‰、2‰～3‰、1.5‰～2‰、0.8‰～1.0‰。日投喂次数为 4～8 次，每次投喂时间为 10～20min。每次投喂仅让鱼达到八成饱，让鱼始终保持旺盛的食欲。

③ 六防：即做好防洪、防干旱、防逃、防盗、防毒、防病害等工作。

④ 二营销：一是做好饲料的采购、确保饲料的质量。二是做好商品鱼的销售，在鱼的销售价格和销售量上都达到最佳的水平。

## 九、案例 1——史氏鲟流水养殖技术

### 1. 养殖场地、池的形状、面积和深度

（1）养殖场地　根据水源、水质、水量、土质、地形、交通、电源等情况来确定。

（2）池的形状　史氏鲟养殖池的结构设计要根据史氏鲟生产的特点来考虑。形状为正方形或长宽相差不大的长方形，池角做成圆弧状或呈八角形，不会留下死角，有利于池水交换。

（3）面积　大的面积 15～60m²。

（4）池深　深度 1.2～1.5m。

### 2. 放养季节、规格、密度

（1）放养季节　3～5 月份，水温 16～24℃ 时投苗。

（2）放养规格　65～75g/尾，或 25.8～30cm/kg。

（3）放养密度　规格小于 30g/尾，放养 100～150 尾/m²；规格 31～50g/尾，放养 75～100 尾/m²；规格 51～100g/尾，放养 50～75 尾/m²；规格 101～150 尾/kg，放养 30～50 尾/m²；规格 151～300 尾/kg，放养 20～30 尾/m²；规格 301～600 尾/kg，放养 10～20 尾/m²；规格 601～1500 尾/kg，放养 8～12 尾/kg；规格 2000～3000 尾/kg，放养 8～18 尾/m²。

### 3. 水量控制

水量控制在 60～90m³/h。

### 4. 饲料管理

配合饲料的饲料系数为 1.1～1.5。

（1）夏秋季　投料率控制在 2‰～4‰，日投喂 4～8 次，每 2～3h 投料 1 次。

（2）冬季　投料率控制在 1.2‰～1.5‰，日投喂 1 次。

### 5. 水质管理

（1）夏秋季　换水量 90m³/h。

（2）冬季　换水量 60m³/h。

### 6. 分级养殖

① 50～60d，个体达到 60cm 以后半年分一次。

② 100cm 以上放养密度为 1～2 尾/m²。

## 十、案例 2——黄颡鱼流水养殖技术

### 1. 养殖场地、池的形状、面积和深度

（1）养殖场地　根据水源、水质、水量、土质、地形、交通、电源等情况来确定。

（2）池的形状　黄颡鱼养殖池的结构设计要根据黄颡鱼生产的特点来考虑。形状为正方

形、椭圆形、环道形或长方形，池角做成圆弧状或呈八角形，不会留下死角，有利于池水交换。

（3）面积　大的面积 20～80m²。

（4）池深　深度 1.5～1.6m。

**2. 放养季节、规格、密度**

（1）放养季节　2～3 月份，水温 16～24℃时投苗。

（2）放养规格　30～45g/尾。

（3）放养密度　规格小于 30g/尾，放养 200～250 尾/m²；规格 31～45g/尾，放养 120～150 尾/m²。

**3. 水量控制**

水量控制在 50～80m³/h。

**4. 饲料管理**

配合饲料的饲料系数 1.2～1.6。

（1）夏秋季　投料率控制在 3％～5％，日投喂 4～6 次，每 3～4h 投料 1 次。

（2）冬季　投料率控制在 2.5％以内，日投喂 1 次。

**5. 水质管理**

（1）夏秋季　换水量 80m³/h。

（2）冬季　换水量 50m³/h。

**6. 分级养殖**

① 50～60d，个体达到 60cm 以后半年分一次。

② 100cm 以上放养密度为 1～2 尾/m²。

## 【实习与实践】　高密度集约化流水养鱼技术技能操作实习

1. 高密度集约化流水养鱼场地选择与养鱼池建设技术技能操作实习。
2. 高密度集约化流水养鱼——苗种选择、放养与饲养技术技能操作实习。
3. 高密度集约化流水养鱼——商品鱼健康养殖技术技能操作实习。

## 第三节　高密度集约化静水养鱼技术要点

### 一、高密度集约化静水养鱼技术特点

① 以换水的方式替代流水的方式。

② 以机械增氧和生物增氧替代流水增氧。

③ 养殖对象具有一定的专一性。

④ 具有集约化程度高，机械化功能多，温度、光度、氧气和水色等水环境易于控制，管理方便，养殖效率高等特点。

### 二、案例 1——鳗鱼静水养殖技术

**1. 放养季节、规格、密度**

（1）放养季节　12 月～翌年 2 月，水温 8～10℃时投苗。

（2）放养规格　2500～3200 尾/kg，或 3100～3500 尾/kg；商品鳗 31～50 尾/kg，或 10～30 尾/kg。

（3）放养密度　规格 2500～3500 尾/kg，放养 500～800 尾/m²；商品鳗规格 31～50 尾/kg，放养 61～80 尾/m²；商品鳗规格 10～30 尾/kg；放养 40～60 尾/m²。

### 2. 水温控制、驯养

（1）水温控制　放养 24h 后升温，每 4～6h 升 0.5℃，到 18℃后升温加快。

（2）驯养　水温 22～24℃后，换水去盐，盐度下降至 2～3 时，开始活饵水蚯蚓驯化。3～5d 后，逐渐减少或蚯蚓的量，增加配合料量的比例，经 20～25d 后，转投入白仔鳗料。40 天后长成黑仔鳗，转投喂黑仔鳗料。黑仔鳗每养殖 35～40d，就分养一次。这是根据鳗鱼生长快的特点经 6～7 次的分养，即养成商品鳗。

### 3. 饲料管理

鳗鱼的配合饲料的饲料系数为 1.1 左右。

（1）夏季　投料率控制在 3% 以内，鱼油添加量控制在 2% 以内。日投喂 2 次，早、晚各一次。

（2）秋季　投料率控制在 3.5%～4%，鱼油添加量控制在 2%～3%。日投喂 2 次，早、晚各一次。

（3）冬季　投料率控制在 1.2%～2%，鱼油添加量控制在 1%～1.5%。日投喂 1 次。

（4）病害防治　肠炎、赤鳍、赤点、指环虫、车轮虫、脱黏病。

### 4. 水质管理

（1）夏季　换水量为 120%～150%。

（2）秋季　换水量为 180%～200%。

（3）冬季　换水量为 40%～50%。定期泼洒光合细菌或水质改良剂或生石灰溶液。

### 5. 分级养殖

① 45～60d。

② 20 尾/kg，不再分池。

③ 20～50 尾/kg，与黑仔鳗相同。

## 三、案例 2——史氏鲟静水养殖技术

### 1. 养殖场地、池的形状、面积和深度

（1）养殖场地　根据水源、水质、水量、土质、地形、交通、电源等情况来确定。

（2）池的形状　史氏鲟养殖池的结构设计要根据史氏鲟生产的特点来考虑。面积和深度正方形或长宽相差不大的长方形，池角做成圆弧状或呈八角形。

（3）面积　大的面积 300～500m²，小的 15～60m²。

（4）池深　深度 1.2～1.5m。

### 2. 放养季节、规格、密度

（1）放养季节　3～5 月份，水温 16～24℃时投苗。

（2）放养规格　65～75g/尾，或 25.8～30cm/kg。

（3）放养密度　规格 31～35g/尾，放养 40～60 尾/m²；规格 51～100g/尾，放养 30～40 尾/m²；规格 101～150 尾/kg，放养 25～30 尾/m²；规格 151～300 尾/kg，放养 15～25 尾/m²；规格 301～600 尾/kg，放养 5～10 尾/m²；规格 601～1500 尾/kg，放养 3～5 尾/

kg；规格 2000～3000 尾/kg，放养 2～3 尾/m²。

**3. 水质控制**

增加气头数量，增加进气量，增加换水次数；定期泼洒光合细菌或水质改良剂或生石灰溶液。

**4. 饲料管理**

配合饲料的饲料系数为 1.1～1.5。

(1) 夏秋季　投料率控制在 2%～4%，日投喂 2 次，早、晚各一次。

(2) 冬季　投料率控制在 1.2%～1.5%，日投喂 1 次。

**5. 水质管理**

(1) 夏秋季　换水量为 200%～250%。

(2) 冬季　换水量为 40%～50%。定期泼洒光合细菌或水质改良剂或生石灰溶液。

**6. 分级养殖**

① 50～60d，个体达到 60cm 以后半年分一次。

② 100cm 以上放养密度为 0.5～0.6 尾/m²。

## 【实习与实践】　高密度集约化静水养鱼技术技能操作实习

1. 高密度集约化静水养鱼场地选择与养鱼池建设技术技能操作实习。
2. 高密度集约化静水养鱼——苗种选择、放养与饲养技术技能操作实习。
3. 高密度集约化静水养鱼——商品鱼健康养殖技术技能操作实习。

## 第四节　工厂化养鱼技术要点

高密度集约化化室内养鱼技术亦称为工厂化养鱼技术，是指采用现代工业技术和现代生物技术相结合，在半自动或全自动的系统中，高密度养殖优质鱼类，并对其全过程实行半封闭或全封闭式管理的一种无污染、商业性、科学化的养殖生产方式。养殖鱼类有海水鱼类或淡水鱼类。我国目前海水鱼养殖种类已有 50 多种，已进行工厂化养殖的约有一半，其中云纹石斑鱼、斜带石斑鱼、点带石斑鱼、赤点石斑鱼、鞍带石斑鱼、褐牙鲆、大菱鲆、真鲷、美国红鱼、红鳍东方鲀、石鲽、半滑舌鳎、欧洲鳎、大西洋庸鲽、塞内加尔鳎等种类。

### 一、养殖模式

(1) 开放式直流水养鱼　整个水体系统较为简单，水从一端流入，从另一端流出。不能严格控制水质，受外界环境影响较大，在采用加温或冷却技术时，由于海水只能一次利用，因而能量耗用较大。但其结构简单、基本投资少，仍是目前的主要养殖形式。如温室大棚加深井海水工厂化养殖。

(2) 封闭式内循环流水养鱼　用过的水需要回收，经过沉淀、过滤、消毒后，根据养殖对象不同生长阶段的生理要求，进行调温、增氧和补充适量的新鲜水，再重新输入到养鱼池中，反复循环利用。

### 二、养殖用水来源

① 自然海区海水。

② 电厂温排水：耗能较小，但夏季水温难以控制。

③ 井盐水：水质优良，水温稳定，用于冷水性和冷温性海水鱼养殖温度适宜，既可大量节省加温用的能源、降低成本，又可缩短养殖生产周期，实现反季节生产，提高经济效益。同时，井盐水由于无污染、水质优良，能减少病害的发生，保证该产业的持续稳定发展。因此，应充分利用该自然优势，发展具有地方特色的养殖业。

## 三、养殖场所的选择

养殖场所的选择非常重要，是能否养殖成功的关键。

① 应选在无污染，水交换较好，含氧量较高，夏季水温褐牙鲆不超过 28℃、大菱鲆不超过 24℃的地区。

② 水温、盐度、溶氧量等条件。

## 四、养殖种类的选择

（1）冷水性种类　褐牙鲆、大菱鲆、大西洋鲆、半滑舌鳎、石鲽、欧洲鳎、红鳍东方鲀等。

（2）温水性种类　真鲷、赤点石斑鱼、云纹石斑鱼、点带石斑鱼、斜带石斑鱼、花鲈等。

（3）暖水性种类　鞍带石斑鱼、布氏鲳鲹、紫红笛鲷、军曹鱼等。

## 五、案例 1——石斑鱼养殖技术

### 1. 主要设施

封闭式循环流水养鱼设施见图 8-6。

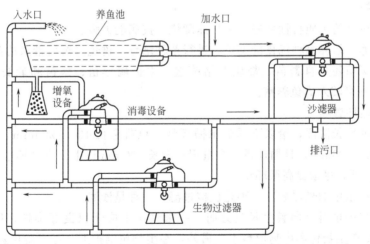

图 8-6　封闭式循环流水养鱼设施模式图

（1）养鱼池　规格为 6m×6m×1m，向心旋流回水，池底向中央回水口坡降 5%左右，回水与排水管直径 150mm 以上，池对角设进水口 2 个，直径 75mm 左右。

（2）循环系统　首先外源水经过沉淀、沙滤和消毒处理后进入循环系统；其次在生物包中培养有益微生物以调剂水质。养鱼用水经生物包微生物净化后流入养鱼池，分设 2 条进水管道，直径 200mm，供 1 组（12 个池）用水，每组容水量为 400～500m³，回水速度为

$200m^3/h$。

(3) 生物包  生物包是工厂化内循环养殖系统的核心技术，它具有养鱼循环用水的净化功能。生物包分级建造，生物包水体与养鱼用水的比例最好为1∶1，最低不应小于1∶2。生物包填料选用沙、沸石、贝壳、聚乙烯、聚丙烯等材料均可。在生物包内接种培养有益微生物，在生物滤器的表面形成菌膜，并达到较好地降解 $NH_4^+-N$、$NO^{2-}-N$ 的功效，降解率可达 56.50%、95.81%，鱼池 $NH_4^+-N$ 含量可降至 0.525mg/L 以下，$NO_2^--N$ 降至 0.211mg/L 以下。

(4) 车间  屋顶以拱形、三角形均可，室内最大光照度1500lx以内，屋顶需做好保温装置。

(5) 温度、盐度调控  全年控温范围为在 22～28℃，盐度为 20～25。冬季以地热水保持水温，夏季以地下冷水防止水温过高，或采取其他热源、冷源以维持正常水温，保证正常循环。

**2. 水质净化**

(1) 水源处理  用水需经过充分沉淀，经过长期沉淀净化而未被污染的水（如盐场卤水兑井水）更适合于工厂化封闭式内循环的使用，用前再经沙滤、消毒处理后，进入生物包，为培养有益微生物做好充分准备。

(2) 接种与培养  可选用商品菌种，也可自行筛选和培养当地菌种。商品菌种，有进口种和国产种两类，进口菌种效果较好，但价格昂贵。国产菌种有西菲利、EM菌、光合细菌等。接种培养之前，先将用水注满整个系统，进行消毒处理，然后接种培养，培养中加入氯化氨和亚硝酸钠等营养盐类，接种培养期至少要1个月，最好3个月才能获到良好的效果。若培养自然菌种，进水可不需消毒处理，适量补充营养盐，在循环状态下培养3个月以上，当菌膜生长良好，达到相当的降解能力后，再进入生产性运转。

**3. 苗种选择**

① 要求石斑鱼的种质特性良好，生长速度快，抗病能力强。

② 自繁自养，培养品种优良的亲鱼，进行苗种培育，避免买苗所带来的各种弊病。

③ 不论是买苗还是自繁苗，都应严格筛选，去掉畸形苗、病苗和老头苗。苗种达到100mm以上，便可转入成鱼养殖。

**4. 水体内循环管理**

① 在不同的生长阶段，给以不同的水循环量。鱼苗全长 100～200mm，日循环量6个量程；全长 200～300mm，日循环量8个量程；全长 300mm 以上，日循环量10个量程。在条件允许的情况下，尽量提高循环量。

② 滤除养鱼水中的悬浮物，一种是机械过滤，一种是沙滤。

③ 当生物包中填料上菌膜生长良好时，一般情况下应予以良好维护，尽量不让残饵、粪便等污物沉淀在生物包和生物填料上。另外，在生物包维护上，更要避免药物性伤害。

**5. 饲养管理**

(1) 饵料  选择针对性强的饵料，通用型达不到高效率，以选用专用型为宜。饵料以蛋白质含量为47%～48%、脂肪含量为7%～9%为宜，饵料应低温贮藏，防止氧化酸败。

(2) 投喂量  鱼苗全长 100mm，投喂量为体重的 3%～5%；全长 150mm，为体重的2%～3%；全长 200mm，为体重的 2%～3%；全长 250mm，为体重的 2%～3%；全长300mm，为体重的 1%～2%。投喂次数，全长 100～200mm，日投喂 2 次；全长 200～

300mm，日投喂 1 次。

（3）投喂方法　定时定量投喂，根据摄食状态灵活增减。

**6. 主要优缺点**

（1）优点

① 封闭式内循环养殖系统中创建了工厂化养殖的核心技术——微生态制剂净化水质的养殖模式。

② 基本实现了零排放、环保型无公害健康养殖的要求。

③ 点带石斑鱼在内循环系统中生长快，密度大，产量高，最快日增长速度超过 5g/尾，最大密度 80 尾/m³，产量 40kg/m³。

④ 养殖成活率为 84.60%。

（2）缺点

① 封闭式内循环养殖系统造价较高，不易推广。

② 生产成本较高，适用于育苗或产值高的养殖品种应用。

## 六、案例 2——大菱鲆高密度集约式工厂化养殖技术

**1. 主要养殖模式**

温室大棚加深井海水工厂化养殖。

**2. 主要设施**

（1）温室大棚的整体构造　见图 8-7。

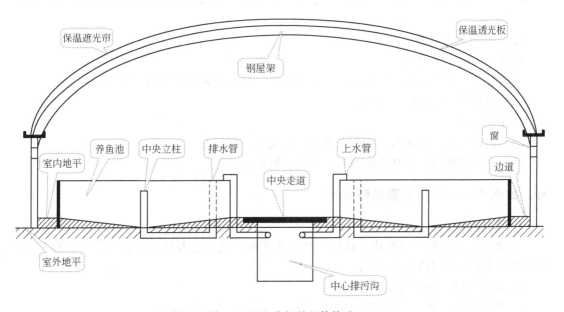

图 8-7　温室大棚的整体构造

（2）温室大棚的内部结构与设置　养鱼池两边排列，各 15 口池，中间为过道，下为排水沟。方形池大小为 6m×6m 或椭圆形池直径 5～6m。

**3. 理化因子调控**

（1）水温　温度是大菱鲆养殖最重要的环境因素。大菱鲆能适应低水温生活和生长。适宜生长温度 12～19℃，最适宜生长温度 15～18℃。一般水温超过 21～22℃则生长减缓或停

止。最低生长温度为 7~8℃，最低致死温度为 1~2℃，最大的生长水温是 18.9℃；最大饵料转化率的水温是 16.2℃。

（2）光照　养殖大菱鲆适应弱光照，其适宜的光照强度为 60~600lx，以 200~600lx 为佳，可用人工光源如灯光进行调控。

（3）盐度　大菱鲆的适盐范围较广，能适应 12~40 的盐度（均值为 26）。最佳的生长盐度是 20~25，大菱鲆属于广盐性鱼类，估计盐度维持在 20~40（或更高）时效果更好。

（4）溶解氧　了解大菱鲆在不同水温条件下对氧的需求显得十分重要。研究表明，平均体重 275g 的大菱鲆在 5 种水温条件下的耗氧量见表 8-1。

表 8-1　平均体重 275g 的大菱鲆在 5 种水温下的耗氧量

| 水温/℃ | 耗氧量/[mg/(kg·h)] | 水温/℃ | 耗氧量/[mg/(kg·h)] | 水温/℃ | 耗氧量/[mg/(kg·h)] |
|---|---|---|---|---|---|
| 8 | 48 | 12 | 96 | 15 | 135 |
| 10 | 60 | 14 | 123 | 18 | 180 |

**4. 深井海水处理**

进行暴气和充气。

**5. 养成步骤与方法**

（1）苗种选购　健康苗，全长 5cm 以上，色泽、活力、体型都好，无畸形。

（2）入池条件　入池的温度和盐度差分别控制在为 1~2℃ 和 5 以内。

（3）放养密度　体重分别为 10g、50g、100g、500g 的放养密度分别为 2kg/m² （200 尾/m²）、5~7kg/m² （120~60 尾/m²）、10~20kg/m² （25~20 尾/m²）、2~5kg/m² （2~5 尾/m²）。

**6. 配合饲料与投喂**

全价的大菱鲆专用料。

（1）投料　每天 3 次、每天 2 次、每天 1 次，随着个体长大而减少投喂。

（2）投料率　0.8%~1.0%。

**7. 日常管理**

（1）水质管理　溶解氧、盐度、温度、硫化氢、氨氮等。

（2）投料的管理　与其他鱼类基本相同，简略。

# 七、案例 3——半滑舌鳎养殖技术

**1. 苗种选择**

① 要求半滑舌鳎的种质特性良好，生长速度快，抗病能力强，福建、广东等地养殖半滑舌鳎的苗种来自国内的人工苗。

② 选择由健康亲鱼繁殖的健康苗种。

③ 严格筛选苗种，全长达到 150mm 以上，便可转入成鱼养殖。

**2. 水循环管理**

① 直接使用 5m 以下沙井的过滤海水，流水量达到 10~15m³/h。在条件允许的情况下，尽量提高循环量。

② 使用地下水，水源较为困难的可采用水体内循环，方法同大菱鲆。

**3. 饲养管理**

（1）饵料　选半滑舌鳎专用型饲料。

（2）投喂量　苗种全长 150mm，投喂量为体重的 3‰～4‰；全长 200～250mm，为体重的 2‰～3‰；全长 300mm，为体重的 1‰～2‰。日投喂次数 2 次。

（3）投喂方法　定时定量投喂，根据摄食状态灵活增减。

## 【实习与实践】　工厂化养鱼技术技能操作实习

1. 工厂化养鱼场地选择与养鱼池建设技术技能操作实习。
2. 工厂化静水养鱼——苗种选择、放养与饲养技术技能操作实习。
3. 工厂化养鱼——商品鱼健康养殖技术技能操作实习。

## 实践项目五　淡水鱼类育苗场实地观察与操作

**1. 时间安排**

上午 4 节，下午 2 节。

**2. 内容**

① 催产场地：催产池、孵化池、苗种池，（现场实操）。

② 亲鱼用具：亲鱼起捕网具、亲鱼运输工具（现场实操）。

③ 育鱼设施：供水系统、供电供气系统、加温系统（现场实操）。

④ 育苗饲料：饲料加工、运输、储备、饲料投喂（现场实操）。

⑤ 淡水鱼苗培育技术技能：现场观察苗种池的面积、水深、水色、投饵、肥水、培育生物饵料。

⑥ 拉网锻炼网具（现场实操）。

**3. 作业**

① 结束前进行提问，检查学生实践观察的效果。

② 淡水鱼类育苗场实地观察与操作报告。

## 实践项目六　海水鱼类育苗场实地观察与操作

**1. 时间安排**

上午 4 节，下午 2 节。

**2. 内容**

① 观察藻类池、轮虫池等了解饵料培养池的基本构造、环境条件要求、室内外藻类池、轮虫池不同的培养方法，了解其优缺点（现场实操）。

② 观察室内仔鱼、稚鱼、幼鱼培养池，了解仔鱼、稚鱼、幼鱼的培育方法。了解 pH、DO、水流等理化因子对仔鱼、稚鱼、幼鱼的影响。了解不同阶段的鱼苗所摄食饵料的种类，摄食量。了解日换水量、换水次数。了解分苗的时间，用什么方法分苗（现场实操）。

③ 观察室外土池的育苗环境，了解土池的基本构造、面积、水深、对环境条件要求；了解日投饵量、投饵次数；了解土池育苗的管理方法，日进几次水、进排水量多少。

④ 如何进行病害防治？现场进行讲解并操作示范。

⑤ 土池生长丝状藻类时，对鱼苗有影响，该如何处理？现场进行讲解并操作示范。

**3. 作业**

① 结束前进行提问，检查学生实践观察的效果。

② 海水鱼类育苗场实地观察与操作实习报告。

# 【思考题】

1. 高密度集约化鱼类养殖技术的基本概念是什么？

2. 高密度集约化鱼类养殖技术的养殖模式有哪几种？

3. 简述高密度集约化流水养鱼技术要点。

4. 简述高密度集约化静水养鱼技术要点。

5. 简述工厂化养鱼技术要点。

6. 简述史氏鲟流水养殖技术要点。

7. 简述鳗鱼静水养殖技术要点。

8. 简述石斑鱼封闭式循环流水养殖技术要点。

9. 简述大菱鲆温棚加深井海水养殖技术要点。

10. 简述高密度集约化鱼类养殖技术与网箱养殖技术的异同点。

# 参 考 文 献

[1] 王武主编. 鱼类增养殖学. 北京：中国农业出版社，2007.
[2] 雷霁霖主编. 海水鱼类养殖理论与技术. 北京：中国农业出版社，2005.
[3] 姜志强等编著. 南方海水鱼类繁殖与养殖技术. 北京：海洋出版社，2005.
[4] 黎祖福编著. 南方海水鱼类生物学及养殖. 北京：海洋出版社，2006.
[5] 麦贤杰等编著. 海水鱼类繁殖生物学和人工繁殖. 北京：海洋出版社，2005.
[6] 福建省海洋与渔业局编. 福建海水养殖. 福州：福建科学技术出版社，2005.
[7] 福建省海洋与渔业局编. 福建淡水养殖. 福州：福建科学技术出版社，2005.
[8] 陆忠康主编. 简明中国水产养殖百科全书. 北京：中国农业出版社，2001.
[9] 张其永等编. 大弹涂鱼和中华乌塘鳢生物学论文集. 厦门：厦门大学出版社，2008.
[10] 戈贤平主编. 淡水养殖实用技术. 北京：中国农业出版社，2005.
[11] 蔡良侯主编. 无公害海水养殖综合技术. 北京：中国农业出版社，2003.
[12] 胡石柳编著. 大黄鱼、鮸状黄姑鱼养殖技术. 北京：中国农业出版社，2002.
[13] 杨星星等编著. 抗风浪深水网箱养殖实用技术. 北京：海洋出版社，2006.
[14] 贾晓平主编. 深水抗风浪网箱技术研究. 北京：海洋出版社，2005.
[15] 陈桂珠等主编. 滩涂海水种植-养殖系统技术研究. 广州：中山大学出版社，2005.
[16] 浙江省海洋与渔业局组编. 海水养殖. 杭州：浙江科学技术出版社，2006.
[17] 肖光明等主编. 鱼类养殖. 长沙：湖南科学技术出版社，2005.
[18] 徐鹏飞编著. 海水种养技术 500 问. 北京：金盾出版社，2002.
[19] 殷禄阁等编著. 牙鲆养殖技术. 北京：金盾出版社，2004.
[20] 徐君卓等编著. 黄姑鱼养殖技术. 北京：金盾出版社，2004.
[21] 张胜宇编著. 鲈鱼无公害养殖重点、难点与实例. 上海：上海科学技术文献出版社，2005.
[22] 宋胜宪编著. 海马养殖技术. 北京：金盾出版社，2004.
[23] 张胜宇编著. 异育银鲫规模养殖关键技术. 南京：江苏科学技术出版社，2004.
[24] 阳清发编著. 河豚养殖与利用. 北京：金盾出版社，2002.
[25] 梁友光编著. 长吻鮠实用养殖技术. 北京：金盾出版社，2002.
[26] 戈贤平主编. 无公害鳜鱼标准化生产. 北京：中国农业出版社，2006.
[27] 张胜宇编著. 鲈鱼规模养殖关键技术. 南京：江苏科学技术出版社，2002.
[28] 李继勋编著. 名优水产品安全养殖技术规范. 北京：中国农业大学出版社，2005.
[29] 曾庆等主编. 无公害水产养殖关键技术. 成都：四川科学技术出版社，2004.
[30] 张从义编著. 无公害名特优鱼类高效养殖技术. 北京：海洋出版社，2006.
[31] 李林春主编. 水产养殖操作技能. 北京：高等教育出版社，2008.
[32] 戈贤平主编. 淡水名特优水产品苗种培育手册. 上海：上海科学技术出版社，2002.
[33] 刘世禄主编. 水产养殖苗种培养技术手册. 北京：中国农业出版社，2002.
[34] 农业部人民劳动局农业职业技能培训教材编审委员会组织编写. 北京：中国农业出版社，2004.
[35] 姚志刚主编. 水产动物病害防治技术. 北京：化学工业出版社，2010.
[36] 李林春主编. 实用鱼类学. 北京：化学工业出版社，2009.
[37] 张欣，蒋艾青主编. 水产养殖概论. 北京：化学工业出版社，2009.